绿色包装

主　编　王桂英　温慧颖
副主编　李　琛　张　弦

東北林業大學出版社
·哈尔滨·

图书在版编目（CIP）数据

绿色包装／王桂英，温慧颖主编．--2版．--哈尔滨：东北林业大学出版社，2016.7（2024.8重印）
ISBN 978-7-5674-0802-9

Ⅰ.①绿… Ⅱ.①王… ②温… Ⅲ.①包装材料-无污染技术 Ⅳ.①TB484

中国版本图书馆CIP数据核字（2016）第149661号

责任编辑：彭 宇
封面设计：刘长友
出版发行：东北林业大学出版社（哈尔滨市香坊区哈平六道街6号 邮编：150040）
印　　装：三河市佳星印装有限公司
开　　本：787mm×960mm 1/16
印　　张：15
字　　数：265千字
版　　次：2016年8月第2版
印　　次：2024年8月第3次印刷
定　　价：60.00元

前　言

随着人类对环境保护认识的不断提高，当前世界各行业的发展都要求重视环境保护、资源回收，对污染环境的行业或材料要制定出越来越严格的法律法规。因此，包装行业必须走绿色包装、可持续发展的道路，才能符合人类社会发展对环境的要求。目前对环保包装问题，世界各国包装组织都在积极地向国际环保组织要求的方向努力，中国只有顺应这一国际潮流，采取积极有效的手段迎头赶上，才能从根本上解决中国的环境问题。

本书涉及包装材料学和生态环境学方面的知识。该书普及环保知识，对绿色包装的内涵、评价和标准，绿色包装材料的范围和意义，回收和利用，包装废弃物的产生及对环境的影响，包装废弃物的组成和性质，处理技术以及包装废弃物收集系统的设计都进行了详细的介绍，是进行全面系统学习包装绿色化与环境保护理论的参考资料。

本书结构清晰，讲解详细，具有很强的实用性，可以作为高等院校包装工程、印刷工程等本、专科课程教科书及参考书，也可以作为包装工作者、包装管理者、包装爱好者的参考书。

本书编写人员分工如下：王桂英（东北林业大学）编写第1章、第3章（第4节和第5节）和第4章；温慧颖（东北林业大学）编写第2章；李琛（东北林业大学）编写第3章（第6节）；张弦编写第3章（第1节、第2节和第3节）。

由于编者水平有限，虽经很大努力，书中难免仍有疏漏之处，希望广大同行专家和读者批评指正。

编者

2016年6月

目　录

1 绪 论

包装与环境及资源的关系密切，自17世纪兴起的工业革命给人类社会的物质文明带来了空前的发展以及在改造自然和发展经济方面建立了辉煌的业绩以来，由于“高生产、高消耗、高污染”的粗放生产模式，不合理地开发利用资源，不重视治理工业化过程中产生的废气、废水和固体废弃物，因此使得地球资源日益匮乏、能源日益短缺、环境日趋恶化。由于各种有毒、有害废气、废水和固体废弃物被直接排放到环境中，还造成了一系列生态环境问题，如酸雨、臭氧层破坏、全球变暖、水污染、水体富营养化、光化学烟雾、垃圾堆积等。

包装工业也同其他工业一样，在促进商品繁荣、提高人民生活水平、推动市场经济发展的同时，也给人类带来了严重的负面效应，因此包装与环境及资源的关系有着辩证的两重性。一方面，包装工业有力地促进了商品经济效益和社会效益，包装对环境和资源也具有保护功能。包装工业有力地促进了商品经济效益和社会效益，有对产品的保护性、方便流通和促进销售的功能。保护功能对内能防止被包装物在流通过程中的损坏，对外能防止那些具有易燃易爆性、腐蚀性、有毒性、感染性、放射性等危险的内包装物对外界造成的危害、污染并避免安全事故。包装方便流通的功能则体现在方便运输、装卸及储存，减少破损，便于回收再生等方面，因此要充分看到包装有利于环境保护和减少资源损耗的一面，更好地利用包装来保护和改善生态环境和节约资源。另一方面，包装同时造成了环境污染和资源消耗等问题。包装消费与生态资源的消耗有着直接的联系，特别是纸制品、木质、竹类、藤类包装，包装材料直接来源于自然生态资源，因而对自然生态有着不可低估的影响。包装消费对生态的破坏主要来自两个方面：一是部分包装材料来源于生态系统，取之过度会造成生态不平衡，另一些人工合成材料如聚苯乙烯、聚氯乙烯、聚烯烃、聚丙烯、聚酯、聚氨酯等在一定条件、时间内，其结构比较稳定，不会产生危害人体或环境的毒副作用，但使用时间过长，温度过高或在酸碱等外界条件下就可能产生毒副作用，如聚氯乙烯可溶解在油脂中而对人体产生危害；二是包装废弃物对水体、土地、大气造成污染，导致生态系统遭到破坏。在包装对人类生活作出巨大贡献的同时，包装的副产品——包装废弃物也严重污染了环境，破坏了自然生态的平衡，对人类的生存和可持续发展构成了很大的威胁。如何协调日益增长的包装用量与环境之间的关系，成为摆在人们面前的一大难题。

20世纪80年代中期，城市固体废弃物污染和“白色污染”已成为全球突出性的环境问题，引起了世界各国的高度重视，各国均要求包装制造者在选择包装材料时，必须考虑如何消除包装垃圾。只有包装垃圾能得到有效处理或消除，才能达到包装与环境相容。同时，工业发达国家还纷纷把治理的重点由以填埋、焚烧为主转向了废弃物的回收利用上，如欧洲国家提出了有名的减量化—回收循环利用—焚烧—最终填埋处置的“废弃物管理层次”原则。许多国家相继制定包装废弃物管理和回收利用的法令法规，全球由此掀起了一场声势浩大的绿色浪潮。生命周期评价被重点应用于对产品的环境性能进行评价和计算固废物产生量和原材料消耗量方面。

我国的包装工业经过30多年的快速发展，已经成为一个门类齐全、体系完整、产业关联度高的支柱行业之一。资料显示，1981年，我国包装业的总产值为72亿元；而到了2004年，这个数字已飙升至3 283亿元，年均递增率高于18%，在我国40多个行业的排名中已从最后一位升至第12位。在与其他制造业的对比分析中得出，包装业的利润总额增长率高达44.58%，销售收入增长率达21.38%，远高于其他行业，这表明包装业在我国是极具发展能力的“朝阳产业”。当前的中国包装行业在国际同行中的地位明显提高，影响力也越来越大。据国家有关方面提供的数据显示，2008年，我国（除港、台地区）包装工业总产值已达8 600亿元人民币，相当于1 260多亿美元，已经成为世界第二包装大国；2010年，我国包装工业完成总产值1.2万亿元。对此，亚洲包装联合会主席、中国包装联合会会长石万鹏表示，按照这样的发展势头，从2011~2015年，包装工业总产值可达到2万亿元。“十二五”期间，中国包装工业将以继续保持平稳健康发展，自主创新能力明显增强，产业结构进一步优化，可持续发展能力显著提高，工业化信息化整合水平不断提高为发展目标，力争到“十二五”末，信息化的总体水平达到或超过中等发达国家。到2020年，中国包装工业将满足全面建设小康社会的需求，建成一个科技含量高、经济效益好、资源消耗低、环境污染少、人才资源优势得到充分发挥的新型中国包装工业。

本书主要关注绿色包装与环境的关系，绿色包装的评价理论和环境标准以及绿色包装材料的范围和发展方向，最后对包装链末端废弃物的回收利用途径和方法加以介绍。使读者能够系统地了解绿色包装的内涵，并为其提供全面、系统的绿色包装知识。

1.1 概　述

1.1.1 包装的定义

包装是伴随着人类生产活动的发展而发展的。任何产品商品化后都需要包装，包装是现代商品生产、储存、销售和人类社会生活中不可缺少的重要组成部分。然而，包装的定义在不同的国家不同的时期也有所不同。

英国标准中这样定义包装：包装是一种为市场和销售准备货物的艺术、科学和技术。在这个定义中，给予包装一个非常广的范围，它表明包装通过被使用来增加产品在市场和销售中的价值。

在 Paine 的书中这样描述包装：包装是为运输、物流、仓储、零售和最终使用准备货物的联合系统；包装是一种在合理的条件卜，以最低的成本保证货物安全有效地送达到最低消费者手中的工具；包装是一种技术经济的作用，其目标是运输成本极小化，消费和利润极大化。这个定义强调了市场和经济的作用，而对于包装技术方面强调得很少。

在包装技术百科全书中，这样描述包装：包装是新的制造系统中的一部分，并附加了方便消费者和保护环境的要求。包装充当着保护产品和环境的多种角色。这个定义强调了包装与环境的关系。

在我国国家标准（CB4122—83）的包装通用术语中，包装的定义是：为在流通过程中保护产品，方便储运，促进销售，按一定技术方法而采用的容器、材料及辅助物等的总体名称，也指为了达到上述目的而在采用容器、材料和辅助物的过程中施加一定技术方法等措施。在包装工业中，常常使用“包装系统”，在口语当中也常使用“包装”，这均是包含了包装和充填系统外加物流包装和设备的总称。

随着社会的进步，人们的消费需要结构的多维性，即物质的、精神的、经济的三个方面，因此包装的概念需要延伸。例如，包装对一个企业而言，不再是为包装而包装，而是含有为了实现其商业目的，使其产品增值的一系列经济活动的一个信息载体。在具体的功能包装之前，应完成一系列的市场调查、消费对象及心理分析，完成整个商品的企划及投资可行性分析，通过包装去树立品牌，促进商品的销售，增加产品的附加值。这种前包装是一种意识层面上的包装理念。它将会指导功能包装，避免商品包装的随意性，避免企业盲目的设备投资。这是一种包装的理论提升，是无形包装的概念，是市场理念、经济意识。功能包装之后的商品还要通过商业活动去实现这个包装理念。这里包括广告媒体、营销、服务、信息、网络等各种商业活动手段，是商品的后包装。因此，一个完整的包装概念含有商品的前包装、功能包装、后包装三个过程。其中商品的前包装和商品的后包装是无形包装，功能包装是有形包装，有形包装是无形包装的信息载体，无形包装为有形包装提供指导并使商品增值的经济行为得以实现。

因此，包装包含有科技、文化、艺术和社会心理、生态价值等多种因素，不再是原有的单一的功能性包装概念。它应是现代包装科学中的“包装系统”，是一个系统工程，更是一种新的经济意识理念。

1.1.2　包装的等级

为了体现包装的级别，可以将包装分为三个等级，即一类包装、二类包装和三类包装。一类包装，又称为消费者包装，它是在零售卖场给用户或消费者带回家的包装，如化妆品、牙膏等反复使用物。该类包装的主要功能是保护产品，以及便于终端用户识别产品，同时包装必须采用节约资源、环境友好的材料。二类包装，或称运输包装，被设计用来容纳许多一类包装。它能作为一个整体卖给终端用户或消费者，也能作为工具。二类包装应该便于商店的产品搬运，它是一个可以直接放在货架上的单元，而不是把每一个独立的一类包装放在货架上，如瓦楞纸板制成的盘就是一个二类包装。三类包装，又被称为运输包装，它的类型选择主要受产品的影响，便于运输和搬运许多一类包装和二类包装，其目的是防止产品的损坏，它被用于将大量的一类包装和二类包装放置到托盘上。

1.1.3　包装的功能

包装在生产、物流、使用和回收的每一步必须是有效的。归纳起来包装的功能主要集中在市场、物流和环境三个方面。

物流方面：使配送阶段和最终消费者能够有效地搬运，起到保护产品和识别产品的作用。包装的供应、包装活动、内部材料物流、配送、解包、处理和返回搬运都是这个功能的组成部分。

市场方面：包括那些与最终用户有关的增加产品价值的活动。这些特性包括包装设计、布局和工效学等。这是创造包装收入的一部分。

环境方面：包括改善经济资源，减少环境压力、便于包装的回收和包装材料的回收再生。

包装具体的功能包括保护功能、方便配送、信息和通信以及环境功能。

1.1.3.1 保护功能

包装的保护功能是最重要的功能，这意味着它将防止产品在物流环境中受到的冲击、震动、静压力和其他载荷，以保证产品安全送达到用户手中。产品流通的环境参数，如温度、湿度、气压、光线、烟雾等，在流通的过程中会发生变化。这些环境参数可以用简单的仪器测试，并且可以定量描述出来。在实验室中也可以比较容易地模拟出来，为设计的包装提供必要的试验环境。但是，在实验室中却很难精确描述在装卸和运输等流通环节中，产品受到的外界冲击和振动等参数。因为这些参数会随着装卸的器具、装卸工人的文明程度、运输方式（汽车、火车、飞机、轮船等）等的变化而变化，甚至在同一车辆上不同位置的包装所受的外力也会不同；位于车辆外沿的包装与位于车辆中部、前部、后部的包装，所受的冲击和振动是不一样的。为了达到保护产品的目的，必须更加深入地了解与被包装产品相关的知识，如脆值等物理因素，确定该保护的目标，应如何保护。在设计保护功能的时候，需要了解使产品品质发生变化的每一种危害；同时也必须知道在生产、运输、装卸、储存和销售时，影响产品的所有安全因素。在考虑了以上各种因素后，可以设计出一种可靠的包装，在产品到达最终用户手中时，才能确保该产品的质量。包装必须抵抗的外部因素如表 1－1 所示。

表 1－1 包装必须抵抗的外部因素

外部因素	包装和包装材料的功能要素
机械冲击、震动和压力载荷	冲击、震动的吸收 压缩强度 弯曲强度 拉伸强度
生物学因素	抵抗性或敏感性
气体（氧气、氮气、二氧化碳）	渗透性
光	光线传播性光线吸收 反射性
温度	热传导性
水	抵抗性 吸收性

1.1.3.2 方便配送

方便配送是包装的另外一个主要功能，通常强调从制造厂/供应者到用户的配送。随着货物搬运的机械化和自动化程度的提高，对包装方便配送的要求也越来越高。一般来说，需要包装使用一个优化的长度系列以达到制造、配送的自动化，例如，尽可能地使用叉车、卡车和标准化托盘以适应机械化的装运。这个功能对包装线上产品生产效率的提高起到了决定性作用。具体包含内部配送、外部配送、单元载荷和搬运等部分。

①内部配送。直接关系到包装生产线的生产效率。

②外部配送。包括搬运、运输和存储及信息的传递在内的有效配送，这对成本有很大的影响。

③单元载荷。包装应该容纳产品使它们容易搬运、堆码和显示。包装应该适应基于1 200 mm×800 mm（ISO 1号标准）或1 200 mm×1 000 mm（ISO 2号标准）尺寸的模数包装。这使得诸如叉车搬运的标准设备和仓储中标准托盘架的合理利用成为可能，而且可以对运输车辆进行有效的体积利用。有效的单元载荷的使用在当前欧洲的供应链中可节省销售价格的1.2%。

④搬运。在供应链的不同环节中，强调包装便于配送的功能是在不断变化的。近期的研究表明，配送系统的这部分成本对总的成本影响很大。无论是对最终消费者还是搬运原材料的工人而言，都必须容易搬运，因此包装应该适应它可能遇到的任何环境。实践证明，包装应该适应于机械数值，使人工搬运更加容易，并且具有良好的人体工效学性能。

⑤信息。在工业和服务业中，有关产品的信息是通过包装上的信息传递给用户的。如工业界通过包装上提供的条形码或各种高技术的标签读取所有的信息。零售商店也是这样，通过包装上的条形码提供给零售商有关库存的信息。商店的出纳员根据条形码登记售出的产品数量进行库存检查，当达到重新订购点时直接向供应商订购。条码是由一组规则排列的条和空及相应的数字组成，这种用条、空组成的数据编码可以供机器识读，而且很容易译成二进制数和十进制数。这些条和空可以有各种不同的组合方法，构成不同的图形符号，即各种符号体系，也称码制，适用于不同的应用场合。目前广泛使用的是欧洲国际物品编码协会（EAN International）提供的EAN系统和美国统一代码委员会（UCC）的UPC系统。EAN条形码则是在吸取了UPC经验的基础上发展建立的物品标识符号，所以是现在国际通行的条形码，我国目前通行的商品条形码标准是EAN条形码标准。EAN条码是一种连续型、非定长有含义的高密度代码，用以表示生产日期、批号、数量、规格、保质期、收货地等更多的商品信息。该条形码由13位数字组成，分成四组，如图1－1所示。

标准商品条码由13为数码组成，其中，1～3位：共3位，是国家代码；

图 1－1 使用条形码识别被包装的产品

4～7/8/9 位：共 4/5/6 位，代表着生产厂商代码，由各厂商申请，国家分配；8/9/10～12 位：共 3/4/5 位，代表着厂内商品代码，由厂商自行确定；第 13 位：共 1 位，是校验码，依据一定的算法，由前面 12 位数码，通过计算而得到。每一个产品都有特定的号，如果数个产品一起生产，新的产品也将得到一个新的号。例如，相同饮料的不同软包装产品就有不同的商品号。

1.1.3.3 信息和通信

随着信息技术和电子商务的发展，包装的信息和通信功能变得越来越重要。通过包装可以识别产品的内容、应用场合和质量等。

①信息。包装必须提供商品必要的信息，它发挥着“沉默的销售者”的作用。成功的品牌可以清晰地传达产品信息，提高产品的可信度，与潜在的顾客建立情感沟通，以激发他们的购买欲，并提高使用者的忠诚度。对于品牌来说，没有什么方式比包装更能有效地与消费者建立交流。事实上，在消费者心中，包装和产品是不可分割的整体——它们构成品牌识别综合体。欧洲监督组织要求包装必须采用国家有关产品的信息标注规范，如食品包装标签的具体内容包括：商品名称；产品成分表和添加剂；保质期和使用期限；保存和使用条件；食品的原产地点和生产厂家；包装商或零售商的名称和地址；净重；必要的使用说明；使用对象（人、猫、狗等）。

②市场。市场是产品从生产厂家到消费者手中移动的整个策略和复杂过程。可以说，市场是产品生产和产品包装是否成功的试金石。包装的市场功能是指包装具有推销产品和增加产品价值的作用，因为通过包装不仅可以识

别产品的内容、应用场合和质量等，而且可以识别生产方式、历史文化、心理需求与流行时尚，从而起到宣传和推销产品的作用。在零售中，从前由商店的营业员完成的工作，如向消费者描述产品、产品质量如何、在什么时间和什么地方使用它等，现在在超市和自助商店里，这个工作主要由包装来完成。也就是说，有关产品的信息可以通过包装上的信息传递给用户。随着信息技术和电子商务的发展，包装的信息和通信功能变得越来越重要，而且，包装上的信息量有增加的趋势，特别是在消费包装上。市场效果往往通过以下三个效果来度量。

功能效果：常常在实验室被测定。涉及是否容易搬运、开启和关闭，同时起到保护作用。

视觉效果：必须能够促进商品的销售，有趣并具有吸引力。一个包装的形状、图形和信息成就了一个产品。这种效果往往是难以度量的，主要考察三个问题：包装引起了人们对商标的注意吗？包装使人们关注商店的存在吗？如果在去商店之前已经做了购物决定，产品容易被发现吗？

通信效果：包括商标和产品识别，通过消费者印象来评价相关竞争产品的商标。通常认为通信效果是最重要的。

1.1.3.4 环境功能

包装的环境保护功能主要是指包装通过保护商品来减少资源消耗、保护环境。包装的环境功能随着人们环保意识的增强变得日益重要。包装对商品的保护体现在包装将防止商品在物流中的冲击、振动、静压力和其他载荷，以便有效地防止产品的破损变形、化学变化及有害生物对产品的影响，防止异物的混入、污物污染、产品的丢失和散失。由此可见，商品包装不仅可以使商品本身的品质得以保持，而且可以防止那些污染环境的商品的泄漏而造成环境污染，这主要体现在化工类产品上。然而，在现实生活中，消费者仅仅在购买、打开包装，尤其是扔掉它时才真正意识到包装的作用。包装在生产、物流过程中的许多环境保护功能更是鲜为人知，甚至一些环境活动家和政治家经常把包装本身说成是环境问题，因为在垃圾箱中总会有包装废弃物。他们认为包装本身就是垃圾，包装是一种资源浪费，所有的包装都只是奢侈品而非必要的东西，所以包装经常会成为众矢之的。他们忽略了包装在生产流通过程中所起的重要作用，如果没有包装，由于产品的损坏或丢失将使环境负担大量增加。

针对包装是“污染”的一种形式的观点，更多人认为包装本质上不是污染，虽然包装及其废弃物确实导致了一些环保问题。污染是在商品的制造（或消费）过程中产生了“过多”的危害作用或者是“负面影响”，而包装与气体或液体排放物不同，包装不是生产过程的剩余物，而是保护商品、方便流通、促进销售的工具，包装作为一种有效的产品运输工具已经是产品的一部分。事实上，包装的作用不仅体现在它是包装产品的一个必须选择，而且体现在它能够节约更多的资源和减少大量的废弃物。

1.1.4 包装链

在包装系统中，研究包装不仅仅是研究单个包装的设计，而是从包装的整个生命周期出发，进行面向产品、面向物流、面向市场、面向环境的集成设计。那么首先要解决的问题就是包装的整个生命周期包含哪些过程。包装链的定义是什么。

如图 1－2 所示，包装链包括从包装材料及容器的生产、运输、仓储、使用到包装在生命周期终结时的处置各个环节，其中包括了许多子过程，每个子过程又包含了若干活动。

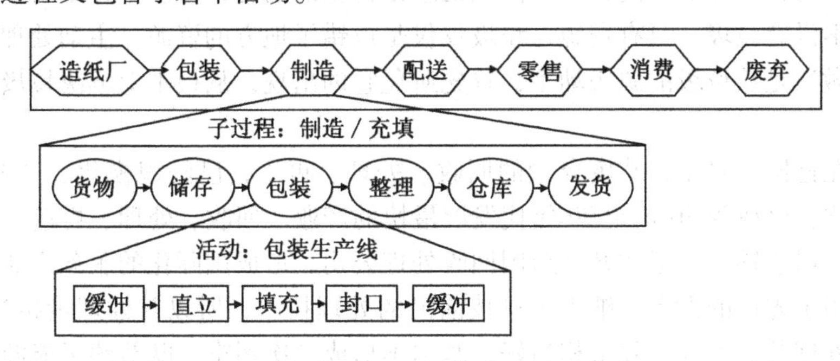

图 1－2 包装链

产品的生命周期可以通过如图 1－3 所示来完成。

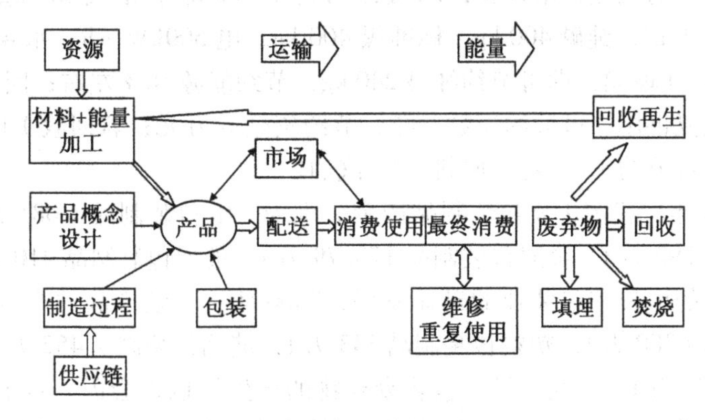

图 1－3 产品的生命周期

1.1.5 包装废弃物

包装废弃物是指在生产、流通和消费过程中基本上或者完全失去使用价值、无法再重新利用的最终排放物。所谓不再具有原使用价值，并不意味其没有利用价值。“废”与“不废”是一个相对的概念，它与当时的社会发展阶段、技术水平与经济条件以及生活习惯均密切相关。废弃物又称二次资源（Secondary resource）、再生资源（Renewable resource）、放错了地方的资源等称谓，并将固体废物视作第二矿业（Secondary mining），固体废物工程也已发展成为一门新兴的应用技术型学科，即再生资源工程。总之，“放错地点的原料”“废”具有时间和空间的相对性。

1.1.5.1 包装废弃物回收现状

在发展绿色包装中，包装废弃物的回收处理是非常重要的一个方面。回收处理与再生并非相同含义，回收处理是再生的前提，所以十分重要。世界上原本没有垃圾，只有资源，垃圾仅仅是放错了地方的资源。主动处理废弃物的做法是从垃圾的源头动手，首先避免它的出现，从根本上解决垃圾的污染。

在德国，对于包装废弃物的回收、处理、再生，已经规模化、产业化、商品化，已成为20世纪90年代发展最快的产业。回收、处理、再造一条龙服务，以连锁店的形式开办跨国回收处理公司，形成国际化的服务产业。由于采用了先进的设备，纳入了科技前沿的处理技术，所以其处理量相当大，每年处理几百万吨，效果相当好，基本不形成二次污染，既节约了能源，保护了资源，造福了人类，还获得了巨大的利润。

按我国的成熟技术计算，1 t废纸可再生800 kg新纸或830 kg纸板，可节约木材4 m^3，纯碱400 kg，标准煤400 kg，电500kW · h，水4 700 t；每回收再造1 t玻璃，即可节约纯碱240 kg，节约能源10%左右；回收50万个玻璃瓶重复再用，可节约煤数万吨，节约资金6万元；若回收1 t废旧聚乙烯塑料，可节约1.1 t乙烯原料，3 t汽油。

1998年，我国主要包装制品产量分别为：纸包装制品1 081万t，塑料包装制品292万t，金属包装制品173.79万t，玻璃包装制品410万t。随着国民经济的增长和包装业的迅速发展，2000年，包装产品的产量已达到纸包装制品1 300万t，塑料包装制品343万t，玻璃包装制品452万t，金属包装制品205万t。由此可见，包装废弃物的产生量也将会进一步上升。然而就目前来说，我国可利用而未利用的固体废弃物价值就达250亿元。针对这种情况，我国环保部门已做了部署，在今后5年中，国家将投入500亿元人民币进行固体废弃物的处理，使它在城市的存量控制在1.8亿t，无害化学处理综合利用达45%。

目前我国的大部分企业都是消费式的生产方式，产品的包装在生活方面只追求消费水平而忽视了节约和回收的意识。目前，我国包装纸的回收率为25%，塑料回收率约10%，玻璃约20%，金属不足10%。总之，回收再利用包装废弃物具有巨大的经济效益，将成为各国解决包装废弃物问题最有效的途径。

1.1.5.2　包装废弃物分级管理原则

包装废弃物分级管理原则，即遵循减量—重复使用—循环利用—焚烧—填埋从优先到最低优先的顺序，如图1-4所示。

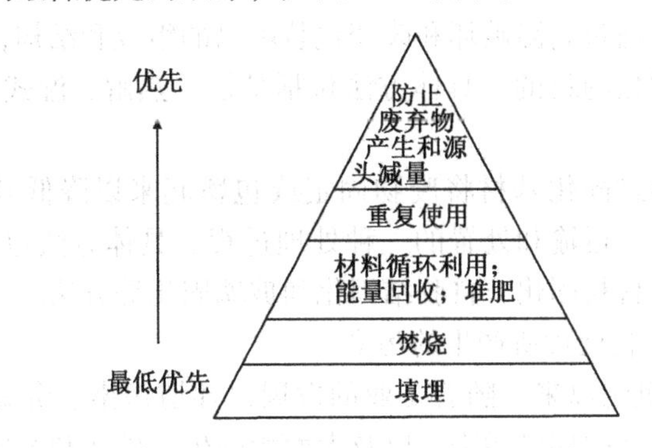

图1-4　包装废弃物分级管理原则图

①防止放弃物产生和源头减量。意味着控制包装极小化，减少包装的使用量，减小包装对环境的有害性。

②重复使用。包括以产品的最初形式使用多次，或用作其他用途。在这个过程中，需要考虑重复使用过程中的经济效益。

③回收与回收再生。意味着当包装使用后还能充分利用包装材料，它包括材料回收再生、能量回收和堆肥。这些方法中没有明显的等级。

回收再生工业的成功关键在于经济性；能量回收是众多材料通常使用的方法，特别是塑料；堆肥是在一定的控制条件下，使用微生物对用过的包装进行微生物分解，得到稳定的有机物滤渣或甲烷。

④填埋/焚烧。这是处理用过的包装的最后一种方法。

某些传染性废弃物可以通过燃烧做到无害化；另外需要考虑包装的热量值是否适合燃烧。需要考虑填埋物是否含有传染性问题。

1.1.5.3　包装废弃物处理

通过物理、化学、生物、物化及生化方法将其转变成适于运输、利用和储存或最终处置的过程技术和方法。

(1) 包装废弃物处理技术种类

物理技术：通过浓缩或相变化改变包装废弃物的结构，使之成为便于运输、储存、利用或处置的形态。具体方法包括压实、破碎、分选、增稠和脱水等。

化学技术：采用化学方法破坏包装废物中的有害成分，从而达到无害化，或将其转变成适于进一步处置的形态。具体方法包括氧化、还原、中和、化学沉淀和化学溶出等。

生物技术：利用微生物分解包装废物中可降解有机物，从而达到无害化或者综合利用。具体方法包括好氧处理、厌氧处理和兼性厌氧处理。

热处理技术：通过高温破坏和改变包装废物的组成和结构，同时达到减容、无害化或资源化的目的。具体方法包括焚烧、热解、湿式氧化及焙烧、烧结等。

固化技术：通过固化基材将废物固定或包覆起来以降低其对环境的危害，从而能较安全地运输和处置的一种处理过程。具体方法包括水泥固化、石灰固化、热塑性材料固化、自胶结固化和玻璃固化等方法。

(2) 包装废弃物处理所产生的污染

人类进入20世纪以来，随着工业的发展，环境污染、资源破坏日益严重。全球性、广域性的环境污染，以及大面积的生态破坏和突发性的严重污染事件已成为当今人类面临的环境问题的主要特征。当今由于包装废弃物处理引发的环境问题主要包括如下内容。

①热污染，全球性气候变暖。导致全球变暖的主要原因是人类在近一个世纪以来工业活动排放出大量的CO_2等多种温室气体。由于这些温室气体对来自太阳辐射的可见光（3.8～7.6 nm，波长较短）具有高度的透过性，而对地球反射出来的长波辐射（如红外线）具有高度的吸收性，也就是常说的“温室效应”，导致全球气候变暖。全球变暖的后果，会使全球降水量重新分配，冰川和冻土消融，海平面上升等，既危害自然生态系统的平衡，更威胁人类的食物供应和居住环境。毫无疑问，我们这个星球正在升温，20世纪全世界的平均温度大约攀升了0.6℃。北半球春天的冰雪解冻期比150年前提前了9 d，而秋天的霜冻开始时间却晚了10 d左右。政府间气候变化问题小组根据气候模型预测，到2100年，全球气温估计将上升1.4～5.8 ℃（2.5～10.4 ℉）。根据这一预测，全球气温将出现过去10 000年中从未有过的巨大变化，从而给全球环境带来潜在的重大影响。

②淡水资源短缺与污染。缺水已是世界性的普遍现象，全世界有100多

个国家存在不同程度的缺水。水资源短缺已成为许多国家和地区经济发展的障碍。引起水资源短缺除了自然因素之外，由水体污染引起的水资源破坏是造成水资源危机的重要原因之一。水污染指标包括悬浮物、生物化学需氧量（BOD）、化学需氧量（COD）、总有机碳（TOC）、pH 值、大肠菌群数、有毒物质等。水污染可由污染物随天然降水和地表径流进入江河湖泊；或者随风飘入水体使地表水污染；或由渗滤液进入土壤使地下水污染；或者污染物直接排入河流湖泊或海洋造成更大的水体污染。目前全世界每年排入江河湖泊的污水达 4 200 亿 m^3，污染的淡水有 5 500 亿 m^3，许多发展中国家的大多数疾病与水污染有关。

③土壤资源遭破坏。土壤污染物的种类繁多，按污染物的性质一般可分为四类，即有机污染物、重金属、放射性元素和病原微生物。土壤污染对人类环境造成的影响和危害在于它可导致土壤的组成、结构和功能发生变化，进而影响植物的正常生长发育，造成有害物质在植物体内累积，并可通过食物链进入人体，以致危害人体健康。一旦土壤受到污染，特别是受到重金属或有机农药的污染后，其污染物很难消除。每堆积 1 万 t 废物，约占地 667 m^2。截至 1994 年，我国工业固体废物堆积量就达到 66 亿 t，占地 6 万多 hm^2。废物在堆放过程中，有害成分容易经过风化、雨淋随地表径流渗入土壤中，杀死土壤中的微生物，使土壤丧失腐解能力，导致寸草不生。目前，100 多个国家可耕地肥沃程度在减小，荒漠化在加剧。在全球陆地面积中，沙漠和沙漠化面积占 29%，每年有 600 万 hm^2 的土地变成沙漠。全球共有旱地和半旱地 50 亿 hm^2，其中 33 亿 hm^2 遭到荒漠化威胁，致使每年有 600 万 hm^2 的农田和 900 万 hm^2 的牧区失去生产力。

④气污染。一些有机固体废物在适宜的温度、湿度下会被微生物分解，释放有毒气体，固体废物在运输和处理过程中，会产生有害气体和粉尘。粉尘污染一些细粒状的废渣和垃圾，在大风吹动下会随风飘逸，造成大气的粉尘污染。

⑤化学污染日益严重。各种各样的化合物存在于水、大气、土壤以及动物和人体中。许多化合物对水、大气、土壤等产生污染，进而影响到动物、植物和人。如工业与城市废水和固体废弃物、农药和化肥、重金属、石油和铅等对植物、动物和人类产生严重的影响和危害，甚至导致动植物的灭绝和人类的死亡。

⑥危险性废弃物增加。危险性废弃物是指除放射性废物以外，具有化学活性或毒性、爆炸性、腐蚀性和其他对人类生存环境存在有害特性的废物。在过去的数十年中，化学品的生产和使用量剧增，现在的化学品国际贸易每

年逾200亿美元，有毒化学品的生产、贸易、运输及使用都是危险性废物的产生源。危险性废物及其存在的越境转移等国际性环境问题，给当今人类生存环境带来巨大的潜在威胁。

（3）解决废弃物处理所产生污染的措施

①包装减量。通过改进产品设计和制造工艺，在制造过程中减少生产废料的产生；改进产品的包装设计，减少包装用量，如用经济包装或用大容器包装；设计可以重复使用的包装，并开发耐用的和可进行修复使用的包装制品；减少包装材料中的有毒化学物质，如胶黏剂及各种表面涂料材料等添加剂。尽可能使用单质包装材料制作包装。

②原质使用。指不改变包装的性质和品质的重复使用，即进行包装原有功能的回收利用，回收处理后再加工使用。

③改形改性循环使用。指将用后的包装或包装材料回收，再次进行处理加工后，使之成为有价值的产品加以使用。改形循环使用主要是指那些包装废物通过回收处理，在处理时将其原有形状结构破坏，但其性质却未改变，再加工后仍可作原有功能的包装使用，如常见的废纸及废纸箱等，以及塑料包装的回炉，它们分别进行制浆造纸和熔炼制膜便可制得纸塑包装（箱、盒、袋等）。改性循环使用指彻底改变包装废弃物的形状与性质的处理，最后得到有价值的另一种非包装产品，如将塑料包装废物回收进行特殊的处理与加工得到汽油。

1.2 包装工业与可持续发展

图1－5所示为包装在它的生命周期中与环境的潜在相互作用。

从包装产品的整个生命周期看，包装对环境的污染和资源的消耗主要表现如下几方面。

①包装过程中的污染。在包装生产过程中，企业排出的废气、废水造成大气和水体污染，一部分不能回收再生的包装材料以及包装工业产生的废渣与有害物质对周围环境及土壤造成危害。由于实行粗放式生产，所以包装工业在生产过程中大量排出“三废”，尤以纸包装的制浆造纸生产、金属包装的涂装及打磨工艺、玻璃包装的熔融成型塑料包装的原料采掘最为严重。如全国造纸黑液70%没有得到处理而对环境造成污染。某些金属桶在涂装前表面除油、除锈、磷化等工艺产生的废水、废气、废渣对人身及环境均造成污染。

②产品生命周期短。多数产品一次性使用后即成为废弃物，属于资源消

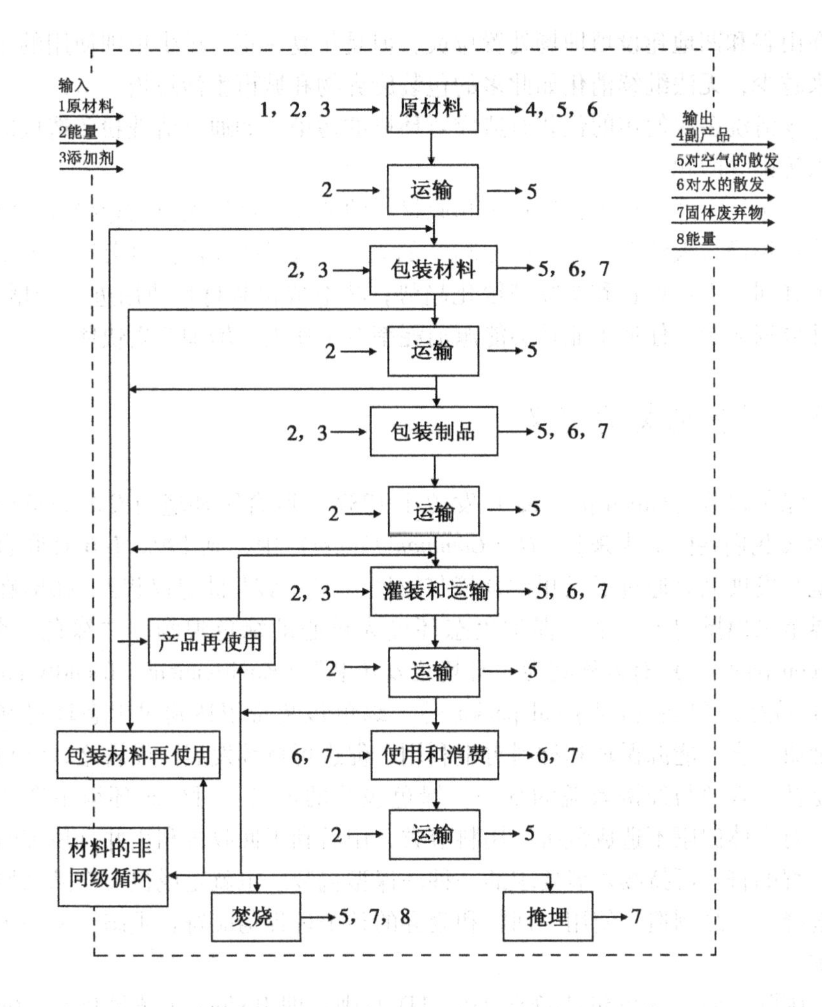

图1-5 包装在其生命周期中与环境的潜在相互作用

耗性产品。

③随着人民消费水平的提高，包装废弃物在城市生活垃圾中所占比重越来越大。在工业发达国家，已在质量上占到1/3，在体积上占到1/2；在我国，质量上也已占15%～20%，在体积上占到30%，包装废弃物年产生量达到0.4亿t。这种破坏出现在乡村、森林、沙滩、公园、街道和沿马路的其他地方。在包装废弃物中，不可降解的塑料垃圾更形成刺目的“白色污染”，对环境造成“视觉污染”和“潜在危害”，后者通过环境介质——大气、水体和土壤，参与生态系统的物质循环和生物的食物链，对环境和人身都具有潜在的、长期的危害性。

④大量的包装废弃物和城市生活垃圾填埋处置需要占地，欧美等国最初

均在山谷和凹地建设填埋场处置垃圾，但是年复一年，可供填埋使用的土地越来越少，无法继续消化如此多的包装废弃物和城市生活垃圾。

⑤清洗多次使用的包装时造成对环境的污染。如通过清洗粉砖造成的潜在水污染等问题。

⑥包装生产过程中自然资源和原材料的消耗。世界人口数量接近70亿，平均每年增长大约2%。有大约30%的人口生活在城镇（美国约为70%），毫无疑问，人口增长和持续城镇化趋势，将造成包装材料使用进一步增加。统计数据显示，任何工业社会能源消耗率总是比人口增加要更快些。

1.3 绿色包装的定义

绿色包装（Green package）发源于1987年联合国环境与发展委员会发表的《我们共同的未来》（*Our Common Future*）中，到1992年6月联合国环境与发展大会通过了《里约环境与发展宣言》《21世纪议程》，随即在全世界范围内掀起了一个以保护生态环境为核心的绿色浪潮。“绿色包装”（Green package）有人称其为“环境之友包装”（Environmental friendly package）或生态包装（Eological package）。绿色包装希望达到对生态环境和人体健康无害、能源循环和材料再生利用，促进可持续发展。简言之，绿色包装是社会效益与经济效益的统一。绿色包装的定义：对生态环境不造成污染，对人体健康不造成危害，用料节省，用后利于回收再利用并且填埋时易于降解的符合可持续发展要求的一种环保型包装。也就是说包装产品从原材料选择、产品制造、使用、回收和废弃的整个过程均应符合生态环境保护的要求。

国际上要求绿色包装符合4R + 1D原则，即Reduce（减量化）、Reuse（能重复使用）、Recycle（能回收利用）、Refill（能再填充使用）和Degradable（能降解腐化）的包装。目前，建立绿色包装体系已成为世界贸易组织的要求，它日益成为消除贸易壁垒的重要途径。

1.3.1 Reduce（减量化包装材料）

它是指在保障包装功能的前提下，尽可能减少材料的用量以减少包装废弃物量。在包装设计上应遵循适度原则。欧美等国将包装减量化列为发展无害包装的首选措施。

1.3.2 Reuse（能重复使用包装材料）

包装材料的重复利用，可较大程度地减少废弃物的量。尽量选用可循环使用的包装材料，并且提高包装废弃物的回收利用率。重复再用包装，如啤酒、饮料、酱油、醋等包装采用玻璃瓶反复使用。

1.3.3 Recycle（能回收再生包装材料）

优先选用可回收再生材料，以提高资源利用率。通过回收废弃物，生产再生制品、焚烧利用热能、堆肥化改善土壤等措施，达到再利用的目的。既不污染环境，又可充分利用资源。

1.3.4 Refill（能再填充使用）

重用和重新填装的包装可以提高产品包装的使用寿命，从而减少其废弃物对环境的影响。

1.3.5 Degradable（能降解腐化）

选用易降解的材料，通过阳光中紫外光的作用或土壤和水中的微生物作用，在自然环境中分解和还原，最终以无毒形式重新进入生态环境中。当前世界各工业国家均重视发展利用生物或光降解的包装材料。

1.4 绿色包装的内涵

本质上，绿色包装涵盖了保护环境和资源再生两方面的意义。它是指对生态环境和人体健康无害，能循环重复使用和再生利用，可促进国民经济持续发展的包装。也就是说包装产品从原材料选择、产品制造、使用、回收和废弃的整个过程均应符合生态环境保护的要求。它包括了节省资源、能源，减量，避免废弃物产生，易回收重复使用，再循环利用，可焚烧或降解等生态环境保护要求的内容。根据“有利于人类可持续发展”的观点，理想的绿色包装除了具备包装的一般特性（保护商品、方便商品的储存运输、促进商品的销售）之外，应当具有三个基本条件，即安全卫生、环境保护和节约资源。

1.4.1 安全卫生

安全卫生性能这里指使用的包装材料必须对人体健康不产生毒害，符合相关卫生标准的要求。不同的商品，对包装材料的安全卫生性能的要求不尽相同，安全卫生性能对于食品、药品类的商品往往具有特别重要的意义。

1.4.2 环境保护

环境保护指包装对环境保护的适应性，即包装材料及其生产过程必须与环境保护的需要相适应（要求包装材料从原料获取开始，到包装材料的生产加工、使用以至使用以后废弃物处置的全过程，均对环境保护有良好的适应性，不对环境产生危害）。

1.4.3 节约资源

节约资源主要指节约物资与能源，从深层次上讲，还有节约人力资源的问题。

安全卫生是保护人们身体健康必不可少的条件，环境保护和节约资源则更是造福当代、惠及子孙的必要措施。因此我们可以明确地讲，一种包装如果具备了上述三个基本条件，就是绿色包装，相反如果不具备或者不完全具备上述这三个基本条件，就不能称为绿色包装。

绿色包装一般应具有五个方面的内涵：一是实行包装减量化。包装在满足保护、方便、销售等功能的条件下，应是用量最少。二是包装应易于重复利用，或易于回收再生。通过生产再生制品、焚烧利用热能、堆肥化改善土壤等措施，达到再利用的目的。三是包装废弃物可以降解腐化。其最终不形成永久垃圾，进而达到改良土壤的目的。四是包装材料对人体和生物应无毒无害。包装材料中不应含有有毒性的元素、病菌、重金属，或这些含有量应控制在有关标准以下。五是包装制品从原材料采集、材料加工、制造产品、产品使用、废弃物回收再生，直到其最终处理的生命全过程均不应对人体及环境造成危害。绿色包装包括了节省资源、能源、减量、避免废弃物产生，易回收重复使用，再循环利用，可焚烧或降解等生态环境保护要求的内容。绿色包装的内容随着科技的进步，包装的发展还将有新的内涵，其内涵随着科技的进步还将有待于发展完善。

绿色包装分为A级和AA级。A级绿色包装是指废弃物能够循环重复使用、再生利用或降解腐化，含有毒物质在规定限量范围内的适度包装。AA级绿色包装是指废弃物能够循环重复使用、再生利用或降解腐化，且在产品整个生命周期中对人体及环境不造成危害，含有毒物质在规定限量范围内的适度包装。上述分级主要是考虑首先要解决包装使用后的废弃物问题，这是当前世界各国在保护环境过程中需要关注的问题，这是一个过去、现在、将来需继续解决的问题。

1.5 绿色包装政策

随着人们对世界环境危机、资源危机认识的不断深化，可持续发展战略不断深入人心，一系列崇尚自然、保护环境的绿色产品相继出现，在世界范围内掀起了一股声势浩大的绿色浪潮。为了顺应绿色包装的发展趋势以及推动在全球范围的扩展，世界各国相继出现了对绿色包装的法律调控。

德国1991年通过了《德国包装法令》，1998年根据《包装及包装废弃物指南》重新修订。1996年颁布实施了《循环经济与废物管理法》，规定商品生产者和经销者回收包装垃圾，要求容器及包装物要贴绿色标志，绿色标志使用费由包装垃圾再生利用的难易程度而定。为了尽量减少支付绿色标志使用费，有关企业在容器及包装材料上力求包装简单方便。

英国1996年5月通过《包装废弃物条例》。1993年包装业与28家公司组建了一个“生产者责任工业集团”，在全国推广包装废弃物收集与再利用处理系统，有80%的居民参与其活动，地方政府也负责组织回收分类。

奥地利1992年10月通过《包装法规》后公布了《包装目标法规》以进行补充，要求生产者与销售者免费接受和回收运输包装、二手包装和销售包装，并要求对80%回收的包装资源进行再循环处理和再生利用。1994年奥地利又推出了《包装法律草案》，更准确地阐述了上述的法律观点，并将欧洲包装“指南”内容容纳进去。该国还建立了回收循环系统，其中最有名的是“生态箱”和“生态袋”，将空的饮料和牛奶盒放在里面，装满了就送到回收站。由厂家专门派人将“生态箱”“生态袋”免费送到消费者家中，并将装满的箱子、袋子取走，大大减少了每年的废物量。

法国1993年制定了《包装法规》，要求必须减少以填埋方式处理家用废弃物的数量。1994年颁布了《运输包装法规》，明确规定除家用包装外所有包装的最后使用者要把产品与包装分开，由公司和零售商进行回收处理。法国的生产商和进口商共同成立了一个生态包装有限公司，作为家用销售包装废弃物中心回收系统，凡与此公司签约者，只要支付一定的费用就可贴上“标点”标志，有权使用该公司的商品。另外，他们还有专门负责玻璃包装和医药包装及木制包装废弃物回收再循环处理的公司。

比利时于1993年7月通过《国家生态法》，1995年7月正式生效。该国还制定了一种生态税，规定凡用纸包装食品和重复使用的包装可以免税，其他材料的包装均要交税。比利时成立了一个由28家包装生产商、批发商、零售商与回收企业组成的名叫“福斯特·帕拉斯”的股份有限公司，负责对城区居民住宅包装废弃物的收集、分类。

早在20世纪60年代，美国就已经注意到了包装废弃物的危害，为此，一些州政府开始采取法律措施，强制回收这些废弃物；由于州政府的出面，包装废弃物回收不力的情况逐渐有所缓解，从而掀起了一场题为“保护美国的美丽”的保护运动。1970年美国政府制定了资源回收制度。到80年代末，由于联邦政府不能将包装废弃物问题的意见强加于各州政府，他们采取了更加积极的手段，制定了总政策，国会议员们针对一些现实作出一个方案，其中包括减少包装来源及再利用、回收和焚烧等措施，各州纷纷响应。1993年加州政府专门制定了“饮料容器赎金制”，规定所有的硬塑料容器再回收利用必须符合1991年提出的减少10%的原料用量，或必须包含25%的可回收物质的要求。康涅狄格州H. B51917项建议规定，从1995年开始在消费品包装方面禁止使用不能回收物质。纽约A. B1839项建议禁止销售和使用聚苯乙烯发泡塑料制作的包装材料。佛罗里达州政府积极推行《废弃物处理预收费法》（AFD），把处理包装废弃物的费用让自由选择商品的消费者承担，为了鼓励包装容器生产厂商回收利用，以支持该法律的实施，ADF法规定只要达到一定的回收利用水平即可申请免除废弃物的回收，如根据美国环保局（DEP）每年公布的各种材料，凡回收率达50%以上的容器可免除预收费，以鼓励所有生产者保证他们的产品包装至少有一半可以回收利用。

澳大利亚《国家包装指南》于1991年出版的，由政府召集工业、消费和环保部门代表联合编写。此外，各州都有自己的立法，如昆士兰州于1994年的5月颁布了《废弃物管理战略（草案）》，该草案对国家重要的政府机构产生了很大影响，并且确立无论是企业还是消费者，都该对废弃物的处理负责。草案重点强调了再生材料市场的发展，为配合行动，要扫除一切阻碍回收材料再利用的障碍。该州有60%的居民参与了废弃物的回收系统工程，从而为300多万居民创造了良好的生存环境。因此，澳大利亚政府把这个州列为典范，用以推动全国包装废弃物的回收利用。

日本通商产业省公布了一套有关产品包装的建议，内容涉及消费品包装废弃物的处理方法，减少废弃物数量及鼓励循环再造等。建议提出如出售有污染环境的包装盛装商品时，应向顾客收取押金，待顾客消费商品后把包装交回商店再退押金。为了配合这套建议，日本百货业成立了一个委员会研究有关节省能源和资源的途径并与供应商和包装商紧密合作。该委员会还定出两套百货业商品包装标准，每套标准的环保重点是包装原料或容器必须不危害人体健康，应尽量少用废弃后难降解的包装材料，尽量缩小包装的体积；容器内的空间不应超过产品体积的两成，委员会主张采用最简单的包装方式，甚至要求零包装，尽量避免采用废弃后难以处理的包装材料。近几年来，日本相继制定了《容器包装法》《家用电器循环法》《再生资源利用促进法》等一系列法律法规。

我国包装工业30多年来从无到有，从小到大取得了令世人瞩目的成就，但与世界先进国家相比还有一定的差距，尤其体现在包装技术、包装设备应用程度、包装设计模式及观念等方面。目前对环保包装问题，世界各国包装组织都在积极地向国际环保组织要求的方向努力，如新的环保包装ISO14000等标准和法规的出台。ISO14000环境管理体系国际标准规定对不符合该标准的产品，任何国家都可以拒绝进口，从而使不符合标准的产品被排除在国际贸易之外。中国的环境标志制度产品种类较少，远不能满足对外贸易发展的需要，只有顺应这一国际潮流，采用积极有效的手段迎头赶上，才能从根本上保护中国的外贸利益。在典型引路的同时，普及这项标准体系。此外还应及早研究国际环境标准，可以通过行政立法程序将该国际标准转化为国家标准，在全国范围内推广使用，与该国际标准有关的国内配套法规亦应尽早制定。相比之下，我国环保包装业滞后，环保包装材料国产化生产能力还很低，我国研究环保包装的工作应着重于环保包装的实际应用。国外年人均包装材料的消耗量在100 kg以上，美国为500 kg，日本为200 kg，德国为90 kg，独联体为80 kg，我国为30 kg，相比之下我国的年人均包装材料消耗量较低，但我国人口有13亿之多，所以年包装材料的消耗数量仍是相当大的。许多国家以法规形式对进口商品的包装材料进行限制或进行强制性监督和管理。例如，美国规定进口商品包装不得用稻草，否则将被强行烧毁。新西兰农渔部规定进口商品的包装不得为干草、稻草、竹席等。为此，中国做了许多工作：一是避免使用含有毒性的材料。包装容器或标签上所使用的颜料、染料、油漆等应采用不含重金属的原料，作为接合材料的黏合剂，除应不含毒性或有毒成分外，还应在分离时易于分解。二是尽可能使用循环再生材料。国际上使用的可循环再生材料多是再生纸，以废纸回收后制成的再生纸箱、模制纸浆、峰浆纸板和纸管等。三是积极开发植物包装材料。植物基本上可以延续不息地重复繁殖，而且大量使用植物一般不会对环境、生态平衡和资源的维护造成危害，因而受到国际包装市场青睐。四是选用单一包装材料。这样不必使用特殊工具即可将材料解体，还可以节省回收与分离时间，避免使用黏合方法而导致回收、分离的困难。

2009年12月10～11日，国际标准化组织ISO/TC122/SC4装与环境技术委员会在瑞典斯德哥尔摩召开了第一次全体大会。中国出口商品包装研究所作为 ISO/TC122/SC4 中国国际秘书处和国内技术对口单位以 P 成员身份派员率中国代表团出席了会议。ISO/TC122/SC4 包装与环境技术委员会由瑞典标准协会（SIS）和中国国家标准化管理委员会（SAC）共同承担联合秘书处工作，中国出口商品包装研究所承担中方联合秘书处工作。来自中国、瑞典、日本、韩国、美国、英国、德国、荷兰、比利时、法国、瑞士、西班牙、意大利、芬兰、丹麦 15 个国家的 70 多位代表出席了大会。

会议通过了《包装包装与环境 ISO 标准的使用要求》《包装包装与环境包装系统的优化》《包装重复使用》《包装材料循环利用》《包装能量回收》《包装化学回收》《包装有机回收》7 个国际标准提案，确定了主席的委任、联络组织的建立、工作组的设立和分工以及下次会议安排等工作，最终形成 12 项会议决议。关于工作组的设立问题，大会最终确定工作组（WG1）“包装与环境 ISO 标准的使用要求”由中国承担项目领导人和工作组召集人工作；工作组（WG3）“重复使用”由中国和韩国共同承担，中韩专家分别担任工作组召集人和项目领导人工作。大会针对中国在比利时会议上提出的在北京承办 2010 年 SC4 全体工作组会议的提案进行了讨论并由全体代表一致通过，确定 2010 年上半年在北京召开 ISO/TC122/SC4 全体工作组会议，SC4 大会也同期召开。会议于 2010 年 5 月 31 日至 6 月 4 日召开，其中 6 月 1 ~4 日召开工作组会议和全体大会。世界包装大会、中国国际包装博览会和国际包装标准化论坛等活动同期举行。

大会对以欧盟协调标准和“环境意识包装亚洲指南”作为 ISO 标准制定的基础文件取得了一致的意见。欧洲包装与环境组织 EUROPEN 的代表也对国际社会所进行的关于包装与环境的一些相关活动进行了介绍，为与会代表搭建了一个更为广阔的信息平台。会议期间，中瑞双方还针对联合秘书处的具体工作分工方案做了进一步协商，双方交换了意见，为今后更好地开展中瑞联合秘书处的工作打下了很好的合作基础。中方代表团还访问了瑞典标准协会（SIS）和 INNVENTIA 研发公司，分别听取了这两个组织的基本情况介绍，了解了瑞典标准协会（SIS）在标准化工作方面的发展进程和 INNVENTIA 研发公司在纸、环保材料、包装检测和研发等方面的工作；中方也向瑞方介绍了中国包装行业的发展以及我国包装与环境标准化工作的开展情况，增进了中瑞两国在环保标准化工作方面的了解、沟通和交流，为今后在包装与环境领域的合作奠定了基础。

当前，环境问题是世界各国共同关心的问题，因此相关的包装和包装废弃物的法律、法规、原则、工具和标准已成为国际社会研究的热点。下面是一些简单的包装缩略名词：

IWM – Integrated Waste Management（集成废弃物管理）
LCA – Life Cycle Assessment（生命周期评价）
IPPC – Integrated Pollution Prevention and Control（集成污染和防治）
DFE – Design For Environment（面向环境的设计）
PPP – Polluter Pays Principle（污染者负担责任）
IPP – Integrated Product Principle（整合性产品政策）
EPR – Extended Producer Responsibility（扩大生产者责任）
economic instruments 经济手段
eco-efficiency 生态效益
essential requirements 基本要求

2 绿色包装的评价理论及环境标准

以安全卫生、环境保护、节约资源这三把尺子作为标准，应用“生命周期分析”的方法进行分析，是对绿色包装客观而科学的评估方法。

所谓生命周期分析，即对从包装材料的原料获取开始，到包装材料的生产加工、使用以至使用以后废弃物处置的全过程（即包装的整个“生命周期”）进行的考察、分析。只有在整个生命周期的各个阶段均符合安全卫生、环境保护、节约资源等基本要求的包装，才是我们所提倡的绿色包装。在整个生命周期过程中，即使只有某一阶段不符合绿色包装的要求，也不能称之为绿色包装。必须通过有效措施，消除其不符合绿色包装要求的环节中所存在的问题，即做好“绿色化”的工作，才能把其转化为绿色包装。

通过生命周期分析，我们可以清楚地看到，要发展绿色包装，必须高度重视环境问题。其中包括废弃物有效处理——倡导能够再利用的包装废弃物尽可能地循环再利用，不能再利用的应当进行无害化处理。也就是说，绿色包装本身包括有循环利用的内容，和循环经济的要求是完全一致的。中国包装联合会会长、中国包装联合会循环经济委员会名誉主任委员石万鹏先生，在中国包装联合会循环经济委员会成立大会上的讲话中就特别提到：“中国包装联合会循环经济专业委员会的成立标志着我国包装行业为建设可持续发展社会迈出了具有深远意义和实质性的一步。委员会将整合包装领域的相关资源，争取政府和科研机构及社会团体的支持，在包装行业内建立一个以资源高效率利用和循环利用为核心，以‘减量化、再使用、再循环’为原则，以生命周期分析为发展载体，以清洁生产为重要手段的绿色包装生产、消费和循环再生利用系统，促进包装行业持续、快速和健康发展。同时，将广泛吸取其他国家的成功经验，博采众长，研究出一套适合中国国情和包装行业特点的解决方案，要使包装工业在尽可能减少负面效应的前提下，持续健康地发展，不能走发达国家‘先污染，后治理’和‘边污染，边治理’的老路。延长包装产品生命周期，提高包装废弃物的回收率和循环利用率，在包装产品生产中以最少的资源消耗和环境成本来实现最大的社会和经济效益，这是我们这一代人应尽的责任与义务，同样也是中国包装联合会应尽的责任与义务。”

在我们发展绿色包装的时候，必须坚持利用生命周期分析的方法思考和处理问题。对于不同的包装，从其具体情况出发，找出主要矛盾，即找出其在整个生命周期中，具体包装与理想的绿色包装之间存在差距的主要环节，针对存在的主要问题进行工作，消除或明显缩小他们之间的差距。例如，对于纸品类包装材料，最需要予以关注的首先是纸浆生产过程中的污水治理问题。塑料类包装，生产过程中一般不会对环境产生严重的危害，需要予以特别关注的是包装废弃物的处置与利用的问题；但对于软包装类塑料包装材料，特别是采用干法复合工艺生产的塑料软包装材料，如何采用对环境危害较小或者不会危害环境的助剂，利用水剂类、醇溶剂类黏合剂、油墨等所谓"环保型助剂"，替代对环境和人体健康影响较大的脂溶性及含苯类溶剂的黏合剂、油墨等助剂，或者利用环境保护适应性好的无溶剂复合工艺、挤出复合工艺等"清洁生产工艺"，替代干法复合工艺生产塑料软包装材料，是一个应予以关注的问题。又如，在废弃塑料类包装材料的再生造粒过程中要高度注意废水治理，防止废弃塑料类包装材料在循环利用过程中对环境产生再污染。同时，还要高度重视包装废弃物回收再生物的合理应用问题，不要用再生料生产食品、药品用包装材料，以确保食品、药品用包装材料的安全卫生性能。对于降解塑料类包装材料，要特别关注其可控降解的可靠性问题。总之，绿色包装的工作必须做到实处，才能推进人类可持续发展进程，实现我们发展绿色包装的初衷。

2.1 两个环境政策

2.1.1 集成产品政策 Intergrated Product Policy（IPP）

人们越来越清楚地认识到了产品和消费者之间的关系所扮演的重要角色，废弃物管理政策的制定者正在尽可能快地寻求一些新的环境政策，这些环境政策被命名为集成产品政策（IPP）。

生产过程的管理在很长时间内都是环境政策的焦点，这些政策一直在寻找控制包括包装废弃物在内的产品生命周期中的制造阶段产生的环境问题的方法。

环境立法主要建议减少或者消除污染对环境的影响，污染源主要集中在工业生产过程中，物质方面主要与化学物质和有毒物质有关，介质方面主要集中在空气污染、水污染、地面废弃物污染三个方面。

用来解决传统的环境问题的政策，主要是通过命令、控制规则来实现。同时这些政策在控制更多的传统的污染源上取得了相当大的成功。最近，产品的生产周期中的生命终结部分已被规范化，这是一个与包装废弃物回收有关的特别案例。然而，最大的环境污染常常发生在产品生产周期中的配送和使用阶段或服务环节中，因此认为影响环境的重要渠道不再是烟尘、废弃的塑料管，而是在使用阶段。当产品被制造后，在离开工厂的那一刻就开始了它们在经济领域中的流通。尽管在实践中各个国家以及产品之间都存在不同，但大部分产品中的物质都是以某种方式在环境中的某个地方终结。

IPP并不是一个全新的环境政策。实际上，该产品政策是荷兰1993年国家环境政策规划的一部分，从那时起，这些政策已经逐渐转变成一种自我调节和管理的方式。

事实上，大部分的集成产品政策已经包括在传统的环境政策的各个部分中，它只不过是以一种不连贯的方式出现的。在集成污染预防和控制政策中，IPP是一个重要的集成概念。然而IPP的产品部分的集成形式是一个比较新的概念，这是因为IPP的定义还没有得到广泛的认可，但这并不能说没有为了给它一个定义而付出努力。关于集成产品政策的定义为：公众政策的目标是改进产品系统中的环境性能。

关于集成产品政策的特征可以归纳如下几点。

①通过减少产品的负面环境影响来支持可持续发展，该影响贯穿产品“从摇篮到坟墓”的整个生命周期。

②产品的生命周期持续时间长且相当复杂，包括产品所处的所有阶段：从自然资源的提取，到产品的设计、生产、装配、销售、分配、出售以及使用，直到最终成为废弃物。以洗衣机为例，它的环境影响主要来自于制造它所用的材料，如钢和塑料，以及使用过程中的电能、水和洗涤剂，直到洗衣机最终报废结束其整个生命周期。通过关注产品生命周期的各个阶段并在最容易取得效果阶段采取措施。

③鼓励在产品供应链中分发环保信息，同时要求产品生产者对其产品负责到其产品寿命结束。

IPP的全球目标是提高资源的利用率、减少最终的产品消费和服务对环境的影响。它表明了一个以集成产品定向的环境政策的透明框架的必要性。研究定义了IPP应用的五个组成模块。

①废弃物管理。以减少和管理废弃物为目的的措施。

②绿色产品创新。以创造更多的环境友好的产品为目的的方法。

③创建市场。创造更加环境友好的产品市场的措施。

④传递环境信息。产品链中上下游信息传递的方法。

⑤分配责任。管理产品系统的环境负担的分配责任方法。

IPP 的概念之所以有别于环境问题的传统方法，是因为它覆盖了所有的产品系统对环境的影响，它的主导原则是生命周期的观点，包括原材料的提取、材料加工和制造、配送、使用和处理。在这种背景下，避免生产过程中不同媒介之间的环境问题的转移是非常必要的，同样，在产品生命周期中的不同阶段之间避免环境问题的转移也是必需的。因此，一些人认为 IPP 必须集成所有存在的与产品的环境影响有关的环境政策，同时还认为应包括废弃物管理和产品中的化学物品的管理，以及所有的影响产品系统的功能和发展的其他政策领域。事实上，IPP 已成为了一个包含所有方面的保护伞，人们认为 IPP 还应该包含处理产品和服务的不同政策领域的各个环节以及诸如健康安全和消费者保护环节。

毫无疑问，IPP 将影响包装链中的所有责任成员。在包装链中有一个长期的争论，即包装本身不是产品，而是产品的一个不可缺少的集成部分。因此，在这个方面，IPP 的概念已经很好地融入了包装链，由于它关注产品取替包装，能够适当地重新定位那些过去嘲弄包装的思想。因此，包装链上的企业有很多理由盼望着实施集成产品政策。

由于被强迫接受包装的特殊立法，最初对包装链，人们认为：过分关注复合材料或诸如饮料的特殊产品是很不恰当的，同时也是没有环境效率的。同样持续给予包装和包装废弃物管理更多的关注已经超过了已产生的环境利益的增长。许多国家用于处理包装废弃物的成本都隐藏在产品中，由消费者埋单，这些人更多的是在经济上不用负责任和不可持续的。

本书将广泛讨论包装废弃物，因为在这个领域有时候要处理复杂的法律问题，包装链中的所有企业都给予了特别的关注，而且一般认为聚焦于具体产品的立法是合适的。在欧洲工业界制定了包装废弃物管理法规和激励措施来完成他们的法律责任，这意味着对使用过的包装废弃物流给予了不恰当的关注。

2.1.2 生产者责任 Extended Producer Responsibility（EPR）

2.1.2.1 扩大生产者责任

扩大生产者责任的原则从 20 世纪 90 年代开始在欧洲兴起，在资源管理和废弃物处理上取得了很好的效果。扩大生产者责任，是以降低产品的总体环境影响这一环境目标，将传统的生产者责任扩展到产品整个生命周期，特别对产品的寿命终结后产品的回收、循环利用和最终处理承担责任。

通常生产者对产品的责任被界定在产品的设计、制造、流通和使用阶段。产品寿命周期结束后，废弃物管理则不再由生产者负责，或者是简单丢弃，或者是由地方政府负责，通过税收补贴等方式来承担处理费用。即便是后者，虽然考虑了废弃物处理，但不能从根本上改变现有的生产消费模式，达到减少资源消耗、减轻环境危害的目的。扩大生产者责任原则将传统的生产者责任扩展到产品整个生命周期，包括产品从生产到寿命周期终结后的处理。生产者不仅要对产品的性能负责，而且要承担产品从设计、生产到废弃过程中对环境影响的全部责任。

扩大生产者责任原则近十年来已成为发达国家在实施废弃物管理和污染控制中所遵循的基本原则。

扩大生产者责任的一个最基本的特征是强调生产者的主导作用。因为在产品生命链中生产者是最具控制能力的角色。只有生产者才能决定产品设计的改进；生产者最有能力挖掘出废弃物的最大利用价值；生产者是再生材料最直接的用户。以生产者作为切入点引入外部激励，可以保证激励信号更为顺畅地在产品链的上下游传播，更好地起到减少废弃物、鼓励再生利用的作用。

扩大生产者责任原则的另一个基本特征是它强调的不单是生产者的责任，同时强调了整个产品生命链中不同角色的责任分担问题。扩大生产者责任考虑了产品生命链里所涉及的不同角色，包括消费者、销售者、回收者和中央及地方政府等，通过设计一个有效的机制来使其共同分担废弃物回收的责任。国外的实践经验表明，扩大生产者责任的成功实施是不同利益群体共同履行责任、协同工作的结果。

扩大生产者责任原则同时也是符合污染者负担原则的。与其他的环境政策一样，扩大生产者责任的根本目的是将目前整个社会所负担的废弃物处理成本及其环境外部成本内部化，从而减少废弃物并促进环境友好的产品设计，以达到资源高效利用和减少环境危害的目的。采用扩大生产者责任，废弃产品处理的成本自然会影响到产品价格，而消费者作为产品服务的最终受益者，也有责任来负担部分成本。生产者责任扩大的同时可以使生产者在产品设计阶段充分考虑到回收的成本，从而优化设计，尽量减少这一部分成本，使其产品在立场上更具有竞争力。显然也只有通过产品设计的革新才能从根本上解决提高资源利用效率和问题。正是因为扩大生产者责任系统地考虑了产品的整个生命周期，使它优于其他环境政策手段，从而可得到整体最佳的效果。

1990年初，德国面临垃圾填埋场短缺的境地，包装废弃物占总量的30%，体积占50%，颁布了《德国包装材料条例》，要求包装行业的生产者负责处理包装废弃物。根据条例要求，生产商可自己回收，或加入一个工业包装材料废弃物管理组织，在收取一定费用后，该组织给生产商颁发绿色标志，有该标志的包装可进入专门的回收渠道。荷兰、法国、奥地利均采用此方法。1995年，荷兰颁布《电池处理法令》，要求进口商和生产商对其投放市场的电池承担回收和处理的责任。上述都是某些国家推广扩大生产者责任思想的有效手段。

2.1.2.2 分享生产者责任

一般来说，分享生产者责任是商品的生产者、服务者以及整个生命周期中所涉及的厂商都要承担的责任。也就是说，供应链中所有参与者都要承担包装环节对环境的影响，以及产品在生命周期的每个阶段所产生的责任。

就这个问题可用一个包装制造厂来举例说明，它必须保证从原材料的提炼和加工开始的所有包装的生产是以一种合理的、高资源效率的方法运作。包装设计应考虑产品的整个生命周期，适当地保护产品，节约资源，以便包装在任何一个现代化的废弃物处理系统中都能安全处理；同时还要尽量避免或减少因包装生产、搬运、储存和运输以及填充等过程对环境的影响。产品生产对环境产生的直接影响所生成的成本，包括在生产者的责任中。在市场经济中，这些都反映到产品和服务的价格中了。

包装链中的每个参与者因他们的生产和服务活动承担了类似的责任，这些责任的总和以及由此产生的附加责任就是在包装链中每一个参与者应该承担的分享生产者责任。这些责任的累计费用包含在产品的价格中，一旦它进入市场，就由产品的最终消费者承担。

但是，回收、再利用以及最终处理相关的费用该由谁来承担呢？当包装链中商家或生产者作为这些责任的唯一承担者时，这使得传统意义上的分享生产者责任的限制开始衰减。分享生产者责任只是期望产品生产商而非消费者、地方政府或废弃物回收或处理机构为包装回收、再利用以及最终的处理支付费用。

在英国，生产者责任在许多市场中得以实施，与包装相关的立法已经建立并开始实施。通过这种政府制定法规的方式，能够成功地解决包装和包装废弃物直接产生的各种责任问题，也就是要求这种责任明确到包装链中各个相关的部门共同来承担整个的分享生产者责任。在这种情况下，法令的目标并不是以任何合理的数据为基础的，因为在当时没有一个方案是可行的。英国关于包装和包装废弃物的分享生产者责任立法是英国包装方面的主要法规，与其他国家的法规一样，初衷是为了帮助各成员国执行包装和包装废弃物指令的扩大生产者责任。

分享生产者责任的目标之一就是给予所有的责任方相同的权利和义务。

也就是说，根据可预见的责任来公平地分配责任。

分享生产者责任被认为比法定一个部门来承担整个包装链和包装生命周期的下游的责任更公平。而且分享生产者责任比单独承担责任更有效，因为这种方法使得所有的参与者都了解他们的商业活动对环境的影响。对每个部门的直接法律责任可以增强公司的变革动力，只需付出遵守法律的成本，其效果是很明显的。分担责任的办法越复杂，管理和执行费用也会越高。

就包装生产而言，包装产品的消费和回收，循环利用和处理废弃包装的费用，所有获利者来分担这种责任的方法更好、更公平。澳大利亚、荷兰包装盟约和新西兰条约都是使用这种方法的典型。

2.1.2.3 所有受益者的分享责任

生产者责任和产品责任的概念很早就有人讨论过了，看起来好像是类似的方法，初看只是在分担责任的范围上存在不同，然而从表达的形式来看，两者有着很大的区别。

传统的分享生产者责任仅仅是对那些在产品制造和流通过程中获利的产品生产者和服务者而言的。例如，包装链上的产品生产者和服务者。而扩大生产者责任则认为生产者在减少他们的产品对环境的影响中起着关键的作用。他们不能总是这样单独来承担这个责任，所以扩大生产者责任可以理解为是由产品链中包括消费者、销售商和政府在内的所有参与者构成的。也就是说，与产品相关的所有的利益方来分享责任。例如，包装链中的大众消费者、地方政府，以及回收、再利用和废弃物处理的厂家。

(1) 所有权和责任

在包装从生产到销售、使用、再利用和最终处理的整个生命周期内，随着使用者的不同，包装或其残留物的拥有者也在发生改变。分清了所有权就可以清楚地定义权益和责任了。

普遍认为商品通过供应商卖给消费者后将会被使用，最终任何废弃物都会被处理。然而在经济循环周期中，产品的消费阶段及消费后的阶段，产品从一个所有者转到另一个所用者手中，产生的直接经济事务还是存在一些障碍。

公众仍然期望地方政府能够利用政府税收或收费来处理居民的生活垃圾，然而这种税收或收费却不是当地居民和废弃物处理机构之间产生的直接经济关系。这就使得直接经济事务中出现了明显的断层，分析这个断层具有重大的意义，它引发了回收行为，以及对使用过的包装的扩大生产者责任政策的出台。实际上这种断层在直接经济事务中并不真正存在，是因为地方政府收取的家庭生活垃圾处理的税费总是隐含在一个更大的居民税项目下。然而这种非直接的收费处理生活垃圾形式并不普遍，在很多区域特别是在北美地区，都是根据居民所丢弃的垃圾来直接收取费用的。

废弃物管理机构代表地方政府收费并处理垃圾。这些机构不仅负责回收和利用，而且也要负责最终垃圾的处理。在这个过程中发生了直接经济事务，垃圾的所有权也发生了改变，同样任何回收再利用、再加工的产品和服务也将重新出售。

产品所有权的概念是随着经济周期不断发展的，它是所有受益方合理分担责任的理论基础。正如我们在前面所看到的，产品系统的区别是制定扩大生产者责任政策的一个很重要的影响因素，在制定其他类型的分享责任政策时也存在同样的问题。

所有受益方分享的责任包括每件产品的拥有者，可能是许多厂商、消费者、地方政府和其他废弃物处理机构中的任何一个。如此的分享责任要求在产品生命周期的各个阶段的拥有者负责承担控制在产品制造、运输、使用、回收利用和最终处理过程中产生的气态、固态、液态的排放物的责任，采用这种方法的结果是产生的环境污染，如气态、固态和液态的废弃物的所有责任都由各阶段的拥有者承担。这真正体现了污染者负担原则，而不是如扩大生产者责任要求的那样，要生产者提前为后面的所有权者造成的污染付费。

（2）普遍的责任

很明显，包装链承担着全部的环境影响的直接责任，包括在生产和销售中产生的废弃物。而且包装链也承担着消费所产生的废弃物的处理责任。

任何产品责任或生产者责任都必须清晰地了解在产品的整个生命周期的范围内所有的环境政策目标，而不是限制在某一特殊的方面。由于产品政策的环境目标范围很宽，能够被使用来获得这一目标的政策选项也很多，需要仔细考虑以获得最大的环境效益以及针对具体目标的各种政策选项的成本效益；需要综合考虑经济成本和可能产生的管理成本以及影响产品开发的生产成本、能源消耗和生产效率、耐久性和安全问题、创新和顾客的满意度等。最终消费者通过购买产品时支付的税收和费用来为这些政策埋单。因此对任何产品，特别是对那些不能明确产生环境效益的产品更应该努力避免低效率和高成本的计划。但是什么样的机制或手段能保证产品生命周期中所有参与者公平地分担责任，以及保证这种设计和生产能够最大限度地降低整个生命周期中产品对环境的影响呢？

所有受益方分享责任方法于1996年开始在新西兰推行，然后在澳大利亚开始实施。荷兰包装盟约是1991年在经过充分讨论后达成一致协议的基础上产生的，并于1997年进行了修订，增加了欧盟《包装和包装废弃物指令》的要求，称其为盟约Ⅱ。欧洲的包装和包装废弃物的分享责任系统与扩大生产者责任系统的区别是很明显的。为了响应德国的《包装法令》，早先的德国 DSD（Duales System Deutschland）推行的回收方案或扩大生产者责任系统将包装和包装废弃物的所有责任归于生产者。然而在荷兰，产品生命周期中的每一个组成部分都要承担自己的责任，并且要分享产品生产、配送、使用、回收、回收再生和处理的责任。这两个系统运行了五年之后的结果表明，在荷兰和德国，包装的回收再生占整个废弃物的总量大致相等，但德国每吨回收的费用却比芬兰高出 5 倍。结果证明，在荷兰采用的所有受益方分享责任方法能提高包装废弃物回收利用的经济效益，在保护环境方面的作用与扩大生产者责任系统方法相当。

(3) 自愿的行动

荷兰包装盟约是一个由包装产业链中的企业通过签署所有受益者分享责任协议，进行自愿协商的组织。盟约要求企业有很强的自律性，如果企业不能按时实现承诺目标，政府就有权利强制性征收押金、环境税。因此有人说，这个盟约只是名义上是自愿的，实际上惩罚是强制性的，并且对违规的罚金是由政府规定的。然而到目前为止，至少在欧洲没有其他的组织能将《包装和包装废弃物指令》的要求转换成本国法规时给企业很大的自主权。事实上，欧盟所有成员国都规定了不同的生产者责任，一些国家采用分享生产者责任，而更多的国家则是采用扩大生产者责任。

在德国、英国和新西兰采用不同方法来执行欧盟的《包装和包装废弃物指令》，他们的特点如下：

①德国是通过强制性命令和控制舆论导向改变文化的方法来推广扩大生产者责任；

②英国是通过更加灵活的命令和控制舆论导向改变文化的方法来推行分享生产者责任；

③荷兰是在自愿和协商的基础上推广分享生产者责任。

这些国家必须达到欧盟《包装和包装废弃物指令》所规定的目标和义务，并将该指令转化为本国的法律，但每个国家可以有不同的实施方式。

美国的环境保护机构曾公开说，它还没有采用命令式方法来推广生产者责任的计划，而这种方法在欧洲很流行，并且进一步说明了原因和想法，美国将会推行一致性认同的法规。该机构认为自愿承担分享责任才会有效，最好的方法是构建一个进程，产品链中主要的参与者自愿合作来设计一个对所有人都有效的解决方案。这些参与者是指供应商、制造商、配送者、零售商、消费者、回收者和废弃物管理机构等，大家共同来分担责任，以减少产品在生命周期中对环境的影响。参与者影响产品系统生命周期的能力越大，付出的责任也就越大。

很明显，随着环境影响的压力的增加，强制性生产者责任的威胁在世界市场上蔓延。工业界希望合作协商解决问题的愿望也在不断上升。在欧洲以外，复杂的联合处理包装和包装废弃物的义务是通过生产者责任方法来实现的，而成本最终转嫁到消费者身上。

自愿的所有受益方的分享责任方法在美国得以推广，与扩大生产者责任在欧洲的火热现象相似。正如荷兰期望的那样，欧盟和其他国家地区也应该考虑采用分享责任的方法，同样他们也可以从澳大利亚、新西兰和荷兰推行的过程中获得很多经验。

2.2 生命周期评价方法（LCA）

随着工业化的发展，进入自然生态环境的废物和污染物越来越多，不但超出了自然界自身的消化吸收能力，同时也将使自然资源的消耗超出其恢复能力，全球生态环境的平衡被严重的破坏，威胁到人类健康和生存环境，从而引发人们的思考。人们希望有一种方法能够对其所从事各类活动所产生的资源消耗和环境影响程度有一个彻底、全面、综合的了解，以便寻求机会采取对策，促进整个社会系统的可持续发展。

目前，生命周期评价（Life Cycle Assessment，LCA），有时也称为“生命周期分析”“生命周期方法”“摇篮到坟墓”“生态衡算”等，是国际上普遍认同的为达到上述目的的方法，这是一个环境管理的有力工具。生命周期评价以产品为对象，对产品在原材料采掘、原材料生产、产品制造、产品使用及产品使用后处理等整个生命周期过程的环境影响进行评价。生命周期评价的特点是重视产品生命周期全局而不是某一局部，用这种方法评价产品的环境影响和环境性能最全面、最科学、最彻底，因而也是评价包装产品环境性能、开发绿色包装产品的最佳方法和工具。生命周期评价已成为IPP发展中很重要的部分，并且在包装链中必须确认这个重要的开支工具没有被误用来支持不合适的废弃物处理政策。实际上，集成产品政策的出台被看做是一个很好的促进LCA作为一个环境改善工具的机会。

生命周期评价的定义（联合国环境规划署）如下：LCA是评价一个产品系统生命周期整个阶段——从原材料的提取和加工，到产品生产、包装、市场营销、使用、再利用和产品维护，直至再循环和最终废弃物处置的环境影响的工具。（英文定义：Life Cycle Assessment is a process to evaluate the environmental burdens associated with a product, process, or activity by identifying and quantifying energy and materials used and wastes released to the environment; to assess the impact of those energy and material uses and releases to the environment, and to identify and evaluate opportunities to affect environmental improvements. The assessment includes the entire life cycle of the product, process, or activity, encompassing extracting and processing raw materials; manufacturing, transportation and distribution, use, re-use, maintenance, recycling, and final disposal.)

LCA 的发展经历了从思想萌芽、学术探讨到广泛关注和迅速发展等几个阶段。生命周期评价最早出现于 20 世纪 60 年代末至 70 年代初，美国开展的一系列针对包装品德分析和评价。其开始的标志是 1969 年美国中西部研究所（MRI）开展的针对可口可乐公司的饮料容器从原材料采掘到废弃物最终处理的全过程进行的跟踪与定量分析。到了 70 年代中期，政府开始积极支持并参与 LCA 的研究，并且将研究的重点从单个产品的分析评价转移到更大的能源保护目标的制定上。80 年代初，由于缺乏统一的研究方法和可靠数据等原因，LCA 受关注程度大幅下降。直到 1984 年，瑞士联邦材料测试与研究实验室为瑞士环境部开展了一项有关包装材料的研究，首次采用了健康标准评估系统，为后来生命周期评价方法的发展奠定了基础。20 世纪 90 年代以后，随着区域性与全球性环境问题的日益严重以及全球环境保护意识的加强，可持续发展思想的普及以及可持续行动计划的兴起，大量的 LCA 研究重新开始，其研究结果也受到公众和社会的日益关注。在美国“环境毒理学和化学学会”（SETAC）和欧洲“生命周期评价开发促进会”（SPOLD）的大力推动下，生命周期评价方法在全球范围内得到较大规模的应用。1993 年国际标准化组织（ISO）起草 ISO14000 国际标准，正式将生命周期评价纳入该体系，生命周期评价的研究和应用进入了一个全新的时代。

生命周期评价的过程：首先辨识和量化整个生命周期阶段中能量和物质的消耗以及环境释放；然后评价这些消耗和释放对环境的影响；最后辨识和评价减少这些影响的机会。生命周期评价注重研究系统在生态健康、人类健康和资源消耗领域内的环境影响。

与其他的行政和法律管理手段不同，LCA 方法作为一种环境管理工具有着自身的特点。

①LCA 方法不是要求企业被动地接受检查和监督，而是鼓励企业发挥主动性，将环境因素结合到企业的决策过程中。从这个意义上讲，LCA 方

法并不具有行政和法律管理手段的强制性。尽管这样，LCA 的研究和应用仍然受到广泛重视，一方面是由于 LCA 在产品环境影响评价中的重要作用，另一方面也是环境保护思想深入发展的结果。

②LCA 面向的是产品系统。是指与产品生产、使用和用后处理相关的全过程，包括原材料采掘、原材料生产、产品制造、产品使用和产品用后处理。从产品系统的角度看，以往的环境管理焦点常常局限于原材料生产、产品制造和废弃物处理三个环节，而忽视了原材料采掘和产品使用阶段。一些综合性的环境影响评价结果表明，重大的环境压力往往与产品的使用阶段有密切关系。在全球追求可持续发展的背景下，提供对环境友好的产品成为社会对产业界的必然要求，迫使产业界在其产品开发、设计阶段就开始考虑环境问题，将生态环境问题与整个产品系统联系起来，寻求最优的解决方法。

③LCA 是对产品或服务“从摇篮到坟墓的全过程”，可以从每个环节中找到环境影响的来源和解决办法，从而进行综合考虑。

④LCA 是一种系统的、定量化的评价方法。生命周期评价以系统的思维方式去研究产品或行为在整个生命周期每个环节的所有资源消耗、废弃物产生及其对环境的影响，定量地评价这些能源和物质的使用以及所释放的废弃物对环境的影响，辨识和评价改善环境影响的措施。

⑤LCA 是一种充分重视环境影响的评价方法，从独立的、分散的清单数据中找出有明确针对性的和环境的关联。

⑥LCA 是一种开放式的评价体系。

2.3 包装生命周期分析内容和步骤

1997 年国际标准化组织正式出台了 ISO14040《环境管理——生命周期评价——原则与框架》，以国际标准形式提出了生命周期评价方法的基本原则与框架，这将有利于生命周期评价方法在全世界的推广与应用。

技术框架 ISO14040 标准将生命周期评价的实施步骤分为目标和范围定义、清单分析、影响评价和结果解释四个部分，如图 2－1 所示。

2.3.1 目标和范围的确定

目标定义：清楚地说明开展此项生命周期评价的目的和意图，以及研究结果的可能应用领域。研究范围的确定要足以保证研究的广度、深度与要求的目标一致。涉及的项目：系统的功能、功能单位、系统边界、数据分配程序、环境影响类型、数据要求、假定的条件、限制条件、原始数据质量要

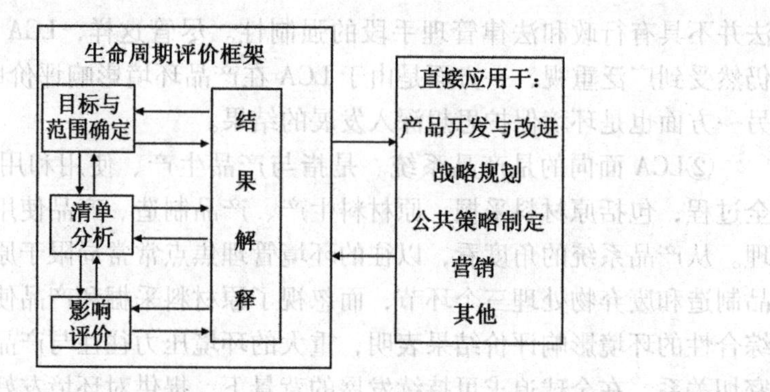

图 2－1 生命周期评价技术框架

求、对结果的评议类型、研究所需的报告类型和形式等。生命周期评价是一个反复的过程，在数据和信息的收集过程中，可能修正预先确定的范围来满足研究的目标，在某些情况下，也可能修正研究目标本身。

2.3.2 清单分析

清单分析：量化和评价所研究的产品、工艺或活动整个生命周期阶段资源和能量使用以及环境释放的过程。一种产品的生命周期评价将涉及其每个部件的所有生命阶段，这包括从地球采集原材料和能源，把原材料加工成可使用的部件，中间产品的制造，将材料运输到每一个加工工序，所研究产品的制造、销售、使用、和最终废弃物的处置（包括循环、回用、焚烧或填埋）等过程。

2.3.3 生命周期影响评价（LCIA）

生命周期影响评价是根据清单分析过程中列出的要素对环境影响进行定性和定量分析。国际标准化组织、美国环境毒理学和化学学会以及美国环保局都倾向于将影响评价定为一个“三步走”的模型，即分类、特征化和量化。

2.3.3.1 分类

分类是将清单中的输入和输出数据组合成相对一致的环境影响类型。影响类型通常包括资源耗竭、生态影响和人类健康三大类，在每一大类下又有许多亚类。LCIA 把清单分析的结果归到不同的环境影响类型中，再根据不同环境影响类型的特征化系数加以量化，来进行分析和判断。生命周期各阶段所使用的物质和能量以及所排放的污染物经分类整理后，可作为胁迫因子，在定义具体的影响类型时，应该关注相关的环境过程，这样有利于尽可能的根据这些过程的科学知识来进行影响评价。

2.3.3.2 特征化

开发一种模型，这种模型能将清单提供的数据和其他辅助数据转译成描述影响的叙词。

目前国际上使用的特征化模型主要有：负荷模型、当量模型、固有的化学特性模型、总体暴露—效应模型、点源暴露—效应模型。

2.3.3.3 量化

确定不同环境影响类型的相对贡献大小或权重，以期得到总的环境影响水平。

生命周期影响评价的目的在与能识别出系统各环节中的重大环境因素，并对识别出的环境因素进行分析和判断。

生命周期影响评价是 LCA 中难度最大、争议最多的部分，相关国际标准尚处于制定阶段。目前国际上采用的评价方法基本上可以分为两大类。

①环境问题法。着眼于环境影响因子和影响机理，对各种环境干扰因素采用当量因子转换来进行数据标准化和对比分析，如瑞典 EPS 方法、瑞士和荷兰的生态稀缺性方法（生态因子）以及丹麦的 EDIP 方法等。

②目标距离法。着眼于影响后果，用某种环境效应的当前水平与目标水平（标准或容量）之间的距离来表征某种环境效应的严重性，其代表方法是瑞士临界体积方法。

2.3.3.4 改进评价

改进评价是识别、评价并选择能减少所研究的系统在整个生命周期内能源和物质消耗以及环境释放机会的过程。这些机会包括改变产品设计、原材料的使用、工艺流程、消费者使用方式及废弃物管理等。美国环境毒理学和化学学会建议将改进评价分成三个步骤来完成，即识别改进的可能性、方案选择和可行性评价。在进行分析时，还必须包括敏感性分析和不确定性分析的内容。目前，对改进评价的理论和方法研究较少。

2.4 生命周期评价应用

生命周期评价作为一种评价产品、工艺或活动的整个生命周期环境后果的分析工具，迄今为止在私人企业和公共政策方面都有不少应用。

2.4.1 在私人企业方面的应用

在私人企业，生命周期评价主要用于产品的比较和改进。采用生命周期评价方法对产品进行环境影响研究时，主要可应用于以下五个方面：

①对具有相同使用功能的不同产品进行环境影响方面的比较；

②将一种产品与一种标准的参照物进行环境影响方面的比较；

③为产品生命周期的不同阶段寻求改善其环境影响的机会；

④为设计开发新产品提供帮助；

⑤为新产品的发展方向提供指导。

近年来，生命周期评价已广泛应用于产品战略规划、产品或工艺设计的改进决策，也被应用于评价产品或系统环境性能的优劣。典型的案例有布质和易处理婴儿尿布的比较，塑料杯和纸杯的比较，汉堡包聚苯乙烯和纸质包装盒的比较等。

2.4.2 在公共政策方面的应用

在政府方面，生命周期评价主要用于公共政策的制定，其中最为普遍的是适用于环境标志或生态标准的确定，许多国家和国际组织都要求将生命周期评价作为制定标志标准的方法。

生命周期评价还用来制定法规和刺激市场，如美国环保局在《空气清洁法修正案》中使用生命周期理论来评价不同能源方案的环境影响，还将生命周期评价用于制定污染防治政策；能源部用生命周期评价来检查托管电车使用效应和评价不同。在欧洲，生命周期评价已用于欧盟制定《包装和包装法》。比利时政府1993年作出决定，根据环境负荷大小对包装和产品征税，其中确定环境负荷大小采用的就是生命周期评价方法。丹麦政府和企业间的一个约定中也特别包含了生命周期评价，并用3年时间对10种产品类型进行生命周期评价。

2.4.2.1 制定环境政策与建立环境产品标准

立法是减少污染物排放、保护环境的重要措施，在环境政策与立法上，许多发达国家已经借助于LCA制定了《面向产品的环境政策》。近年来，一些国家相继在环境立法上开始反映产品和产品系统相关联的环境影响，如美国在政府行政和立法分支机构提倡运用生命周期评价研究框架，1993年10月，前美国总统克林顿签署了获取回收物品以及废品控制的联邦行政命令；1995年荷兰国家环境部门出版了一本有关荷兰产品环境政策的备忘录；丹麦也在1996年相应提出了一份有关以环境产品为导向的建议书。在具体行动上，德国、瑞典和荷兰建立了回收电子废弃物的系统，而欧盟在1994年颁布了包装和包装废弃物管理指令，而在2004年根据各成员国的执行情况对其进行了修订，对包装进行了全过程的环境影响评价。目前，比较有影响的环境管理标准有英国的BS7750、欧盟生态管理和审核计划（EMAS）。

2.4.2.2 实施生态标志计划

从LCA方法学研究开始，人们就已经注意到LCA在环境标准中的潜在应用。生命周期评价在环境标志中的应用主要体现在环境标志标准的设定过程中。

环境标志实际上可能是一个影响最为广泛的公共政策，生命周期评价已经成为实施和制定环境标志等公共政策的一个重要理论支柱。在研究的基础上，1992年欧盟颁布了“欧盟产品生态标志计划”，到1997年10月，已有38类涉及20个制造业，共166个产品获得了欧盟产品生态标志。相关的国家也作了具体的研究，并出台了一些国家生态标志计划，如德国的“蓝色天使计划”、北欧的“白天鹅计划”、加拿大的“环境选择”、日本的“生态标记”、美国的“绿色印章”以及新加坡的“绿色标签”等，如图2－2所示。这些计划客观上促进了生态产品的设计、制造技术的发展，为评价和区别普通产品与生态标志产品提供了具体的指标，客观上也刺激了生态产品的消费。

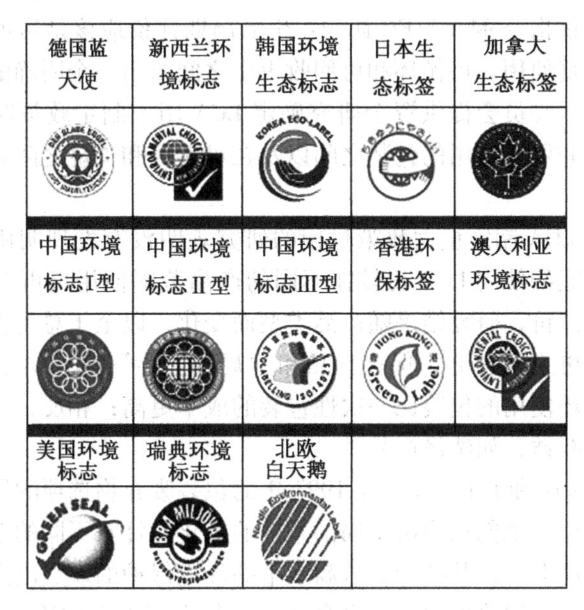

图2－2 环境标志

2.4.2.3 国际环境管理体系的建立

产品LCA直接促进了国际环境管理体系的制定。国际标准化组织于1993年6月成立了ISO/TC—907环境管理委员会，开始起草ISO14000环境管理体系标准。作为可持续发展概念实施载体的环境标准化主要涉及6个方面：环境评估标准、环境管理系统、LCA、环境标志、环境审核、产品环境标准。到目前为止，已制定了 20 ~ 30 个有全球性影响的技术文件和标准。

2.4.2.4 制定包装和包装废弃物管理政策

生命周期评价在包装中的应用是生命周期评价在公共政策中最突出的表现。许多国家已经对牛奶包装（纸盒、玻璃或者塑料瓶）、啤酒瓶和罐头等进行了生命周期评价，以帮助制定相关的政策。包装的生命周期评价通常引起争议，原因在于包装工业通常有很固定的经济利益，包装概念的转变，如采用铝罐代替玻璃瓶或许在很大程度上削弱了一些企业的市场活动，而扩大了另外一些企业的市场。其他一些跨国组织如欧盟委员会和世界贸易组织等也参与了这种争论，典型的例子是丹麦啤酒和牛奶包装研究以及德国饮料包装的生态评价研究（Schmitz 等，1996）。考虑到生命周期评价的局限性，如评价阶段不是 100% 客观的，因此产生上述争议并不奇怪。将来的生命周期评价方法的标准化和数据库的完善将减少这种不确定性，增加结果的有效性。

另一个引人注目的领域是欧洲有关包装废弃物管理的政策。欧盟有关包装和包装废弃物指令 94/62/EC 认为：生命周期评价应该是尽可能快地完成调整，在可重复使用、可循环和可回收再生之间给出一个明确的层次。在这种情况下，欧盟委员会提供资金研究确定 LCA 用于制定政策时的效益，在可重复使用和非重复使用的包装之间以及在可循环和焚烧之间是否能确定一个明确的层次。

以前使用 LCA 制定重大政策目标的研究表明没有发现明确的层次。例如，荷兰包装盟约使用 LCA 比较在不同的产品范围使用可再充填和一次性包装的经济性评价，研究结果随产品类型而变化，以至于总是没有最好的结论；牛奶的可再充填包装，保存食品和“局部产生”醇，结果只有有限的环境利益，循环使用的包装比一次性包装的成本更高；相反，家庭重复充填系统的使用更有益，如洗涤产品。

RDC/Coopers 和 Lybrand 等在 1997 年的包装废弃物选项的研究中得出了非常相似的结论。他们认为由于局部条件的变化，针对不同的案例进行研究的方法是非常可取的，其结论是从高水平的环境保护的观点出发，选项中的重复使用、循环或回收再生哪个更合适，在很大程度上取决于技术、材料、物流、市场、地区或局部条件。当关注包装系统时，报告的结论是从来没有发现明显的优势或绝对的“最低影响选项”。综观整个欧洲的报告，宣称“我们能够确定在 EU 水平的一些层次”，但接着说“这个层次在大多数情况下取决于非常特殊的条件”。如果这些条件不能成立，那么通用的层次也就不存在。

这种情况并不令人吃惊。在一个国家给定的包装和包装废弃物的数量和成分发生变化时，可行的基础设施和市场、环境和社会优先权等使得确定哪一个是全局最优的包装废弃物策略是不可能的，更不用说是整个欧盟了。很明显，最优的结果需要以每个案例为基础来确定，LCA 更适合这种角色。使用 LCA 来建立包装和包装废弃物管理选项的层次，是通过 LCA 的被使用来发现局部的最优方案从而取代固定的层次。LCA 的优点是提供了一个灵活的选择，即能用于单独的包装系统，又能用于处理包装废弃物的废弃物管理系统。包装的 LCA 由设计者和生产者执行，有助于保证包装的生命周期中资源的有效使用。固体废弃物的 LCA，由废弃物管理和规划者实施，能够用于设计集成废弃物管理系统，在这个系统中任何包装废弃物都能有效处理。

尽管生命周期方法有各种不同类型的应用，但它也不是可以使用在任何情况下的工具。在下列情况下一般不使用 LCA 方法，其他的工具/方法（括号中表示的）可被使用来获得环境问题的答案：

①特定位置（使用环境影响评价）；

②考虑单个物质（使用物质流动分析）；

③一个公司的环境影响（使用环境审计）；

④单个生产过程（使用过程技术研究）；

⑤风险（使用风险/冒险分析/评价）。

总之，清洁生产、绿色产品、生态标志的提出和发展将会进一步推动生命周期评价的发展。目前，各国政策的重点已经从末端治理转向控制污染源、进行总量控制，这在一定程度上反映了现有法规制度无法单独承担对环境和公共卫生造成的危机，从另一侧面也反映了生命周期评价将成为未来制定环境问题长期政策的基础。从某一角度看，生命周期评价反映了现有环境管理已转向各类污染源最小化—排放最小化—负面影响最小化的管理模式，这对实现可持续发展战略具有深远的意义。

2.5 生命周期评价的局限性

产品的生命周期评价只是风险评价、环境表现（行为）评价、环境审核、环境影响评价等环境管理技术中的一种，它并不是万能的。生命周期评价中的局限性主要表现在以下几个方面。

2.5.1 应用范围的局限性

作为一种环境管理工具，LCA 并不总是适合于所有的情况，所以在决策过程中不可能依赖LCA方法解决所有的问题。LCA只考虑了生态环境、人体健康、资源消耗等方面的环境问题，不涉及技术、经济或社会效果方面，例如，质量、性能、成本、赢利、公众形象等因素，所以在决策过程中必须结合其他方面的信息。

2.5.2 评估范围的局限性

LCA的评估范围没有包括所有与环境相关的问题。例如，LCA只考虑发生了的或一定会发生的环境影响，不考虑可能发生的环境风险及其必要的预防和应急措施。LCA方法也没有要求必须考虑环境法律的规定和限制，但在企业的环境政策和决策过程中这些都是十分重要的方面。这种情况下应该考虑结合其他的环境管理方法。

2.5.3 评估方法的局限性

LCA的评估方法既包括了客观，也包括了主观的成分，因此它并不完全是一个科学问题。在LCA方法中主观性的选择、假设和价值判断涉及多个方面，例如，系统边界的确定、数据来源的选择、环境损害种类的选择、计算方法的选择以及环境影响评估中的评价过程等。无论其评估的范围和详尽程度如何，所有的LCA都包含了假设、价值判断和折中这样的主观因素，所以LCA的结论需要完整的解释说明，以区别由测量或自然科学知识得到的信息和基于假设和主观判断得出的结论。方法的局限性主要集中在以下几个方面。

2.5.3.1 量化模型的局限性

建立清单分析或评价环境影响的量化模型往往是很困难的，常常要做一些假定。另外，对于某些影响或应用，可能无法建立适当的模型，因此需要引入一些主观的参数去人为地量化其环境影响，其评价结果必然是因人而异的，使其客观性受到影响。

2.5.3.2 权重因子的局限性

不同环境影响指标依赖于权重因子的选择和归一化处理，而权重因子的选择和归一化处理存在一些不确定因素，往往由LCA的实施者来自由选择和定义，这样评价结果必然会受到主观因素的影响。

2.5.3.3 检测精度的局限性

在LCA评价过程中，很多时候需要进行现场的检测和试验，由于仪器和方法上的局限性，同一污染源的检测结果其精度会有一些偏差。

2.5.4 时间和地域的局限性

无论 LCA 中的原始数据还是评估结果，都存在时间和地域上的限制。在不同的时间和地域范围内，会有不同的环境编目数据，相应的评估结果也只适用于某个时间段和某个区域。这是由产品系统的时间性和地域性决定的。

2.5.5 LCA 分析数据的局限性

2.5.5.1 数据来源的局限性

由于在 LCA 的评价过程中涉及大量的数据，而有些数据又无法获得，有些数据的质量也无法保证，因而影响了 LCA 研究的准确性。

2.5.5.2 数据分配的局限性

LCA 的清单分析是针对产品系统所有单元过程的输入和输出（原材料、能源、环境排放）进行清查和计算。然而在实际生产过程的多输入（多种原料、配料）和多输出（产品、副产品、排放物）系统、多产品系统及开环再循环过程、多子系统的系统中，进行量化数据的分配是十分困难的。尽管 ISO14041 标准给出了一些指导性的建议，但没有一个通用的方法，只能取决于实施者的选择。

2.5.5.3 数据库的标准化和适用性

目前世界上许多国家和地区建立了他们的 LCA 数据库，由于各国的国情不同，这些数据并不一定能直接用于我们的产品 LCA 分析，因此有针对性、适用的数据库缺乏也是推广 LCA 的限制。

到目前为止，LCA 研究还存在一些局限性，它将或多或少地影响评价的结果，因此应该综合 LCA 研究所得的结果和其他方面的影响因素来做决策。

当前对生命周期分析方法持批评态度的人不少，正如前面提到的那样，目前没有统一的、标准的方法来进行包装产品的生命周期分析，再加上数据收集量非常大，而且非常精确地收集数据相当困难，数据中也难免有不正确的，这将严重影响分析结果的正确性，另外一个问题是在包装产品再循环过程中每一级循环的产品究竟应如何分担它们所产生的环境污染，由于再循环的级别、次数不尽相同，因此目前还没有比较统一的计算方法和标准。总之，在生命周期分析方法中仍有许多待完善的地方。但是，有一点是肯定的，即运用包装生命周期分析的理论和观点，有助于更科学地发展和建立绿色包装物流体系。

2.6 生命周期评价案例研究

目前，全世界对生命周期分析尚无统一规定的方法和步骤来实际操作产品的生命周期分析，特别是对环境影响的分类和计算方法尚缺乏统一的计算模型，按照产品的生命周期中物流、能量的流向可确定包装产品的生命周期流程：从材料的开采、加工到制造，包装使用，可能的重复使用和再生直到作为废弃物进入环境。

在一个研究开始之前，设定边界是重要的。研究结果在很大程度上取决于边界设定在什么地方，如果边界被改变，整个研究都将受到影响。

在边界设定之后就要收集数据，每一步、每一个环节的数据，包括原材料消耗、能耗、对空气排放物的数量和质量、液体排放物的数量和质量、固体排放物的数量和质量、制成的产品和副产品。在收集数据时，注意明确数据的来源、时间、地点和状态，并注意数据的精确性和完整性。完整、可靠、迅速地收集包装产品生命周期的各项数据，在世界各国都不是一件容易的事。数据来源一般为工业界的统计数据，行业协会的报告、调查，有的要在实验室内做测试或模拟实验［国内外目前主要用生物耗氧量（BOD）和化学耗氧量（COD）作为环保指标］，有的则依靠理论计算。

接下来是要把生产系统所产生的污染量按产品分配，得到产品单位质量（或体积）的污染量，如果一个系统生产出多种产品和副产品，则要明确哪些产品和副产品是可能进入市场成为商品的，哪些是没有商业价值的废料。如果副产品也具有商业价值，那么它也可以作为承担一部分污染排放量的产品之一。

根据数据清单，评估各种排放物对环境的影响，尽量量化，为制定减少环境污染的措施提供依据。评估按照分类、定性和评价三个步骤进行。

分类是把数据清单分析量化了的对环境的污染分门别类地列入各个影响种类，如对大地的污染、对空气的污染、对海洋的污染、对臭氧层的破坏等。

定性是指主要以量化方式，按照对环境污染程度来确定影响的大小。它包括环境影响效果的量化值，这种效果的影响范围有多大，在影响所及的范围内出现的频率有多大、间隔有多长；在影响所及的范围内持续时间有多长，单位质量排放物对环境的影响有多大；减少单位质量排放物大致的成本是多少等。在量化计算的方法上，欧洲许多国家分别提出了各种模型，但均不够完善。欧洲标准委员会（CEN）正在致力于研究一个适用于包装生命周期分析的模型及计算方法。

评价则是按量化计算出的结果，确定各个影响种类中相对的重要性。目前一般使用“效果导向法”，即把各种排放物对环境的影响及造成的后果分为6类：减少资源，注意区分是再生资源或非再生资源；对人和动物的毒性；酸化；温室效应；臭氧层的减少；卫生填埋所需的空间。

将生命周期理论应用于包装（含包装产品、包装材料和包装技术）称为包装生命周期分析方法。包装是生命周期分析方法应用最早和成果最多的领域之一。科学的LCA评价包装对环境的影响是非常有价值的工具，但它不是一种绝对定量的原理，因此结果必须仔细说明。分析是大的决策过程的一部分，如前所述，包装必须从一个基本的角度来评价。一个保护性能差的资源经济的包装可能更容易被否决，因为损坏的产品反过来会给环境带来更重的负担。

包装生命周期评价方法最初的应用可追溯到1969年美国可口可乐公司对不同饮料容器的资源消耗和环境释放所作的特征分析。该公司在考虑是否以一次性塑料瓶替代可回收玻璃瓶时，比较了两种方案的环境友好情况，肯定了前者的优越性。自此以后，LCA方法学不断发展，现已成为一种具有广泛应用的产品环境特征分析和决策支持工具。最早的事例之一是20世纪70年代初美国国家科学基金的国家需求研究计划（RANN）。在该项目中，采用类似于清单分析的“物料—过程—产品”模型，对玻璃、聚乙烯和聚氯乙烯瓶产生的废物进行分析比较。另一个早期事例是美国国家环保局利用LCA方法对不同包装方案中所涉及的资源与环境影响所作的研究。

20世纪90年代初期以后，由于欧洲和北美环境毒理学和化学学会（SETAC）以及欧洲生命周期评价开发促进会（SPOLD）的大力推动，LCA方法在全球范围内得到了较大规模的应用。国际标准化组织制定和颁布了关于LCA的ISO14040系列标准。其他一些国家（美国、荷兰、丹麦、法国等）的政府和有关国际机构，如联合国环境规划署（UNEP），也通过实施研究计划和举办培训班研究推广LCA方法。在亚洲，日本、韩国和印度均建立了本国的LCA学会。此阶段，各种具有用户友好界面的LCA软件和数据库纷纷推出，促进了LCA的全面应用。国际上许多知名企业集团的产品包装，如可口可乐包装、利乐包等都是利用了生命周期评价方法设计出的生态包装系统。美国、日本、欧盟各成员国均对包装产品进行了生命周期研究，取得了许多成果，如表2－1、表2－2所示。

表2－1　国外包装产品LCA研究实例

LCA研究目标	研究部门	研究内容	年代
美国可口可乐公司	MRI	饮料包装容器	1969
美国环境保护	MRI	饮料包装容器	1974
美国环境保护	MRI	啤酒包装容器	1974
美国Goodyear公司	Franklin	软饮料包装容器	1978
美国 Procter&Gamble公司	Franklin	洗衣粉包装	1988
美国固体废物委员会	Franklin	食品杂货包装甲牛皮纸袋	1990
美国乙烯研究所	化学系统	乙烯包装	1991
德国联邦环境局（UBA）	Fh/IVV	鲜奶包装—回收重复使用玻璃瓶以及一次性复合纸版盒和聚乙烯袋	1995
德国联邦环境局（UBA）	Fh/IVV	啤酒包装—回收重复使用玻璃瓶以及一次性玻璃瓶、铝罐和马口铁罐	1995
德国联邦环境局（UBA）	Fh/IVV	多次使用的聚酯瓶和玻璃瓶	1996
德国联邦环境局（UBA）	Fh/IVV	鲜奶包装—多次使用的玻璃瓶和一次性复合纸板盒塑料包装废弃物的回收利用	1999
德国和欧洲塑料工业协会（VKE，ARME） 德国包装废弃物回收公司（DSD AG） 德国化学工业协会（VCI）	Fh/IVV 柏林工业大学 凯泽斯劳滕大学 德国塑料循环利用研究所	塑料包装废弃物的回收利用	1994～1999
德国联邦环境局（UBA）	Fh/IVV等	矿泉水、碳酸饮料、果汁和葡萄酒包装容器	2000
奥地利PRO CATON	柏林工业大学 布鲁塞尔自由大学 意大利Ambiente研究所	复合纸板盒 折叠纸袋	1995
瑞士联邦环境、林业和风景局（BUWAL）	苏黎世工业大学 圣加伦材料检验所	包装产品	1996
美国Stonyfield Farm公司	美国密歇根大学	酸奶酪产品传送系统	2004

表 2-2 各种饮料容器的 LCA 研究结果

能耗/MJ [瓶(罐)]$^{-1}$ \ 容器种类	铝易拉罐 (350 ml)	马口铁易拉罐 (350 ml)	聚酯瓶 (350 ml)	复合纸板盒 (350 ml)	玻璃瓶 (350 ml)
材料能耗	5 701.42	3 235.33	7 553.83	2 341.31	1 101.55
制造能耗	274.63	332.36	1 893.59	101.13	530.43
运输能耗	1 321.45	1 321.45	2 851.59	432.48	1 809.54
回收能耗	-1 007.28	-139.18	22.56	-10.17	-416.87
洗瓶能耗	0	0	0	0	574.68
冷藏能耗	0	0	0	1 321.89	0
其他能耗	102.76	102.76	701.21	479.78	1 465.42
总能耗	6 392.98	4 352.72	13 022.13	4 576.42	5 064.75
每升总能耗	18.27	13.86	8.618	4.576	8.001

随着人类社会对环境关心程度的增加，生命周期分析方法也日益被人们所重视，一个包装产品的整个生命周期会对环境产生各种不同的影响，通过生命周期分析方法，人们就有可能了解到应该如何通过调整产业政策、技术政策或包装方法来减少对环境的负面效应。目前，各国已经进行的生命周期分析较多的是比较性分析。

2.6.1 案例研究 1——可重复使用的包装的环境影响评价

这里将介绍的案例是 Jönson G 使用 LCA 从环境方面评价可重复使用的装运西红柿的塑料板条箱。具体评价的指标是聚丙烯板条箱在使用过程中向空气、水和土壤的散发。功能单元是运送 1 000 kg 的西红柿从 A 国到 B 国，研究的边界如图 2-3 所示。

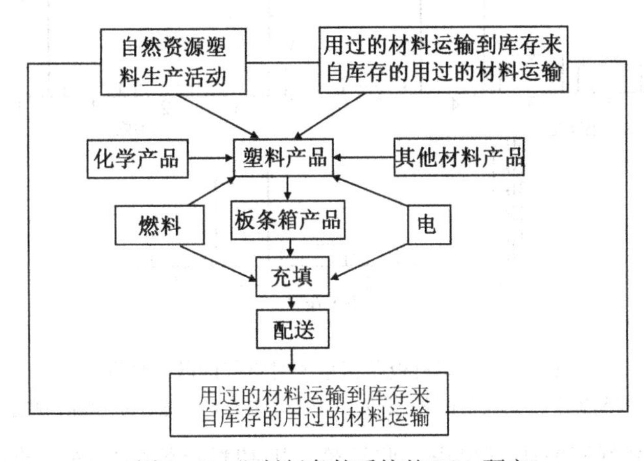

图 2-3 塑料板条箱系统的 LCA 研究

从图 2 - 3 中可看出系统的一部分被放置在边界的外面，这是因为没有足够可行的知识可包含所有的部分。这里的研究数据来自于瑞典 PWMI（Plastic Waste Management Institute）的数据银行，公用数据来自于瑞典权威的能源和运输部门。

由于研究的目的是评价包装系统对环境的影响，兴趣在于理解发射源，因此研究结果是相当有价值的。

运送 1 000 kg 西红柿从 A 国到 B 国，塑料板预计被使用 12 次，每次向空气中散发的情况如图 2 - 4 所示。

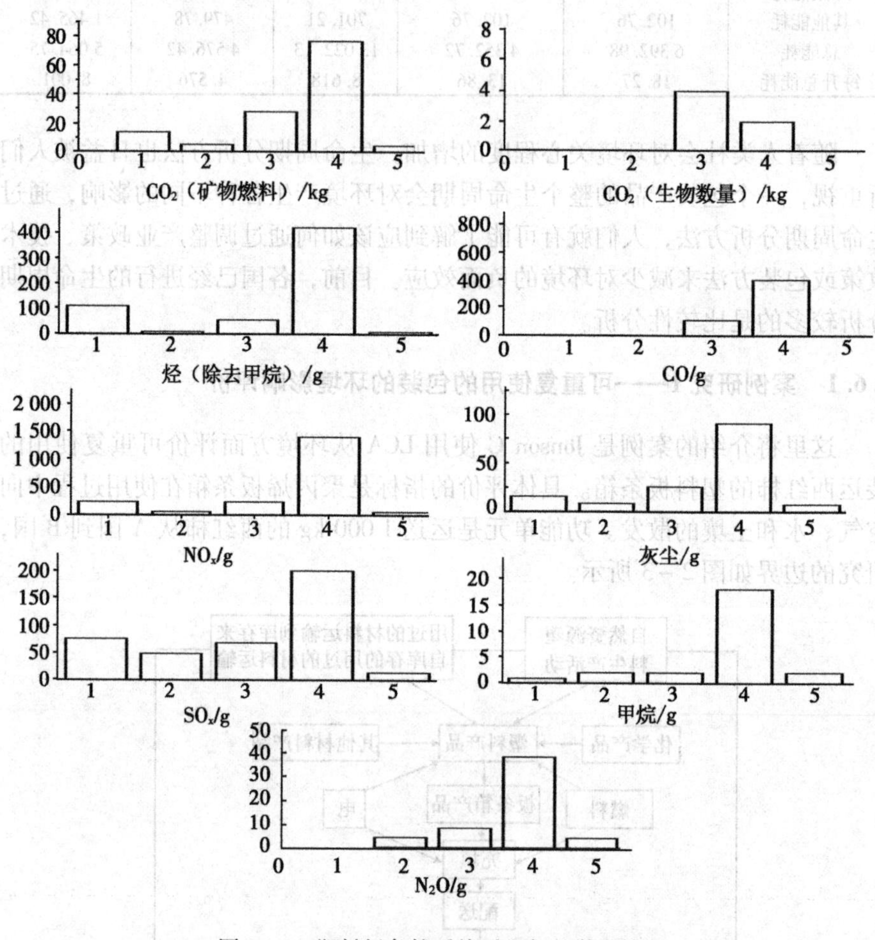

图 2 - 4　塑料板条箱系统对空气的散发情况

1. 材料生产；2. 板条箱生产；3. 竖立和填充；4. 配送；5. 废弃物搬运

从这个案例研究中可得出一些结论，即塑料材料的生产、使用像任何工业过程一样有散发物。从材料生产到完成包装产品的转化过程有少量的排放，而包装/充填操作有更多的排放物。空的以及充填好的包装的配送过程的排放取决于运输距离以及包装的质量大小。

瑞典有一个这样的系统——环境优先系统（Environmental Priority System，EPS），荷兰也有一个这样的系统，瑞士有一个鉴定空气或水体积系统并给出了一些例子。这些系统都包括科学的数据和主观的评价。不同的国家根据对空气的散发制定了不同的优先权。最终结果是在一些国家被认为不满足要求的事情也能被其他国家欣然接受。如果被设计的产品是用于出口的话，在包装的开发中必须了解和认识不同国家对环境保护等方面的要求。

2.6.2 案例研究2——水泥的生命周期评价

水泥是典型的基础原材料，一般它以混凝土的形式服务于人类，称之为水泥基材料的种类也在增加。我国硅酸盐水泥的产量约占水泥总产量的98%，特种水泥虽有60多个品种，但较常用的也就20多种。因此我们考虑水泥的LCA将以硅酸盐水泥为主。

近20年来水泥生产技术有了飞快进步，新型干法水泥的烧成热耗，世界先进水平已达到2 700 kJ/kg，与理论热耗2 200 kJ/kg的差值越来越小，虽然水泥工作者仍在不断努力从工艺与设备角度探索降低热耗的途径，但进一步降低传统生产方式的热耗已感到进展缓慢。严酷的环境形势要求人们改变传统的思维模式，发达国家的一些公司已开始在水泥生命周期分析与新型胶凝材料开发方面迈出了步伐，首先进行了思想上的创新，因此世界水泥界出现了利用废弃物的热潮，例如，开发新品种水泥和新型胶凝材料，对水泥进行改性，并且深入探索循环经济与水泥工业的关系。

水泥工业实现废弃物资源化，主要体现在两个方面，即从原料和能源两方面利用废弃物，一是将工业废弃物用作水泥原料或混合材，表2-3所示，如用粉煤灰、高炉矿渣等工业废渣取代天然原料，从而减少石灰石用量，减轻环境负荷；二是将可燃废弃物用作燃料，如表2-4所示，减少化石类资源的消耗，如生活垃圾和其他工业部门难以处理的无机和有机废料，都可用作水泥回转窑的替代燃料。像矿渣等某些传统的工业废渣，因为得到了有效再利用，有时也可以叫做“资源”。

以PO42.5水泥为考虑基准，综合归纳得出的我国水泥工业的LCA数据为：与水泥工业有关的天然资源与能源，2000年底全国探明保有储量石灰石约560亿t，硅质原料储量约47亿t，天然石膏储量约640万t，2002年底全国煤炭经济可采资源量约1 300亿t。

表 2－3　水泥工业可用作水泥原料、混合材的工业废渣或废弃物

种类	潜在水硬性	火山灰性	水硬性	气硬性	低活性或惰性	其他
名称	高炉矿渣 锰铁矿渣 化铁炉渣 铬铁渣 赤泥 电炉磷渣 增钙液态渣	粉煤灰 煤矸石 沸腾炉渣 液态渣 煤渣 硅灰	钢渣	磷石膏 氟石膏 盐田石膏 电石膏 柠檬酸渣	含钛矿渣 钢渣 硫铁矿渣 硫铁尾矿 铅锌尾矿	碱渣 钒泥 窑灰

表 2－4　水泥工业可用作燃料的固体废弃物

编号	名称	来源
1	废轮胎	汽车
2	废机油、废润滑油等	各工业部门
3	酒精、木炭、化纤、废塑料	化工、石油、轻工、食品
4	石蜡、树脂	涂料、颜料、汽车
5	废木材	林业、轻工
6	污泥、煤矸石、油页岩	煤炭、石油、下水处理
7	城市垃圾	城市环保

水泥工业的资源能源消耗，设定年产 8 亿 t 水泥熟料和 10 亿 t 水泥、水泥熟料煤耗 130 kg 标煤/t 熟料、水泥综合电耗 125 kW · h/t 水泥，则年需石灰石约 10 亿 t，黏土 2 亿 t（当不用其他原料代替黏土时），砂岩 0.48 亿 t，铁粉 0.12 亿 t，石膏 0.05 亿 t，用水总量 13 亿 t（重复利用率约 65%），电力 1 250 亿 kW · h，煤炭 1.04 亿 t 标煤。

有害气体、污染物和温室气体排放量，我国水泥工业 2004 年约产生二氧化硫（SO_2）100 万 t，烟尘 46 万 t，粉尘 520 万 t，温室气体 CO_2 计算约 8 亿 t。

水泥工业用混合材的废渣和天然资源，2004 年共计使用约 2.43 亿 t，其中矿渣 0.85 亿 t、粉煤灰 0.24 亿 t。

通过 LCA 研究，建议水泥工业使用废弃物，间接或直接地减少了石灰石用量，因此也减少了 CO_2 的排放量。水泥工业的余热发电也在降低环境负荷方面起着很好的作用，一方面降低了能耗，另一方面间接减少了 CO_2 排放量。因此，LCA 在水泥生态设计中占有很重要的位置，对于单位功能相同的两种产品，比较它们在生命周期过程中对环境的影响，并且尽量选择减少环境负荷的产品。

2.6.3 案例研究3——酸奶酪产品的物流系统的生命周期评价

为了详细介绍生命周期的评价方法在包装物流系统中的应用过程，这里介绍了 Gregory A. K 等对酸奶酪产品的包装物流系统的生命周期评价的研究案例。

2.6.3.1 系统描述

在案例中，酸奶酪产品配送系统（Product Delivery System，简称 PDS）被定义为从 Stonyfield Farm 酸奶酪加工厂到市场（配送者或零售商）的整个系统，包括一类包装、二类包装和在这个系统模型中所有的各个部分之间的材料、包装和酸奶酪产品的运输。在这个系统中，产品运输系统使用的功能单元被定义为运输 10 00 lb（1 lb = 0.453 6kg）的酸奶酪产品到市场（配送者或零售商)。在这个案例中使用的是 Stonyfield Farm 公司 2002 年的数据，在结论中给出了改进建议。

该案例主要是生命周期清单分析和成本分析在酸奶酪产品系统中的实际应用，所研究的酸奶酪产品包装包括 5 种类型，即 2Oz（1Oz = 28.349 5g），4Oz，6Oz，8Oz，32Oz。包装容器的一类包装由一个 PP 杯、一个 LLDPE 盖和一个 PE/聚酯密封组成；4Oz 容器使用一个 PP 杯和一个 PE/聚酯密封，六个容器用一个纸板包装在一起出售；2Oz 容器用一个可挤压的 LLDPE 管装，一个纸盒中装 8 个一起出售。容器容量、原件质量和材料的详细信息如表 2-5 所示。

表 2-5 一类包装元素的质量和材料

容器容量	元 件	材 料	元件质量/g	每个功能单元的元件数量/个	每个功能单元的元件质量/g	每个功能单元的一类包装质量/g
2Oz	管	LLDPE/PET	1.4	8 000	11 280	48 580
	纸盒	纸板	37.3	1 000	37 300	
4Oz	杯	PP	4.9	4 000	19 600	35 680
	密封	PE/PET	0.24	4 000	960	
	缠绕材料	纸板	22.68	667	15 120	
6Oz	杯	PP	7.8	2 667	20 800	32 080
	盖	LLDPE	3.90	2 667	10 400	
	密封	PE/PET	0.33	2 667	880	
8Oz	杯	PP	9.10	2 000	18 200	26 660
	盖	LLDPE	3.90	2 000	7 800	
	密封	PE/PET	0.33	2 000	660	
32Oz	杯	PP	29.00	500	14 500	18 905
	盖	LLDPE	8.10	500	4 050	
	密封	PE/PET	0.70	500	355	

二类包装被定义为使用在容器运输到酸奶酪充填点和充填好的酸奶酪到市场的运输过程中的附加容器、附盘、收缩薄膜、瓦楞纸和箱衬垫。二类包装的元素质量和材料如表2－6所示。表示产品运送系统的生命周期模型如图2－5所示，由9个过程单元组成：材料生产、配送1、制造、配送2、充填、配送3、配送者/零售商、酸奶酪的消费和生命终结。

表2－6　二类包装元素的质量和材料

容器容量	元　件	材　料	单元/包	质量/g	每个功能单元的元件数量/个	每个功能单元的元件质量/g	每个功能单元的二类包装质量/g
2Oz	纸盒	瓦楞纸板	96	243	88.33	20 250	21 484
	托盘	木材	119 808	18 144	0.07	1 212	
	收缩薄膜	LLDPE	119 808	331	0.07	22	
4Oz	纸盒	瓦楞纸板	24	158	166.67	26 333	41 729
	托盘	木材	4 800	18 144	0.83	15 120	
	收缩薄膜	LLDPE	4 800	331	0.83	276	
6Oz	纸盒	瓦楞纸板	12	132	222.25	29 337	44 002
	托盘	木材	3 360	18 144	0.79	14 402	
	收缩薄膜	LLDPE	3 360	331	0.79	263	
8Oz	纸盒	瓦楞纸板	12	137	166.67	22 833	11 162
	托盘	木材	2 016	18 144	0.99	8 000	
	收缩薄膜	LLDPE	2 016	331	0.99	328	
32Oz	纸盒	瓦楞纸板	6	188	83.33	15 667	27 510
	托盘	木材	780	18 144	0.64	11 631	
	收缩薄膜	LLDPE	780	331	0.64	212	

注：表中的信息限于在酸奶酪厂和配送者或零售者之间的运输使用的二类包装。每个功能单元的元件数量的含义为运输1 000 lb的酸奶酪产品到市场所需的元件数量。

1Oz＝28.349 5 g。

生命周期的清单分析用来评价材料和资源消耗以及污染排放和整个系统产生的废弃物。清单分析包括数据收集和在系统内每个单元过程发生的输入输出的量化计算。以这个模型为基础对北美的产品传送系统进行了评价，然而因为美国缺乏公布的包装材料的相关环境数据，所以有关的大多数数据来源于欧洲。在不同的国家生产过程是类似的，但这些过程的环境排放在不同的国家和给定的国家的不同工厂之间是不同的。对每个过程中的排放和能量消耗的计算是以各种包装配置的模型参数为基础的。模型参数包括质量、成

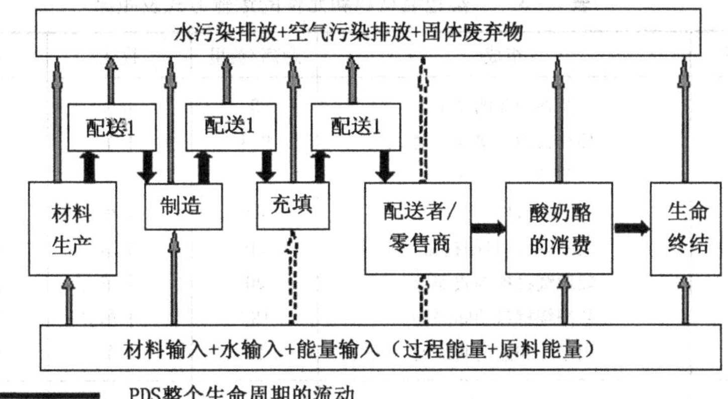

图2－5　模型系统

分和一类包装、二类包装的制造过程及运输距离和每个单元过程的运输模式。运输距离和一类包装、二类包装所组成的运输模式如表2－7和表2－8所示。

表2－7　一类包装材料和元件的运输方式及距离

阶段	组成	距离/英里	模式/%①		数据源
			卡车	铁路	
配送1	涂于杯上的PP树脂	425	1	99	供应商
	用于杯和盖上的浓缩颜料	90	100	0	供应商
	包装纸板和纸板盒	406	100	0	供应商
	用于密封的PE和PET树脂	492	100	0	供应商
	涂于盖上的LLDPE树脂	190	8	92	供应商
	管的黏合剂	800	100	0	供应商
	用于管的LLDPE和PET树脂	1 100	0	100	供应商
	用于管的浓缩颜料	1 100	0	100	供应商
配送2	杯	587	100	0	供应商
	密封	587	100	0	供应商
	缠绕材料	1 050	100	0	供应商
	管	694	100	0	供应商
	硬纸盒	1 194	100	0	供应商
		694	100	0	供应商
配送3	酸奶酪和一类包装	552	100	0	估计值②

①假设使用最大的柴油机卡车运输，平均总质量是40 000 kg。

②估计值是当前配送者/零售商的加权平均距离。

注：1英里≈1.6 km。

表 2-8 二类包装材料和元件的运输方式及距离

阶段	组成	距离/英里	模式	数据源
配送 1	装杯和盖的盒子	5	卡车	供应商
	杯和盖的衬垫和外盒	9.4	卡车	供应商
	装杯和盖的托盘	23	卡车	供应商
	装缠绕材料的盒子	380	卡车	供应商
	装缠绕材料的托盘	20	卡车	供应商
	装缠绕材料的收缩卷	20	卡车	供应商
	装缠绕材料的间隔物	180	卡车	供应商
	用于杯和盖的收缩卷	18	卡车	供应商
配送 2	用于密封的中心管	77	卡车	估计
	用于装密封材料、管和硬纸盒的托盘	77	卡车	估计
	用于装密封材料、管和硬纸盒的收缩卷	77	卡车	估计
	用于密封的薄衬纸	77	卡车	估计
	用于密封的缠绕卷	77	卡车	估计
	装管和硬纸箱的容器	77	卡车	估计
	用于管的弹簧盒盖	77	卡车	估计
	用于管的线管	77	卡车	估计
配送 3	盒	48	卡车	供应商
	托盘	10	卡车	供应商
	收缩缠绕材料	138	卡车	供应商

注：1 英里≈1.6 km。

生命周期评价是用来刻画系统对环境潜在影响的意义和数量。在生命周期清单分析中，与每个单元过程相关的输入输出数据使用如下分类：能量消耗、固体废弃物的产生、空气排放、水排放和水的使用。

2.6.3.2 系统的边界

（1）材料生产

材料生产阶段包括用于一类包装的原材料的提取、加工，即原材料转变为中间材料的过程。但二类包装材料的生产包含在配送阶段。与 PP，LLDPE，HDPE，PET，PE 和浓缩颜料相关的材料产品的环境负担是以欧洲生命周期清单数据为基础的。假定在欧洲塑料生产的材料负担与北美类似，辅助材料如黏合剂、墨水和添加剂不包括在这个研究范围内。

（2）配送 1

配送 1 包括一类包装的输入材料（如塑料树脂）在生产者和相关容器

生产者之间的运输。燃油产品、铁路和卡车运输的燃油使用负担被建模。这个阶段的发货几乎全部使用卡车或火车，因此，非重复使用的二类包装的使用是非常有限的，故在清单分析中没有包含这部分内容。

(3) 制造

制造阶段仅仅包括一类包装的制造，如杯和盖的注射铸造。二类包装的加工包括配送阶段。与产品生产相关的设备负担被排除在系统模型外，其原因是它们与清单分析过程的负担的关联较小。

(4) 配送 2

配送 2 包括一类包装材料从它们的制造位置到酸奶酪充填厂的运输以及二类包装的材料生产、运输和处理。用于卡车运输的燃油产品和燃油使用的负担被建模。与二类包装的转化过程相关的负担，如瓦楞纸板转换成纸箱或木材转换成托盘被认为影响很小而被忽略。

(5) 充填

与酸奶酪充填过程相关的环境负担被排除在这个研究之外。Stonyfield Farm 表示在一类包装构成或材料的改变在充填过程中的负担可以忽略。一个例外是密封过程产生的固体废弃物，因为它被认为是包装系统的一部分。

(6) 配送 3

配送 3 包括酸奶酪和它的一类包装、二类包装从充填位置到第一个目的地（典型的配送者或零售商）的运输。这个和其他配送阶段的运输负担一样是与质量相关的。环境负担是与材料生产、加工、运输和在运输旅程中使用的二类包装的最终处理相关的。与配送 2 一样，这些材料被转换成二类包装，如瓦楞纸板转换成纸箱或木材转换成托盘不包含在这个模型中。

(7) 配送者/零售商

在配送者/零售商阶段相关的活动的环境负担不包括在这个系统模型中。

(8) 消费

消费阶段表示消费者购买了酸奶酪产品之后的活动。由零售商到客户的酸奶酪运输过程的环境负担在模型中没有考虑。在这个阶段包含的两个活动是酸奶酪的冷藏和消费者使用的碗和勺子的洗涤。假设使用的能量、碗和勺的洗涤所需要的水如表 2 -9 所示。

在计算消费者冷藏酸奶酪使用的能量时，以消费者每天吃一盒，每周购买一次为基础，平均冷藏三天。冰箱中与酸奶酪相关的能量消耗是以酸奶酪包装占据的冰箱有用的体积的比率为基础的。在生命周期的这个阶段能量消耗所包含的空气和水的排放的负担是以美国平均的排放量为基础的。

表 2-9 在消费阶段使用的能量和水的假设

用具	清洗用水量/Oz①	水的温度变化/T	每洗一次使用的能量②/MJ	每功能单元的能量/MJ	每功能单元使用的水/gal
碗③	50	50	0.132	264	375
勺子④	50	50	0.066	132	188

①假定碗和勺子用手洗；
②假定用天然气加热水，热水器的效率是 0.7；
③每个 32Oz 容器的酸奶酪需要 4 个碗，其他尺寸的容器不需要碗；
④除 2Oz 的容器外，其他尺寸的酸奶酪各需要一个勺子。
注：1Oz = 28.349 5 g，1gal = 3.785 41 L。

(9) 生命终结

生命终结过程建模考虑的环境负担是用过的一类包装的废弃物管理，包括从消费者到处理点的运输。需要注意的是二类包装的处理包含在它的使用阶段。假设在充填阶段生产的酸奶酪产品被消费，并且所有的容器被运输到废弃物处理点去回收再生、焚烧或填埋。根据 EPA（Environmental Protection Agency）固体废弃物报告，宽口塑料容器的回收再生率是 0，纸板是 15.8%。EPA 的报告指出，整个市政废弃物的 55.1% 被填埋，28% 被回收再生，16.9% 被焚烧。使用这些数据来估计在扣除回收再生材料之后的市政废弃物平均焚烧率是 23.5%。因此在这个研究中使用 23.5% 的焚烧率。

空气排放和水排放数据查阅生命周期的每个阶段向水和空气中的排放总量，用质量表示。在生命周期使用的水的总量用体积度量。这些总量包括在整个生命周期中提供给各个阶段的能量及产生的排放，包括一类包装的加工和消费。

全球变暖潜力是测试产品配送系统对“温室效应”的潜在贡献的影响，其值用二氧化碳的排放量来度量。

臭氧损耗潜力是测试产品配送系统对最上层的臭氧退化的潜在贡献的影响，用氟氯化碳的质量来表示。

2.6.3.3 评价结果

LCA 的评价结果分为两部分：第一部分是与当前产品传送系统相关的定量负担，它表示了这些负担在整个生命周期阶段和各种尺寸的杯中是如何分配的；第二部分是调整当前的系统策略，极小化环境负担。评价结果是以运送 1 000 lb 酸奶酪到市场上为基础的。

(1) 当前的产品传送系统

这个研究的结果证明了一般的理解，即较大的容器有较低的环境负担。

在比较产品配送系统所需要的总能量时，32Oz 的容器最好。在 2Oz，4Oz，6Oz，8Oz 和 32Oz 中的总能量消耗分别是 4 050 MJ，4 670 MJ，5 230 MJ，4 390 MJ 和 3 620 MJ。大量的能量被消耗在材料生产和加工阶段以及配送 3 中（从酸奶酪的生产者到配送者和零售商的运送过程）。图 2－6 显示了在当前的产品运送系统中生命周期各个阶段的能量要求。

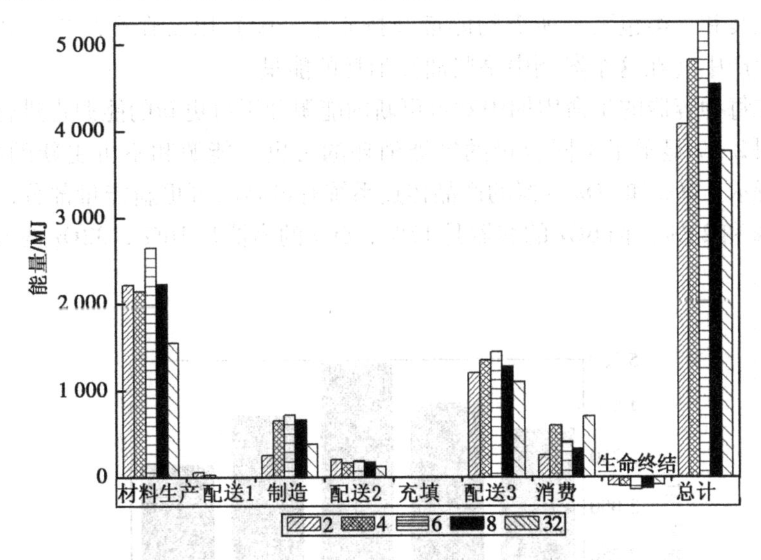

图 2－6　当前的 PDS 生命周期各个阶段的能量要求

材料生产阶段，6Oz 的容器生产中需要运输酸奶酪的一个功能单元的材料以及盖的材料生产所需要的能量在该容器生产阶段达到最高。6Oz，8Oz 和 32Oz 容器的能量结果说明了材料强度与能量负担之间的关系。然而，2Oz 和 4Oz 产品传送系统的情况不符合容器容量——能量强度模式，其原因是它们采用了不同的元件配置，在这两个产品中的每个功能单元都使用了更少的塑料件。2Oz 和 4Oz 容器的每功能单元的一类包装质量超过了 6Oz 容器的质量，但由于生产覆膜纸板材料的生产能量（25. 7 MJ/kg）远低于生产 LLDPE 盖（72. 3 MJ/kg）和 PP 杯（74. 9 MJ/kg）的能量，因此这两种容器在能量消耗上有优势。

在每个容器容量的 PDS 中需要的材料数量和品种也与制造阶段的模式有关。对塑料的注射铸造建模，这里假定每个塑料件成型的环境负担是一个常数，因此强化塑料的 6Oz 容器的 PDS 再次有最高的能量负担。由于纸板的转化过程仅需要 6. 9 MJ/kg，而注射铸造需要 19. 6 MJ/kg，使得 2Oz 和 4Oz 的容器偏离前面的模式。

在生命周期终结阶段能量的负值是由于焚烧一类包装材料如塑料和纸板

产生的电能。在这个模型中考虑了在塑料的焚烧中产生的环境负担。

另一个值得注意的方面是配送 3 阶段的意义，据二类包装生产和从酸奶酪充填厂到配送者和零售者的运输配送之间的能量细目分类统计，在这个生命周期阶段，整个能量消耗的 58% 归结于二类包装的生产和运输，而 40% 归结于酸奶酪产品的运输。运输能量被定义为物理移动各种元件（酸奶酪，一类包装和二类包装）所需的能量（按质量分配）以及在产品生产和运输燃料生产中（在这个案例中是柴油）消耗的能量。

在每种容器的生命周期中对可更新的能源和不可更新的能源也进行了追踪。图 2－7 显示了不同容量的容器消耗的可更新能源和不可更新的能源。如图所示，2Oz 和 4Oz 容器的产品传送系统有最高的可更新能量部分，分别是 28% 和 22%，而 6Oz 的容器是 17%，8Oz 的容器是 16%，32Oz 的容器是 14%。

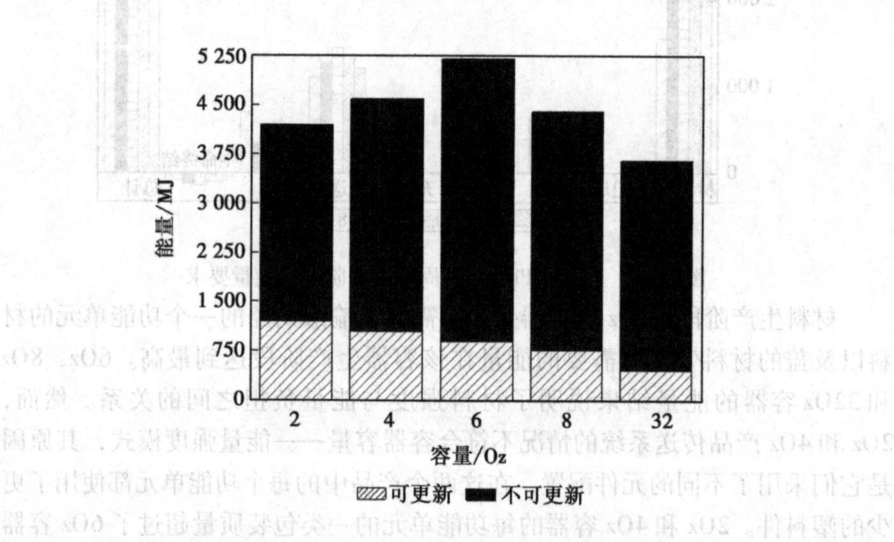

图 2－7　当前 PDS 中不同尺寸的能量消耗

生命周期中固体废弃物遵循的模式是运送同样数量的产品，容器越小需要的材料数量越大。随着容量的下降质量增加，32Oz 所产生的附体废弃物是 27. 3 kg，8Oz 的是 36. 4 kg，6Oz 的是 42. 8 kg，4Oz 的是 47. 5 kg，2Oz 的是 56. 2 kg。对 2Oz 和 4Oz 的产品而言，对最大量的固体废弃物负责的阶段是制造和生命终结时。图 2－8 显示了当前产品配送系统各个阶段产生的固体废弃物。

在制造阶段产生的固体废弃物的计算是以材料数量和使用的转换过程为基础的。在 2Oz 和 4Oz 容器中，对每个功能单元需要运送的一类包装材料的

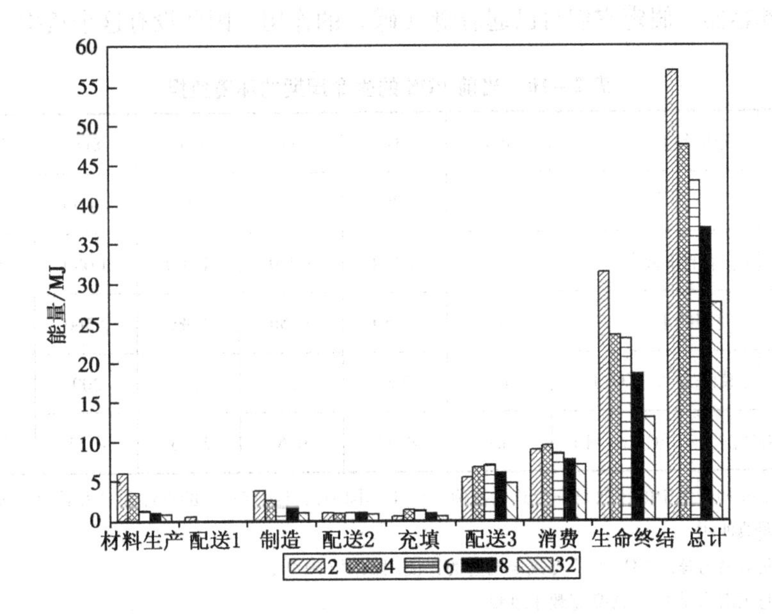

图 2－8　当前 PDS 各个阶段产生的固态废弃物

质量分别是 48.2 kg 和 35.7 kg，Oz 容量是 34.5 kg。在生产缠绕材料的转换过程中每千克输出产生 0.62 kg 的固体废弃物，而注射铸造每千克输出仅产生 0.15 kg 固体废弃物。

通过从总的一类包装的质量减去可回收再生的杯、盖和缠绕材料来计算生命终结时固体废弃物的负担，剩下的废弃物被填埋或焚烧，焚烧率按美国的平均水平计算。而缠绕材料和硬纸盒的 15.8% 的回收再生率使得 2Oz 和 4Oz 的产品运送系统的固体废弃物减少，但这个减少不能弥补这两个系统由于运送 1 000 lb 的酸奶酪所需要的一类包装材料导致的更大量的固体废弃物。

除了能量和固体废弃物，其他负担和影响也被计算，包括空气排放、水排放、水的使用、全球变暖潜力和臭氧损耗潜力，结果如表 2－10 所示。在容器系统中与配送相关的空气污染排放和水污染排放没有显著的变化。这是因为在当前的 PDS 系统中的材料成分、运输模式和使用的能量是类似的。

大多数其他的项目也遵循期望的模式，空气排放和全球变暖潜力都粗略地符合能量使用的情况。向水中的排放随着容器容量的增加而减少。在 2Oz 和 4Oz 产品运送系统中使用的纸板比塑料材料产生更多的水污染。臭氧损耗潜力也遵循类似的模式。只有水的使用是一个例外，32Oz 的产品传送系统水的使用量最大，这是由于在消费阶段需要洗碗的缘故。所有其他容器是单个服务容器，假定它们自己起着盘（碟）的作用，因此没有这个负担。

表 2－10 当前 PDS 的生命周期的环境负担

分担分类	单位	2Oz	4Oz	6Oz	8Oz	32Oz
空气排放（不含 CO_2）	g	3 280	3 420	3 440	3 000	2 610
向水中的排放①	g	1 410	1 270	1 200	1 050	899
使用的水	L	1 150	3 550	3 080	2 560	3 590
全球变暖潜力②（CO_2）	kg	226	256	240	209	195
臭氧损耗潜力③（CFC－11）	mg	8. 83	6. 6	5. 05	4. 13	3. 05

①空气排放和向水中的排放是一个总计数值，由于不同的污染物有不同的毒性和对人类的健康影响，应该谨慎使用；

②全球变暖潜力是用 CO_2 的千克数来度量的，使用范围 100 年；

③臭氧退化潜力是 CFC 的毫克数来度量。

（2）改进建议

通过研究，从 LCA 的评价结果可以得出环境性能改善的策略。对每个策略建模，量化在生命周期每个阶段的环境负担影响。最有意义的负担降低策略推荐如下：a. 改变杯的加工过程，从注射铸造到热成型；b. 在 6Oz 和 8Oz 容器中去掉盖，仅仅留下密封；c. 增加每个纸盒包装中 2Oz 管的数量，从 8 增加到 10 个；d. 通过开设第二家工厂减少成品的运输距离，这将减少大约 35% 的距离；e. 改善运送卡车 10% 的燃油效率；f. 在消费者家里更新高效益的冰箱；g. 在消费者家里更新高效益的热水器；h. 增加一类包装在生命周期终结时的回收再生率，塑料从 0 增加到 10%，纸板从 16% 增加到 26%；i. 增加在生命周期终结时容器的焚烧率，从平均的 23. 5% 增加到 30%。

表 2－11 表示了与每一个改进策略相关的能量减少的估计值，表 2－12 表示了预期的固体废弃物的减少。在两个表中最右边的一列显示了合成的 PDS，它是以被运送的酸奶酪的质量为基础，由 5 种容器容量的相同百分比组成，实际上的销售并不均匀，8Oz 和 32Oz 容量的酸奶酪销售占主流。然而，更小的尺寸是增加最迅速的部分。合成的 PDS 被使用来显示改进的总体效果。

表 2－11 从改进策略中得到的能量减少

策略	单位	2Oz	4Oz	6Oz	8Oz	32Oz	合成
当前 PDS	MJ	4 050	4 670	5 230	4 390	3 620	4 240
包装设计和制造							
热成型杯	MJ		4 360	4 720	4 110	2 950	3 810
减少	%		6.8	9.8	6.4	18.6	10.1
取消盖（6Oz 和 8Oz）	MJ			4 190	3 610		3 890
减少	%			20.0	17.7		8.1
增加每纸盒中的管	MJ	3 690					4 200
减少	%	9.0					0.8
产品配送							
缩短运输距离	MJ	3 850	4 470	5 030	4 190	3 430	4 040
减少	%	5.1	4.4	3.9	4.6	5.3	4.7
改善燃油效率	MJ	4 000	4 620	5 180	4 340	3 570	4 180
减少	%	1.3	1.1	1.0	1.2	1.4	1.2
消费							
有效的冰箱	MJ	3 990	4 610	5 170	4 340	3 580	4 180
减少	%	1.6	1.4	1.1	1.2	1.3	1.3
有效的热水器	MJ	4 050	4 590	5 170	4 350	3 500	4 160
减少	%	0.0	1.8	1.1	1.0	3.5	1.8
转变成 32Oz	MJ	3 620	3 620	3 620	3 620		3 620
减少	%	10.6	22.5	30.7	17.5		14.5
生命终结							
增加回收再生率	MJ	4 050	4 690	5 240	4 400	3 630	4 250
减少	%	0.0	－0.3	－0.3	－0.3	－0.3	－0.3
增加焚烧率	MJ	4 010	4 630	5 170	4 340	3 590	4 190
减少	%	1.0	1.0	1.1	1.1	1.0	1.1

表 2－12 改进策略导致固体废弃物的减少

策略	单位	2Oz	4Oz	6Oz	8Oz	32Oz	合成
当前 PDS	kg	56.2	47.5	42.8	36.4	27.3	37.5
包装设计和制造							
热成型杯	kg		45.3	38.8	34.3	22.0	34.2
减少	%		4.8	9.4	5.7	19.5	8.8
取消盖（6Oz 和 8Oz）	kg			34.8	30.4		34.9
减少	%			18.8	16.6		7.1
增加每纸盒中的管	kg	47.8					36.7
减少	%	15.0					2.0
产品配送							
缩短运输距离	kg	55.5	46.8	42.1	35.6	26.6	36.7
减少	%	1.4	1.6	1.8	2.1	2.7	2.0
改善燃油效率	kg	56.0	47.3	42.6	36.2	27.1	37.3
减少	%	0.4	0.4	0.5	0.5	0.7	0, 5

续表 2-12

策略	单位	2Oz	4Oz	6Oz	8Oz	32Oz	合成
当前 PDS	kg	56.2	47.5	42.8	36.4	27.3	37.5
消费							
有效的冰箱	kg	53.7	45.0	40.6	34.4	25.6	35.4
减少	%	4.5	5.3	5.2	5.5	6.4	5.5
有效的热水器	kg	56.2	47.5	42.8	36.4	27.2	37.4
减少	%	0.0	0.1	0.1	0.1	0.4	0.2
转变成 32Oz	kg	27.3	27.3	27.3	27.3		27.3
减少	%	51.4	42.6	36.3	25.0		27.2
生命终结							
增加回收再生率	kg	56.2	45.1	41.4	35.1	26.3	36.2
减少	%	0.0	5.2	3.4	3.5	3.7	3.4
增加焚烧率	kg	53.1	44.9	40.1	34.1	25.7	35.3
减少	%	5.6	5.6	6.3	6.2	5.8	5.9

①包装设计和制造。在一类包装设计和制造中采用的技术对降低生命周期的能量消耗、固体废弃物的产生和其他环境负担有显著的影响。酸奶酪生产者主要从他们的包装供应商的输入来确定包装特性。而包装设计主要受性能、市场和经济因素的约束。这个研究表明通过包装设计和制造方法的改变仍然可以获得显著的收获。

热成型过程与制造杯的注射铸造过程相比可获得更薄的杯壁，结果减少了容器的质量和相关的环境负担。几个大的酸奶酪生产者目前使用热成型PP杯和热成型PS杯，在欧洲这种杯也得到了广泛的使用。转换成热成型杯将减少合成PDS的能量消耗10%，同时减少大于8.8%的固体废弃物，降低生命周期的全球变暖潜力大于6.6%。

选择取消6Oz和8Oz的杯盖是因为这两种容量的容器单个出售，因此大多数消费者不需要盖来重新密封。至少目前一家大的制造厂商正在销售8Oz没有刚性盖的容器。去掉6Oz和8Oz的杯盖将减少合成产品传送系统为8.1%的能量消耗，同时也将减少7.1%的固体废弃物。

另有包装设计策略是增加每盒中2Oz管的数量从8个到10个，这将容许在同样数量的盒中运输更多的酸奶酪，因此减少了制造纸盒的纸板生产、运输和处理的相关负担。由于这个改进，可能会减少9.0%的能量消耗，减少15%左右的固体废弃物。

②配送策略。在整个产品配送系统中使用于运输材料的能量占整个生产周期总能量的15%左右。能量消耗取决于各种因素，包括运输模式、运输效率、运输距离、产品质量和运输速度。通过许多新技术和运行机制的改

变，如提高运输车辆传动系统的效率，减少车辆载荷（如改进车辆的空气动力学性能和减少滚动阻力），减小驾驶速度和空闲时间，卡车效率改进可达10%。卡车燃油效率10%的改善将导致能减少1.5%，减少全球变暖潜力5.2%。

第二个配送策略是减小在酸奶酪制造厂和零售商及配送者之间的距离35%，Stonyfield Farm位于美国东海岸，从这个位置运送酸奶酪到美国各地。如果第二家工厂被开在美国西海岸，配送者服务于这个厂的附近，计算可知酸奶酪的运输距到达可减小35%。减小酸奶酪的运输距离一项可以减少生命周期的能量消耗4.7%，减少全球变暖潜力10%。

③消费者的选择。在这个案例研究中，消费阶段的建模远远超过了吃酸奶。酸奶酪必须在消费者家里冷藏，在消费过程中使用的勺子和碗必须洗干净，同时消费者也负责选择购买酸奶酪的容器容量。

冰箱的能量效率在过去的15年有明显的改善。在1987年，典型的冰箱是0.137 kW·h/（ft^3·d），而在1995年制造的冰箱的平均能量效率是0.089 3 kW·h/（ft^3·d）。调查表明，当前可用的冰箱更有效，其能量效率是0.054 kW·h/（ft^3·d）。因此使用更有效的冰箱能减少整个生命周期能量的1.3%，减少全球变暖潜力6.9%。

更换更有效的热水器比冰箱的效果要小，能量节省仅是合成PDS的1.8%，其原因是消费酸奶酪需要清洗的碗碟相当少。假定仅仅32Oz的容器需要碗，而其他容量的容器仅仅需要勺子，而2Oz的管什么都不需要。

最重要的是消费者选择购买哪种容量的容器的酸奶酪。如果全部购买32Oz的酸奶酪，生命周期的能量可减少18%，固体废弃物能被削减35%以上。

④生命终结的管理选项。改进策略的最后范畴是在生命终结阶段选择更好的管理方法。当前的技术和法规对于一次性使用的酸奶酪容器在生命终结时的处理有三个选项：填埋、焚烧和回收再生。回收再生代表了最好的选项，保留了包装中包含的能量，但这通常呈下降性循环，其原因是市场关注塑料的污染物向食品的潜在移动。尽管有这个事实，对生命终结阶段的两个策略仍然包括增加回收再生率和增加焚烧。

对塑料增加回收再生率从0提升到10%，对纸板的回收再生率从16%提升到26%，可减少3.4%的固体废弃物，却与能量使用的情况恰恰相反。其原因是回收再生将高能量的塑料材料从废弃物物流中移走了，使得从焚烧中产生的电能更少。在生命周期终结时的能量减少导致了生命周期的能量使用增加0.3%。

增加焚烧率的其他策略能减少生命周期使用的能量和废弃物的产生。发电厂通过燃烧塑料和纸板使用它们成为水泥窑的燃料，把包含的能量使用于产品中取代在填埋时的简单焚烧。增加焚烧率从6.5%提升到30%时，将导致生命周期中的能量使用减少1.1%，产生的固体废弃物减少5.9%。然而在燃烧废弃物得到能量时，将使得生命周期的空气排放和全球变暖潜力分别增加0.6%和3.9%。

2.6.3.4 结论

这项研究使用了生命周期评价方法建模，评价了一个国家级商标的酸奶酪制造者的产品传送系统的环境功能。LCA的研究结果表明：在配置包括一个杯、密封和盖的包装时的环境负担与容器容量成反比，因此，在6Oz、8Oz和32Oz容器中，32Oz容器的酸奶酪在每种数据中都被证明是最好的选择。消费者购买32Oz的酸奶酪与购买6Oz的酸奶酪相比，能减少生命周期中15%的能量消耗，减少生命周期中27%的固体废弃物。2Oz和4Oz容器并不总是符合于容器容量越大越好的模式，特别是多个包装胜过于6Oz容器在生命周期中的能量需要、可更新的能源和向空气中的排放。然而2Oz管和4Oz容器的产品传送系统产生的固体废弃物、使用的水和臭氧损耗潜力到目前为止是最高的。

确定产品传送系统对环境影响最大的阶段，然后针对这些阶段作改进。这些阶段分别是从酸奶酪生产者到配送者和零售商的阶段；一类包装的材料生产；酸奶酪容器的加工。这些阶段的改进策略表明，通过包装设计、配送网络、消费者的选择和生命终结的管理的改变可显著改善对环境的影响，特别是通过包装设计和制造可获得最大的改善。

将32Oz的容器加工方法从注射铸造转变为热成型时，分别减少生命周期能量和固体废弃物19%和20%。取消6Oz和8Oz容器的盖也显著减少了环境负担，生命周期的能量使用对6Oz和8Oz容器分别减少20%和18%，固体废弃物分别减少19%和17%。简单地增加每个纸盒中的2Oz管从8个到10个，这个产品传送系统将减少生命周期的能量9.0%和生命周期的固体废弃物15%。例如，在美国西海岸新开一个工厂，增加一个配送点也能给能量极小化带来益处。研究表明，通过消费者更换更高效的冰箱来储存酸奶酪和更新更高效率的热水器来洗碗和器具也能节省能量，但这些利益明显低于包装设计的改变。

与酸奶酪容器相关的二类包装是非常重要的。在配送3中（从酸奶酪充填厂到零售商）二类包装的生产占主要能量消耗的55%，运输酸奶酪本身的能量占40%。

系统的生命周期分析揭示了在酸奶酪产品传送系统的元件之间的相互作用和连接，例如，质量轻的瓦楞纸箱（二类包装）在实际使用中将导致环境负担增加，这是由于需要增加一类包装的能量——强度的权重来补偿箱子的结构性能的降低。生命周期建模技术可使包装设计者发现最优的关系。

系统的生命周期分析解释了在酸奶酪产品传送系统的元件之间的相互作用和连接。根据上述研究结果，公司执行了这些改进策略，对环境影响较大的阶段做出了改进。在6Oz 和8Oz 容器中用一个箔密封代替了塑料盖和塑料内密封，并且也开始研究和使用热成型过程来加工杯。从注射铸造成型转化为热成型将显著减少一类包装的质量。Stonyfield 公司也使用网站提醒它的消费者改善家用电器的性能，诸如更换高效率的冰箱、热水器等。

近年来，Stonyfield 公司提出了三个健康的标准口号——“健康的食品，健康的消费者，健康的地球”。由于严格遵守环保原则，Stonyfield 的酸奶赢得了越来越多的消费者。该公司最近的一项环保计划是利用废弃塑料盒制造环保牙刷，该公司与 Recycline 公司合作，利用 Stonyfield 提供的废弃塑料酸奶盒制造牙刷，并贴上写着“用再生的 Stonyfield 酸奶盒制造”的不干胶贴条，此举受到了市场的广泛欢迎。

“如果告诉消费者我们在新罕布什尔州安装了最大的太阳能板，有可能会引起他们的兴趣，但是却并不一定会让从未喝过我们酸奶的消费者掏钱买我们的产品。而买了我们牙刷的消费者，一定会来买我们的有机酸奶喝，我对此信心十足。”

2.7 简化的生命周期评价方法

从上面的案例研究可以看出：完整的生命周期分析是昂贵的而且很耗时间。H. Lewis 和 J. Gertsakis 提出了简化的生命周期分析方法。与完整的生命周期分析相比，它需要更少的努力也能获得足够的有意义的信息。研究产品整个生命周期评定环境影响的经验有限，因此要全面衡量产品的环境性能还很困难，所以当前对环境标志产品制定其产品标准（认证技术要求）时往往采用定性生命周期评价方法或简化生命周期评价方法。尤其是对于一些比较研究，绝对的数值并不是很重要，因此简化的生命周期分析方法是一种理想的方法。

简化的生命周期分析可分成三步：

①建模。建立研究的边界，保证产品生命周期中所有对环境影响较大的因素都被考虑到。

②简化。对各个层次进行可能的简化。如对系统层次限定范围，通过整个生命周期的建模极小化需要的数据类型和数量，确定这些数据的缺口，取消或合并一些生命周期的阶段，忽略一些上下游过程；或对过程层次进行简化，主要是忽略一些无关紧要的，类似的输入或输出；也可以对数据层次进行简化，使用辅助的、定性的和代用的数据，代用的数据是类似产品或过程已公布的数据。

③可靠性评价。生命周期评价通常没有准确的定量估计，因此需要进行灵敏度和不确定性分析。

定性生命周期评价采用二维矩阵分析法。定性分析产品生命周期中主要污染环境阶段及所产生的环境问题，然后针对减少这些环境影响而制定环境标志产品标准。一般采用 5×8 矩阵，其横轴方向表示不同的环境要素，纵轴方向表示产品生命周期，如表 2－13 所示。

表 2－13 生命周期评价矩阵

生命周期	环境要素							
	固体废物	大气污染	水污染	土壤污染	能源消耗	资源消耗	噪声	对生态系统的影响
原料获取								
产品生产								
销售（包装、运输）								
产品使用								
回收处置								

依据每个矩阵元素对产品生命周期各阶段的主要环境影响，按照无污染或可忽略污染、中等污染、重污染三个不同的污染等级，由行业专家和环保专家进行评价，即可得出评价结果。

2000 年陈士明等应用简化的生命周期评价矩阵这种半定量方法对塑料和纸质包装材料进行了分析，其中产品的生命周期分为 5 个阶段：原料获取、产品生产、销售、产品使用和回收处置。环境要素选择了 8 个有代表性的因素：固体废物、大气污染、水污染、土壤污染、能源消耗、资源消耗、噪声和有害物质。

塑料包装材料的整个生命周期过程包括：石油的开采和运输、石油的炼制和热裂解、聚合、塑料制品的加工、聚乙烯包装材料的储运销售、使用与废塑料的最终处理。纸质包装材料的整个生命周期过程包括：原木的砍伐和运输、制浆造纸、纸品加工、纸包装材料的储运销售、使用与废纸的最终处理。评价的结果如表 2－14 所示。由于聚乙烯在塑料成分组成中占 52% 以上，因而可以将聚乙烯作为塑料包装品的主要原材料成分，纸质包装品的原料则以木材为主要成分。

表 2－14　包装材料的生命周期评价矩阵　　分

生命周期	原材料类型	环境要素								
		有害物质	固体废物	大气污染	水污染	土壤污染	能源消耗	资源消耗	噪声	总计
原料获取	聚乙烯包装材料	3	4	4	3	4	3	3	3	27
	纸质包装材料	4	3	2	3	3	2	2	2	31
产品生产	聚乙烯包装材料	2	3	2	2	4	3	1	3	20
	纸质包装材料	0	1	1	0	2	1	1	2	8
销售（包装运输）	聚乙烯包装材料	4	3	3	3	4	3	3	3	26
	纸质包装材料	4	3	2	3	4	2	3	3	24
产品使用	聚乙烯包装材料	4	4	4	4	4	4	4	4	32
	纸质包装材料	4	3	4	4	4	4	4	4	31
回收处置	聚乙烯包装材料	4	0	4	3	3	4	4	4	26
	纸质包装材料	4	3	4	2	4	3	4	4	28
总计	聚乙烯包装材料	17	14	17	15	19	17	15	17	131
	纸质包装材料	16	13	13	12	17	12	14	15	112

注：表中的分值越高越好。“4”表示该过程对水、大气、土壤等无污染；“0”表示污染严重。

在原材料获取阶段，对原木的砍伐造成的环境影响评分比较严格，如资源消耗只给 2 分（4 分为最高分），这主要是由中国的森林保护现状决定的；砍伐原木对水土保持及空气净化有一定影响。

在产品的生产阶段，塑料和纸的生产均产生较多的有害物质，对大气造成污染，相比之下，纸的生产更为严重，纸张生产中废水量大，且有黑液产生，COD 和 BOD 含量高，处理困难。

在回收或处置阶段的评分中由于中国的塑料只有 10% 被回收利用，

20%～30%被焚烧或填埋，60%～70%被堆放或任意倒入江河湖海，而纸产品尤其是包装纸的回收率也不高，故在评分时只考虑垃圾处理过程。由于塑料包装材料难降解，会产生“白色污染”，这一阶段的结论是纸包装有利于环境，假如纸与聚乙烯包装材料均可以达到80%～90%的回收利用率的话，则可能得出其他结论。

由表2－14可知，这两种包装材料的环境影响的差距在于原料获取和产品生产阶段，例如，在生产阶段，用石油生产聚乙烯包装材料评分结果为20分（满分为32分），而由木材生产的纸包装材料仅得8分，这说明在生产阶段，两者对环境的污染都比较严重，但前者远优于后者，从总的评分结果看，也是前者（131分）远优于后者（121分）。

2.8 ISO14000标准

2.8.1 国际标准化组织（ISO）机构

ISO是一个组织的英语简称。其全称是International Organization for Standardization，翻译成中文就是“国际标准化组织”，又称“经济联合国”。现有成员国120多个，我国是其中之一，每一个成员国均有一个国际标准化机构与ISO相对应。1946年10月14～26日，中、英、美、法、苏等25个国家的64名代表集会于伦敦，正式表决通过建立国际标准化组织；1947年2月23日，ISO章程得到15个国家标准化机构的认可，国际标准化组织宣告正式成立。ISO的最高权力机构是每年一次的“全体大会”，其日常办事机构是中央秘书处，设在瑞士的日内瓦。ISO是联合国经社理事会的甲级咨询组织和贸发理事会综合级（即最高级）咨询组织，为一非政府的国际科技组织，是世界上最大的、最具权威的国际标准制定、修订组织。此外，ISO还与600多个国际组织保持着协作关系。国际标准化组织的目的和宗旨是：在全世界促进标准化及有关活动的发展，以便于国际物资交流和服务，并扩大知识、科学、技术和经济领域中的合作。其主要活动是制定国际标准，协调世界范围的标准化工作，组织各成员国和技术委员会进行情报交流，以及与其他国际组织进行合作，共同研究有关标准化问题。

ISO宣称它的宗旨是发展国际标准，促进标准在全球的一致性，促进国际贸易与科学技术的合作。ISO的技术工作是通过技术委员会（Technical Committees，TC）来进行的。根据工作需要，每个技术委员会可以设若干分委员会（SC），TC 和 SC 下面还可设立若干工作组（WG）。ISO 共有 200 多个技术委员会，2 200 多个分技术委员会（SC）。ISO 技术工作的成果是正式出版的国际标准，即 ISO 标准。

ISO 制定的标准推荐给世界各国采用，而非强制性标准。但是由于 ISO 颁布的标准在世界上具有很强的权威性、指导性和通用性，对世界标准化进程起着十分重要的作用，所以各国都非常重视 ISO 标准。许多国家的政府部门，有影响的工业部门及有关方面都十分重视在 ISO 中的地位和作用，通过参加技术委员会、分委员会及工作小组的活动积极参与 ISO 标准制定工作。

目前 ISO 的 210 个技术委员会正在不断地制定新的产品、工艺及管理方面的标准。作为世界最具权威的标准化组织，ISO 集中了全世界人类关于保护环境的意志，为顺应各国的要求和期望，制定了 ISO14000 系列的环境标准，以引导性的原则，以自愿接受的方式在全世界推行，为全球环境的保护和绿色包装工程的建立与实施起到了可行的、不可估量的推动和指导作用。14000表示有关环境管理方面的系统架构的一个代号，整个意思就是表示环境管理系统。

按照 ISO 章程，其成员分为团体成员和通信成员。团体成员是指最有代表性的全国标准化机构，且每一个国家只能有一个机构代表其国家参加 ISO。通讯成员是指尚未建立全国标准化机构的发展中国家（或地区）。通讯成员不参加 ISO 技术工作，但可了解 ISO 的工作进展情况，经过若干年后，待条件成熟，可转为团体成员。ISO 的工作语言是英语、法语和俄语，ISO 现有成员 163 个。

2.8.2 ISO14000 内容

ISO14000 国际环境管理系列标准共有 100 个标准，如表 2－15 和表2－16 所示，主要由 8 个部分组成：ISO14000～ISO14009 为环境管理体系（EMS）；ISO14010～ISO14019 为环境审核（EA）；ISO14020～ISO14029 为环境标志（EL）；ISO14030 ～ ISO14039 为环境行为评价（EPE）；ISO14040～ISO14049 为生命周期评价（LCA）；ISO14050～ISO14059 为术语和定义；ISO14060 为产品标准中的环境指南（EAPS）；ISO14061 ～ ISO14100 为今后预备的标准。

表 2-15 ISO14000 国际环境管理系列标准

标准编号	标准名称	发布日期
ISO 14001	环境管理体系　要求及使用指南	2004-11-15（第2版）
ISO 14004	环境管理体系　原则、体系和支持技术通用指南	2004-11-15（第2版）
ISO 14015	现场和组织的环境评价（SASO）	2001-11-15
ISO 14020	环境标志和声明　通用原则	2000-09-15（第2版）
ISO 14021	环境标志和声明　自我环境声明（Ⅱ型环境标志）	1999-09-15
ISO 14024	环境标志和声明　Ⅰ型环境标志　原则和程序	1999-04-01
ISO 14031	环境表现评价　指南	1999-11-15
ISO 14040	生命周期评价　原则和框架	1997-08-01
ISO 14041	生命周期评价　目的与范围的确定和清单分析	1998-10-01
ISO 14042	生命周期评价　生命周期影响评价	2000-03-01
ISO 14043	生命周期评价　生命周期解释	2001-03-01
ISO 14050	环境管理　术语	2002-05-01（第2版）
ISO 19011	质量和/或环境管理体系审核指南	2002-12-01
ISO 导则 64	产品标准中的环境因素指南	1997
ISO/TR 14025	环境标志和声明　Ⅲ型环境声明	2000-03-15
ISO/TR 14032	环境表现评价　ISO14031 应用示例	1999-11-15
ISO/TR 14047	生命周期评价　ISO14042 应用示例	2003-10-01
ISO/TR 14048	生命周期评价　数据文件格式	2002-04-15
ISO/TR 14049	生命周期评价　ISO14041 应用示例	2000-03-15
ISO/TR 14061	林业组织实施 ISO14001 和 ISO14004 的支持信息	1998-12-15
ISO/TR 14062	产品设计和开发中的环境	2002-11-01
ISO 导则 66	环境管理体系认证机构的基本要求	1999

表 2-16 ISO 即将发布的 14000 系列标准

标准编号	标准名称
ISO/CD 14063	环境交流　指南和示例
ISO/CD 14064—1	温室气体　第 1 部分：组织排放物的量化、监测和报告的规范
ISO/CD 14064—2	温室气体　第 2 部分：项目排放物的量化、监测和报告的规范
ISO/CD 14064—3	温室气体　第 3 部分：确认、验证和认证的规范和指南

2.8.2.1 环境管理体系系列

该系列是 ISO14000 的核心。目前仅包括 ISO14001，ISO14002 和 ISO14004 三项标准。包括为制定、实施、评审和维护环境方面所需的组织结构、策划活动、职责、操作规程、程序、过程和资源，即组织进行环境控制的有计划、系统的和程序化的管理活动；是组织管理体系中有机的组成部分，它由下列五大部分组成：环境方针、策划、实施与运行、检查与纠正措施、管理评审。

该系列标准的主要目的是：规定了环境管理体系的要求，包括对中小企业的要求，使组织能够依据法规要求和重要环境影响的信息制定其方针和目标，适用于组织能够控制或即使不能控制但仍能施加影响的环境因素。但不规定具体的环境行为要求，重意愿，而不重结果，具体要求是：

①实施、保持并改进环境管理体系；

②保证其自身遵循制定的环境方针；

③向他人证实遵循了环境方针；

④寻求外部组织对其环境管理体系进行认证/注册；

⑤进行自我评价并作出符合标准的自我声明。

该标准的全部要求适用于任何环境管理体系，为实施和改进环境管理体系、提供指南是ISO14004标准的根本目的，它对环境管理体系要素进行了详细的论述。

2.8.2.2 环境审核子系列

这个子系列从ISO14010～ISO14015，目前只颁布了14010，14011，14012。其主要目的是为环境审核提供基本原则，它适用于所有类型的环境审核。ISO14011确定了审核程序，用于环境管理体系审核的策划和实施，以确定是否满足环境管理体系的审核要求；ISO14012为环境审核员和主任审核员的资格评定提供了指南，适用于内部和外部审核员。

在1996年9月和10月，国际标准化组织ISO分别正式发布了第一批有关环境管理体系和环境审核的五项国际标准，分别是为ISO14001：1996环境管理体系——规范及使用指南；ISO14004：1996环境管理体系——原则、体系和支持性技术通用指南；ISO14010：1996环境审核指南——通用原则；ISO14011：1996环境审核指南——审核程序——环境管理体系审核；ISO14012：1996环境审核指南——环境审核员资格要求。

2000年启动ISO14001:1996和ISO14004:1996两项标准的修订工作，于2004年11月，正式发布该两项新版的国际标准。

ISO14010:1996，ISO14011:1996和ISO14012:1996环境审核指南三项环境审核的标准由ISO 19011：2000《质量和/或环境管理体系审核指南》代替。

我国于1997年4月1日由国家技术监督局将已公布的五项国际标准ISO14001，ISO14004，ISO14010，ISO14011，ISO14012等同于国家标准GB/

T24001，GB/T24004，GB/T24010，GB/T24011 和 GBT24012 正式发布。这五个标准及其简介如下。

（1）ISO14001（GB/T24001—1996）环境管理体系——规范及使用指南

该标准规定了对环境管理体系的要求，描述了对一个组织的环境管理体系进行认证/注册和（或）自我声明可以进行客观审核的要求。通过实施这个标准，使相关确信组织已建立了完善的环境管理体系。

（2）ISO14004（GB/T24004—1996）环境管理体系——原则、体系和支持性技术通用指南

该标准对环境管理体系要素进行阐述，向组织提供了建立、改进或保持有效环境管理体系的建议，是指导企业建立和完善环境管理体系的工具和教科书。

（3）ISO14010（GB/T24010—1996）环境审核指南——通用原则

该标准规定了环境审核的通用原则，包括了有关环境审核及相关的术语和定义。任何组织、审核员和委托方为验证与帮助改进环境绩效而进行的环境审核活动都应满足本指南推荐的做法。

（4）ISO14011（GB/T24011—1996）环境审核指南——审核程序——环境管理体系审核

该标准规定了策划和实施环境管理体系审核的程序，以判定是否符合环境管理体系的审核准则，包括环境管理体系审核的目的、作用和职责，审核的步骤及审核报告的编制等内容。

（5）ISO14012（GB/T24012—1996）环境审核指南——环境审核员资格要求

该标准提出了对环境审核员的审核组长的资格要求，适用于内部和外部审核员，包括对他们的教育、工作经历、培训、素质和能力，以及如何保持能力和道德规范都作了规定。

目前，我国比较常用的标准如下：

GB/T 24001—2004 idt ISO14001：《环境管理体系——规范及使用指南》；

GB/T 24004—2004 idt ISO14004：《环境管理体系——原则、体系和支持技术指南》；

GB/T 19011—2003《质量或环境管理体系审核指南》。

以上三个标准组成了从建立、实施环境管理到环境管理体系认证，注册的完整体系，便于组织改进环境绩效和对环境绩效进行客观，公正评价。

2.8.2.3 环境标志子系列

这个系列从 ISO14020～ISO14024，其主要目的是：

①规定了环境标志的类型；

②声明了自我声明环境要求的内容；

③为环境标志提供了指导原则及程序。

2.8.2.4 环境行为评价子系列

目前仅有ISO14031，ISO14032两个标准。其主要目的：为组织进行环境表现评价过程的设计和实施，并将环境表现评价的有关信息通报给管理者和其他相关方提供了指南；鼓励并促进各种类型、地点和规模的组织，主动使用环境表现评价方法；使组织不仅能满足其自身的需要，还能考虑到相关方的需求。该子系列标准作为一种内部的管理工具是一种通用标准。

2.8.2.5 生命周期评估子系列

目前仅有4个标准ISO14040，ISO14041，ISO14042，ISO14043。其主要目的：为实施和报告生命周期评估的研究提供指南；如何从产品的市场调研、设计开发、制造、流通、使用、用后处置和再生利用的整个生命周期内，评价资源利用是否合理，控制污染的程度，以求达到资源利用最有效，无污染，废物还可再生利用的目的，最终解决环境问题。标准提供了对生命周期中每个环节进行评估的原则和方法。

2.8.2.6 环境管理子系列

目前仅有ISO14050一个标准。其目的：对环境管理的术语进行汇总和定义；对环境管理的原则、方法、程序及特殊因素处理提供指南。

2.8.2.7 产品标准中的环境因素指南子系列

目前仅有ISO14060一个标准。其目的：为产品标准制定者提供指南，最大限度地消除产品标准要求对环境产生不利的影响。

2.8.3 ISO14000分类

2.8.3.1 按标准性质分

按照标准性质分为基础标准、环境管理体系标准和支持技术标准。基础标准包括术语和定义；环境管理体系标准包括环境管理体系标准、产品标准中的环境因素导则；支持技术标准包括环境审核标准、环境标志标准、环境绩效评价标准、生命周期评价标准。

2.8.3.2 按标准功能分

按照标准的功能可以分为评价组织的标准和评价产品的标准。评价组织的标准包括环境管理体系标准、环境审核标准和环境行为评价标准；评价产品的标准包括环境标志标准、生命周期评价标准和产品设计和开发中对环境因素的考虑。

2.8.4 ISO14000 特点

①自愿性标准，以市场为驱动力。为了顺应环境管理的动力由政府强制性管理向社会与市场压力转变的趋势，ISO14000 系列标准被设计为一种自愿标准，其应用基于自愿原则。

②强调对有关法律、法规的持续符合性，没有绝对环境行为的要求。由于希望实施环境管理体系标准的组织范围广泛，条件各异，因此就要求该标准具有足够的灵活性。它不规定具体的环境目标，而只注重如何改善环境。其唯一的硬指标是要建立环境管理的组织必须遵守国家法律法规和相关承诺。

③强调污染预防和持续改进。ISO14001 没有规定绝对的行为标准，在符合法律法规的基础上，组织通过对管理体系的定期评审与改进实现环境绩效的持续改进。

④广泛的适用性。在 ISO14000 系列标准的核心标准 ISO14001 的引言中指出，该体系适用于任何规模的组织，并适用于各种地理、文化和社会条件。该系列标准内容十分广泛，涵盖了组织的各个管理层次，可适用于各类组织的活动、产品或服务的许多方面。

⑤强调管理体系。

⑥可认证性。

2.8.5 ISO14000 实施办法

实施 ISO14000 国际环境管理系列标准，关键的是要按照构成体系的子系统结构，逐步认真、准确、规范的加以落实。

2.8.5.1 建立“环境管理体系”（Environmental Management System，EMS）

包装企业应根据 ISO14000 标准建立相应的环境管理体系，企业制定的环境方针应与自己的属性、产品、规模和生产活动对环境的影响相适应，并应有改善和防止污染，遵守有关法规等承诺。环境方针是企业制定环境目标和对策的基础，环境政策是企业根据自己的环境因素（废物与污染）制定的环境目标和对策，以达到法规的要求。

2.8.5.2 通过“环境认证”环境审核认证

包括的主要内容：企业的环境管理体系及相关全部文件；企业的环境状况、执行行为、状态和业绩；企业的环境监测及全部的信息报告；对预审提出的纠正方案和结果。

2.8.5.3 产品应有“环境标志”

Ⅰ型。用于第三方认证的生产标志。对每类产品制定产品环境特性标准。认证方需先颁布认证标准，公开信息，被认证方自愿申请获得通过后，许可使用Ⅰ型环境标志标识，领取认证证书。

Ⅱ型。以自我环境声明的方式公布环境信息的标志。企业可以自己进行环境声明。各自遵守共同的标准，准予企业自我声明，为增强声明的可信度，是否经第三方验证，由声明者自愿签约。在自我环境声明验证通过后，许可使用验证方的Ⅱ型环境标志标识，颁发验证证书。自我声明的内容包括：回收的可能性；回收物质种类；可否替换性；固体废弃物数量；是否节省能源；节省资源情况；分解（降解）的可能性如何；回收能量大小。

Ⅲ型。数值表示型标志，对声明的指标经独立检验，主要用于确定产品环境指标的标志。要进行全生命周期评价，然后公布产品对全球环境产生的影响。规定了生命周期信息公告的两种方法，需要第三方检测、评估，证明产品和服务的信息公告符合实际后，准予颁发评估证书。

Ⅰ型环境标志区别于Ⅱ型，Ⅲ型环境标志的重点在于Ⅰ型环境标志有严格的认证程序和较长的认证周期。

从Ⅱ，Ⅲ型环境标志本身而言，Ⅱ型环境标志的自我环境声明是ISO14021标准明确规定的12个声明内容，涵盖生产、使用、废弃、再利用的全过程，不仅体现“从摇篮到坟墓”的生命周期过程，而且增添了“从摇篮再到新摇篮”的循环经济新理念。Ⅱ型环境标志规定了声明的具体项目，只有符合12个自我环境声明内容的才可以进行相应的声明。Ⅱ型环境标志更侧重于对环境的影响。

Ⅲ型环境标志只是提出一个目标：传送关于产品和服务的可检验、准确、非误导的环境因素信息，通过这些信息，鼓励对这些产品和服务扩大需求，以减少对环境的压力，从而激发市场持续改善环境的潜力。各种同类产品都对自己相应的环境信息进行声明，由消费者从这些声明中自己挑选所需要的产品，从而优胜劣汰，促进竞争，给消费者提供环境行为更好的产品。因此，Ⅲ型环境标志更侧重于产品本身对环境和人体健康的影响。

2.8.5.4 进行“环境行为评价”

对企业的环境行为和影响环境的数据进行评估的一种系统管理手段。它用定量的数据——“环境行为指数”来表达评价结果，这些结果包括企业的环境特性、排放指标、包装产品生命周期对环境的综合影响等。

2.8.5.5 产品的“生命周期评价”

产品对环境的影响体现为：一是地球资源的浪费和破坏；二是产品对环

境的污染和破坏，实施生命周期评价是现今最好的对症下药的措施。

2.8.5.6 产品标准的“环境指南”

产品标准中的环境指南是产品生态循环设计的基本原则，既要考虑产品功能质量、价格等要素，更要考虑生命周期中影响环境的因素以及回收再生的可能性，节省资源及能源的可能性，废弃后的分解性等因素。此外 LCA 评价中的环境影响评价和改善评价结果也反映在产品标准的环境指南中。产品标准的环境指南如图2－9 所示。

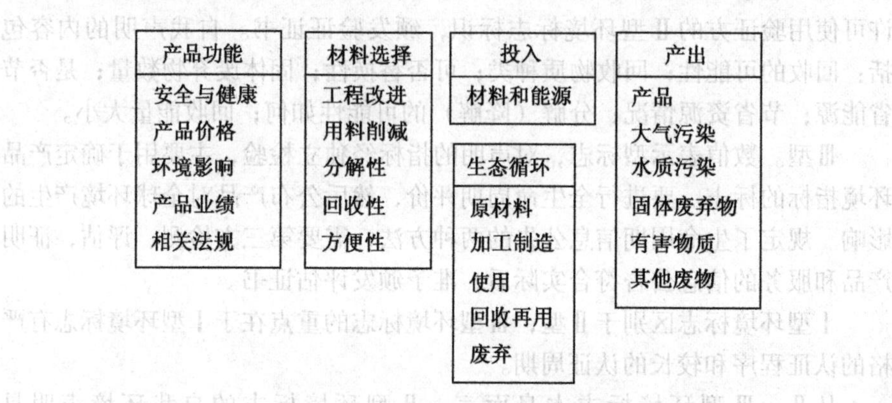

图2－9 产品标准的环境指南

2.8.6 ISO14000 标准在各国的实施状况

环境管理系列标准在形式上是自愿的，但它构成了各国的非关税壁垒，因此它的内涵和适用性在世界各国引起了较大的反响，引起了世界工业、商业、政府部门、国际组织、专业性的非政府组织的极大关注。

最初美国产业界、包装界对 ISO/TC207 委员会制定的 ISO14000 环境管理系列标准态度一直不明确。但是，当 ISO 把这项工作开展起来后，美国的态度改变了，对制定国际标准采取了积极支持、积极参与的态度，并在具体的标准内容上同欧洲展开了尖锐对抗，力争把美国的一些标准加入到国际标准中；同时，美国产业界、包装界纷纷积极实施了 ISO14000 标准。据报道，ISO14000 可能被列入现有的美国环境法规条文中，由此美国一些大的跨国公司已迅速制订 ISO14000 认证计划，该国能源部要求其合约商必须全部通过 ISO14001 认证，大的企业集团如福特、克莱斯勒、通用汽车、IBM、施贵宝等都要求其在全球的生产厂商通过 ISO14001 认证。

日本企业界率先于 1994 年在一些大中型企业建立了环境管理委员会，实施环境管理。

欧洲共同体于1993年提出了《欧洲环境管理与环境审核规则》(EMAS)，认为ISO14000并不先进。(经过努力，最终达到了将ISO标准采纳为欧洲标准的目的) 1996年9月，欧洲标准化委员会通过了将ISO14001转化为欧洲标准的决议，并同时转化了ISO14010，ISO14011和ISO14012几个环境审核标准。虽然ISO标准与EMAS之间还存在差异，但最终得到相互认可。

许多国家政府官员认为ISO14000系列标准是解决亚洲环境执法问题的良药。目前，许多国家在制定有效的环保法律方面或是在执行法律方面存在令人头痛的问题，ISO14000系列标准要求组织内部建立环境管理体系，而且要求组织必须符合所在国家的环境法律、法规，这就为组织提供了一种符合的方法。菲律宾委托欧盟的一些咨询公司开展培训，仅1995~1996年已举办了20余期ISO14000系列标准的审核员培训；英国环境审核师注册协会已受理了大批经过培训的技术人员的申请，目前已有数百人获得审核师与助理审核师的资格证书，这部分人将活跃于世界各国，积极从事ISO14000系列标准的审核工作。

在亚洲，ISO14000系列标准也得到了足够的重视。自1996年9月国际标准化组织（ISO）颁布首批ISO14000系列标准以来，我国国家环保总局就十分重视ISO14000系列标准在我国的实施。从1996年开始，国家环保总局在企业自愿的基础上，在全国范围内开展了环境管理体系认证试点工作。试点企业涉及机械、轻工、石化、冶金、建材、煤炭、电子等多种行业及各种经济类型。到1998年下半年试点工作结束的时候，有近70家企业获得了环境管理体系认证证书。同时，国家环保总局还在全国13个试点城市开展了ISO14000标准的试点工作，探索了在城市和区域建立环境管理体系以及推进实施ISO14000系列标准的政策和管理制度。该项工作取得了可喜成绩，苏州新区和大连经济技术开发区率先通过了区域ISO14001认证，9个城市（区）于1999年得到了国家总局的表彰。目前，我国的环境管理体系认证工作已步入正轨。截至2000年3月31日，全国获认证企业265家，获国家认可的环境管理体系认证机构15家，注册环境管理体系审核员1 131人，获备案资格的环境管理体系认证咨询机构62家。

为维护ISO14001环境管理体系认证的公正性、权威性，保证认证质量，我国在引入和实施ISO14000系列标准，开展认证试点工作的同时，积极快速地建立起规范化、科学化的中国环境管理体系认证国家认可制度。

2.8.7 BS7750，EMAS，ISO14000 三个环境标准异同

BS7750 是英国标准所于 1992 年 3 月制定的，用于指导英国企业建立环境管理体系；EMAS 是 1993 年 7 月欧洲共同体（EEC）以 No. 1836/93 指令正式公布的《欧洲环境管理与环境审核规则》，简称 EMAS；ISO14000 是由国际标准化组织（ISO）TC/207 制定的国际标准，其中核心标准是 ISO14001。

①三个标准的共同点非常多，如表 2－17 所示。主要表现：目的一致——改善环境状况；都要求建立文件化的环境管理体系；由第三方审核。

表 2－17 ISO14001 与 BS7750，EMAS 的相同点与不同点

ISO14001，BS7750，EMAS 三个标准比较			
环境管理体系要素	ISO14001	BS7750	EMAS
最高管理者承诺	*	*	*
初始环境评审	*		
环境政策	*	*	*
组织作用/责任	*	*	*
环境因素/影响	*	*	*
目标和指标	*	*	*
确立法规要求	*	*	*
达到法规要求	*	*	*
达标指南		*	*
环境管理计划	*	*	*
实施计划和手段	*	*	*
培训和信息交流	*	*	*
环境记录和文件	*	*	*
环境行为测量	*		*
环境审计	*		*
管理评审	*	*	*
持续改进过程	*		*
应急计划和反应	*		
第三方认证	*		*

②三个标准的不同之处：a. 适用的范围不同。BS7750，EMAS，ISO14000 分别适用于英国、欧洲共同体和全世界的范围。ISO14000 强调自愿性，而 EMAS 已为法规性文件。b. BS7750 和 EMAS 都有达到环境指标、目标的要求和达标指南，而 ISO14000 强调建立管理体系的规范性。c. ISO14000 适用于一切组织，而 BS7750 和 EMAS 主要针对企业。d. 在具体条款上，ISO14000 强调原则性规定，而 BS7750 和 EMAS 强调环境声明。

2.8.8 ISO9000 和 ISO14000 的差异

什么叫 ISO9000？标准化组织在 1997 年成立了“质量保证技术委员会”，并着手制定质量管理和质量保证系列标准，即标准化 9000 区间。ISO9000 是指质量管理体系标准，它不是指一个标准，而是一种标准的统称。ISO9000 是由 TC176（TC176 指质量管理体系技术委员会）制定的所有国际标准。ISO9000 是 ISO 发布之 12 000 多个标准中最畅销、最普遍的产品。

ISO9000 系列标准已被全世界 80 多个国家和区域的组织所采用，为广大组织提供了质量管理和质量保证体系方面的要素、导则和要求。ISO14000 系列标准是对组织的活动、产品和服务从原材料的选择、设计、加工、销售、运输、使用到最终废弃物的处置进行全过程的管理，和 ISO14000 标准一起，适应了科学、技术、社会经济活动的需要，使得质量管理体系、环境管理体系标准化、国际化。

首先，ISO14000 与 ISO9000 标准都是 ISO 组织制定的针对管理方面的标准，都是国际贸易中消除贸易壁垒的有效手段。其次，ISO14000 与 ISO9000 标准的要素有相同或相似之处。两套标准都遵循相同的管理系统原理，通过实施一套完整的标准体系，在组织内建立起一个完整、有效的文件化管理体系；并且都是通过管理体系的建立、运行和改进，对组织内的活动、过程及其要素进行控制和优化，实施方针达到预期的目标；质量体系和环境管理体系都含有第三方认证机构的内容。因此，两个体系的实施均涉及诸如审核机构、审核员以及对认证审核机构和审核员的认可等内容；质量体系和环境管理体系在结构和要素等内容上有许多相同或相似之处。例如，都有方针、目标、计划、组织结构、培训、文件控制、程序、检测、记录、审核、评审等项；两套标准都服务于国际贸易，意在消除壁垒。

但二者也存在很多不同点。承诺对象不同：ISO9000 标准的承诺对象是产品的使用者、消费者，它是按不同消费者的需要，以合同形式来体现的。而 ISO14000 系列标准则是向相关方的承诺，受益者将是全社会、全人类的生存环境和人类自身的共同需要，无法通过合同体现，只能通过利益相关方，其中主要是政府来代表社会的需要，用法律、法规来体现，所以ISO14000 的最低要求是达到政府的环境法律、法规与其他要求。承诺的内容不同：ISO9000 系列标准是保证产品的质量；而 ISO14000 系列标准则要求组织承诺遵守环境法律、法规及其他要求，并对污染预防和持续改进作出承诺。体系的构成模式不同：ISO9000 的质量管理模式是封闭的，而环境管理体系则是螺旋上升的开环模式，要求体系不断地有所改进和提高。审核认证的依据不同：ISO9000 标准是质量管理体系认证的根本依据；而环境管理体系认证除符合 ISO14001 外，还必须结合本国的环境法律、法规及相关标准，如果组织的环境行为不能满足国家要求，则难以通过体系的认证；对审核人员资格的要求不同。

具体的异同点如表 2－18 所示。

表 2－18 ISO14000 和 ISO9000 标准异同

ISO14000	ISO9000	ISO14000	ISO9000
环境方针	质量方针	应急准备和响应	（部分与消防安全的要求相同）
组织结构和职责	职责与权限	不符合、纠正和预防措施	不符合、纠正和预防措施
人员环境培训	人员质量培训	环境记录	质量记录
环境信息交流	质量信息交流	内部审核	内部审核
环境文件控制	质量文件控制	管理评审	管理评审

3 绿色包装材料

绿色包装材料就是能够形成绿色包装的、对环境无污染、对人体健康无危害、可循环再生、能促进可持续发展的基础载体质。包装材料的发展，是随着包装业的发展、科技的发展以及人类的需要、社会整体发展的需要而不断发展和演变的。包装材料是形成商品包装的物质基础，是商品包装所有功能的载体，是构成商品包装使用价值的最基本的要素。要研究包装、发展包装，必须从这些最基本的要素着手。绿色包装材料是人类进入高度文明、世界经济进入高度发展的必然需要和必然产物，它是在人类要求保持生存环境的呼声中，世界绿色革命的浪潮中应运而生的，是不可逆转的必然发展趋势，所以认真地研究它、掌握它、开发它，对造福于人类有着十分重大的意义。

作为包装材料，无论是绿色包装材料还是非绿色包装材料，在应具备的性能方面大多是共同的基本性能，如保护性、加工操作性、外观装饰性、经济性、易回收处理性等，但作为绿色包装材料，最突出具备的性能就是对人体健康及生态环境均无害，既易回收再利用，又可环境降解回归自然。其具体性能为：

①保护性。对内装物具有良好的保护性。根据不同的内装物，能防潮、防水、防腐蚀，能耐热、耐寒、耐油、耐光，具有高阻隔性，以达到防止内装物的变质，保持原有的本质和气味。材料具备一定的机械强度，以保持内装物的形状及使用功能。

②加工操作性。主要指材料易加工的性能，也是材料自身的属性，如刚性、平整性、光滑性、热合胜、韧性等，以及在包装时的方便性，好包好装好封合的性能并适应包装机械的操作。

③外观装饰性。材料是否易于进一步美化和整饰，在色彩上、造型上、装饰上是否能方便地操作和适应。具体指材料的印刷适性，光泽度及透明度、抗吸尘性等。

④经济性。材料的性能价格比合理，并能够节省人力、能源和机械设备费用。

⑤材料的优质轻量性。材料在能很好地履行保护、运输、销售功能的同时，能够轻量化，这样既节省资源，又经济，同时还减少废弃物的数量。

⑥易回收处理性。材料废弃后易回收处理，易再生利用，既省资源又省能源，还有利于环境保护。绿色材料最突出的性能是在易回收处理和再生的基础上，还可环境降解回归自然。这就要求绿色材料从原料到加工的过程再到产品使用后，均不产生环境污染，并对人体健康无害。最基础的另一个性能是有优良的透气性、阻隔性，使内装物得到很好的保护，不失味、不变质。

如何选择绿色包装材料？按优先顺序选择常用的包装材料有纸、纸板、铝、玻璃、塑料、铁皮等。从绿色包装的角度，最优先的选择为没有包装或最少量的包装，它从根本上消除了包装对环境的影响；其次选择的是可返回、可重填利用的包装或可循环的包装，它的回收效益和效果取决于回收体系和消费者的观念。如何利用包装材料实现产品的绿色化，以下为几种典型的方法。

①可食性包装材料。以植物多糖或动物多糖为基质的可食性包装主要有淀粉膜、改性纤维素膜、动植物胶膜、壳聚糖膜等。英国开发出的胡萝卜纸以胡萝卜为基料，添加适当的增稠剂、增塑剂、抗水剂，利用胡萝卜的天然色泽，可制成价廉物美的可食性彩色蔬菜纸。

②选用再生材料。选用再生材料，不仅能提高包装材料的利用率，减少生产成本，而且可以节省大量的能源和减少其他资源的消耗，同时减少对环境的排放。如阿维达（Aveda）公司生产的化妆盒、粉饼盒和口红所采用的铝质包装材料，85%来自饮料罐回收所得。与使用原始铝资源相比，可节约近97%的电、水，生产过程中的污染也减少了95%。粉饼盒是通过磁力吸附在化妆盒上，用完后方便更换。化妆盒中的镜子和磁铁都不含铅。整个化妆盒可以完全回收。又如ARMANI服装品牌的系列包装，从手提袋到包装纸都采用了再生纸，并且最大限度地减少了包装层次和体积。尽量避免使用木制包装，大力发展再生材料的纸等包装是环保包装的趋势。纸的原料主要是天然植物纤维，在自然界中会很快腐烂，不会污染环境，也可回收重新造纸。现在许多国际大公司使用可回收纸用于年报、宣传品的制作，用回收纸制成信笺、信纸，以体现其关注环境的绿色宗旨，同时还树立了良好的企业形象。

③选用可再循环的材料便于回收和再利用。性能好的包装材料是实现绿色包装的有效途径之一。如啤酒、饮料等采用玻璃瓶包装，可以反复使用。聚苯二酸乙烯（PET）是可循环的、清洁的、高质量的塑料包装，常用于饮料包装，宝洁公司（P&G）也用它来包装家用清洁剂。聚酯瓶在回收之后，可用两种方法再生。物理方法是指直接彻底净化粉碎，无任何污染物残留，

经处理后的塑料再直接用于再生包装容器。化学方法是指将回收的 PET 粉碎洗涤之后，在催化剂作用下，使 PET 全部解聚成单体或部分解聚，纯化后再将单体重新聚合成再生包装材料。

④选用可降解性包装材料。可降解性，是指在特定时间内，不可回收利用的包装废弃物要能分解腐化，回归自然或生态。例如，日本高崎造纸公司用食品工业废弃的苹果渣生产出果渣纸，方法简单，除去果渣中的籽粒，将其捣成浆，加入适量的木质纤维即可制成，这种果渣纸使用后容易分解，可焚烧或做堆肥，也可以回收重新造纸，不易污染环境。由淀粉混合物制成的散装式填充材料，淀粉来源于天然的可再生资源，如土豆、稻谷、小麦等农作物，在挤压制取过程中，超高温处理去除了可食用成分，有效防止虫害。该填充材料在与水混合后在 13 min 内可完全降解，无需加入其他成分就可腐化分解而不会污染地下水。具有质量轻、清洁、防静电、防虫、可自由填充、可重新使用等特点。

从塑料包装产品的整个生命周期看，塑料包装原料来源广泛；生产工艺简单，能耗低；产品质量轻，保护性能好，方便储运。注重三方面的研究，首先是高性能长寿命设计；其次是塑料废弃物回收处理技术；再次就是可降解塑料的开发和使用。其降解和回收的问题一直是绿色包装的研究重点。可降解塑料是指在特定时间内，通过土壤和水的微生物作用，或通过阳光中紫外线的作用，在自然环境中，其化学结构发生变化，最终以无毒形式重新进入生态环境中，回归自然的一种塑料。可降解塑料既具有传统塑料的功能与特性，又可降解，可广泛用于食品包装、周转箱、杂货箱、工具包装及部分机电产品的外包装箱。例如，像麦当劳等快餐食品业，一直都在努力使自己的包装变得更加利于环保。最初，在吹制聚苯乙烯（PS）塑料的汉堡包装中除去了氯氟烃化合物成分，随后取而代之的是超薄纸和纸袋制成的外包装。此外，软饮料瓶、吸管、餐具以及盘子都做了改进，以达到消费者认同的最低环保标准。现在，麦当劳公司又垄断了“Mater - Bi”餐具的使用权，使一般消费者尚无法购买这样的餐具。“Mater - Bi”餐具是 1995 年设计的，是能够自然降解并溶解的一次性餐具，它用极普通的淀粉和纤维素添加剂制造，其性质可以同一些长分子化合物媲美。“Mater - Bi”可以在很短的时间内分解，40 d 内质量的 90% 即被分解掉。在生产的第一年里，“Mater - Bi”餐具的产量就超过了 2 000 万件。

⑤尽量使用同一种包装材料。尽量使用同一种包装材料，避免使用由不同材料组成的多层包装体，以减少不同材料包装物的分离，提高包装物的回收和再利用性能。例如，微软公司为 Office2001 设计的新包装，是外观轻

薄、可重复使用的九碟装塑料包装盒，它比原有的纸盒包装轻10倍。该包装尽量减少所用材料的种类，其底部100%由回收塑料制成，顶盖部分由新生产的塑料制成，以保持精美的外观。因软件使用说明在网上公布，所以不必附带纸质说明，以节省纸张；采用该包装后，运输成本降低了50%。

⑥尽可能减少包装材料的使用。在满足包装的保护、审美、便利、销售的前提下，尽量减少包装材料的使用。减少材料的使用不但意味着减少了原材料成本和加工制造成本，也意味着同时减少了运输和销售的成本以及包装废弃后的回收再利用和处理成本。例如，APTI公司的保护性气囊包装，利用空气作为商品护垫。该包装的内外两层都采用低密度聚乙烯（LDPE），能有效防止包装被刺破或被撕裂，因而延长了商品在货架上的摆放寿命。该包装分为抗静电表层包装和非抗静电表层包装两类，前者用于包装对静电较为敏感的电子产品。密封后的包装产品可承受约5 791 m的空运高度。和其他同类包装相比，这种可以很多次重复使用的气囊包装节约了30%的用料，节约了35%的运输成本，节约了90%的存放空间。经测试，利用该护垫后商品受损率为零。

⑦避免过度包装。过度的包装对消费者没有用处。例如，有些糖果和化妆品的包装就过度了。阿维达（Aveda）公司在香水等高档消费品的包装上做了很好的尝试。该包装袋采用低密度聚乙烯（LDPE），其10%的用料来自回收产品，质量较轻，运输过程中可以节约大量的空间和质量，同时又能向消费者直接展示产品。仅用于香水的包装，每年阿维达公司可节约6t纸材料。当包装材料减少时，要考虑消费者的使用习惯和产品的外观形象，一些包装上还要提供足够的空间来标明产品的各种信息。

⑧重用和重新填装的包装。重用和重新填装的包装可以提高产品包装的使用寿命，从而减少其废弃对环境的影响；同时，要考虑包装物收集和清洗的成本，以及对环境的影响；要建立好相应的重新填装网络和体系。例如，经过二次填充的打印机喷墨盒、碳粉盒可以使用5次以上。又如，芬兰的瓶装业真正实现了系统化，所有的玻璃瓶、塑料瓶都按照标准设计制作。啤酒瓶都统一采用棕色玻璃瓶，其他饮料则采用透明玻璃或聚酯乙烯瓶，90%的饮料采用了可回收、可重装的瓶类包装。平均每个玻璃瓶的使用寿命长达5~10年，每年新灌装约5次。瓶类的可返还重装取决于完整的可返还包装系统，由于各个厂家之间达成的这种一致和统一，不论最初生产厂家是谁，统一标准的瓶类包装都可回收给任意的饮料供应商，并在那里重新灌装，供应商的灌装设备也是与统一的瓶类规格相吻合的。消费者购买产品时为包装瓶支付一定的押金，并在退还包装时收回押金。包装供应商在运送新包装的

同时就可以同时收回消费者退回的饮料瓶。甚至许多大型跨国公司在芬兰都采纳了这样的方式，其中百事公司就采用了芬兰的饮料瓶。由于包装的统一化，为表明产品的身份或个性，需要设计师做出更能表现品牌识别性好的标志和图案。芬兰在欧洲国家中人均年产垃圾数量最小，重复使用包装是重要的原因。芬兰 85% 的玻璃、70% 的塑料、90% 的金属都可得到重新使用，每年使用的 120 万 t 包装材料中（纸板除外），有 81 万 t 是可重复使用的。

芬兰的实践表明，系统化的包装方式并不只是针对某个产品、某个公司或某个国家，而是需要包装生产商、供应商、产品包装商以及无数零售商、分销商等各个环节的通力合作。重新填装还成功地用于洗发水、洗涤剂等家庭用品上。例如，国际知名的护肤品公司“The Body Shop”最著名的环保解决方案之一，就是在全公司采用规格统一的包装瓶盛放护发、护肤产品，该包装瓶采用低密度聚乙烯制成，可以在使用后将包装退还专卖店重新加装产品，销售产品的专卖店同时也回收包装瓶。可重新填装的包装也用于食品上。例如，德国的连锁超市（Tengelmann）引进了牛奶罐装机，顾客可以用 1 L 的玻璃瓶自己灌装，仅在慕尼黑，一年节约 3 700 t 包装物。

⑨包装结构的优化设计。通过包装物的结构设计来实现绿色包装。通过改变包装形状，使产品运输更加便利。例如，八角形的盒子装比萨饼比方盒子可以节约 10% 的包装材料。通过合理的包装物结构设计，可以使包装物另作它用，从而避免包装物的随意丢弃。AT&T 公司设计的键盘的外包装就是键盘的防尘罩。通过新的包装结构设计，不仅节省了包装材料，还节省了包装的成本和空间。例如，叶夫罗氏（Yves Rocher）公司生产的化妆品包装，分为两层，其内层的小瓶用来盛放润肤霜，每当润肤霜用完后，只要更换上装有润肤霜的新的内层小瓶即可，而不用更换外层包装和瓶盖。该包装节约用料 82%，消耗了原有自然资源的 85% 和能源的 91%。通过改进包装结构，使包装更加安全、卫生、易于使用。德国阿尔坎公司的金属容器，将铝片或锡片焊接在金属容器顶部作为其封口，然后在铝片上配置开封拉条。其生产过程比现有的封口过程更省时间，同时可以使用现有的封装设备，其包装重量减轻 10%。采用这种封口方式还很安全，不会出现锋利的边缘，也不会因开封引起内容物的污染。

（10）改进产品结构。通过改进产品的结构和形态改善包装，提高产品的结构强度或降低产品的重量，降低对包装材料的要求或减少包装材料。DEC 公司的研究表明，增加产品的内部结构强度，可以减少 54% 的包装材料需求，降低 62% 的包装成本。

绿色包装材料的研制和开发，在一定程度上缓解了生态环境的压力，降低了日益枯竭的石油资源消耗，减少了环境污染，也解决了国际上禁止使用不可降解包装材料对我国出口商品造成的限制。绿色包装材料的广泛使用，无论是从地球保护的实际角度，还是从国民经济持续健康发展的全局角度，抑或是从高新包装材料技术的角度来说都具有重要意义。虽然目前绿色包装材料还存在着一些问题，如材料热塑性差、成本高、生产工艺复杂、产品不稳定、应用范围窄、与食品接触包装材料有潜在危险性等，但我们有理由相信，随着环境科学、生物化学、高分子化学等学科的交叉渗透，这些问题将逐步得到解决。

作为包装材料，无论是绿色的还是非绿色的，最根本的是材料自身的属性，其次是来自于材料加工的技术及设备。我们坚信，随着科技的飞速发展，绿色包装的产品将会日新月异，将具有更多更完美的特殊性能，进一步完善和丰富包装材料，满足商品包装的多方面性能要求。

3.1 纸

纸包装材料在整个包装工业中占有重要的地位，它应用十分广泛，品种较多，从传统包装发展到今天的现代包装始终是包装支柱材料之一，约占整个包装工业总产值的45%。我国在2005年，纸包装占包装工业总量的1/3以上，名列第一。在日益重视环境保护的今天，纸包装由于它的许多优点越来越受到人们的重视，在世界包装行业中占有越来越重要的地位。

纸制品比较经济，无论从单位面积价格还是单位容积价格，与其他各种包装材料相比都是较经济的。例如，用1m^3的木材为造纸原料制成包装商品的纸箱，可以代替3m^3的木材直接制成的容器。纸材料的优点很多，如包装制品质量轻，缓冲性好，容器打开方便；折叠成型性好，适应各种封口，便于机械加工，能高速连续生产；具有适当的坚牢度，耐磨性、耐冲击性均较好；比较容易达到卫生标准；具有良好的印刷适性；是复合包装材料的重要基材；废弃物易回收处理、再生，不易污染环境。

纸制品分包装纸与纸板两种。纸属于软性薄片材料，无法形成固定形状，一般可制作袋类，内包裹物或缓冲及填充材料，还可与其他材料复合制成复合材料。纸板则为刚性材料，可形成各种形状，制成各种包装盒、包装箱等强度较高的瓦楞纸板箱。

3.1.1 应用范围

作为纸包装材料广泛地用于各种包装上，如在销售包装中，纸制成袋，可装各种食品、文化用品、水果，各种较轻量的礼品等。

纸板制成的盒，可装各种糕点、食品、高档礼品、化妆品、表、笔、文具及各种日用百货（鞋、衣服、床上用品）。

纸制成各种特种纸，如鸡皮纸、羊皮纸、牛皮纸和具有特殊用途的防湿、防锈、防油纸、保光泽性纸等作为内包裹用纸。

纸与其他材料制成复合包装材料，用于各种高档食品的包装，具有优良的防潮、防光、阻隔性。

纸制成的瓦楞纸箱，可装各种货物，从食品、水果、蔬菜到各种日用百货、文化用品、各种工业器件及工业品、电子产品等。最新的产品纸板与其他材料复合制成的罐也能代替易拉罐和各种果汁包装容器。用纸制成多层纸袋，用于包装化工原料、化肥、水泥等。

3.1.2 纸的使用特性

根据用途不同可制造成不同等级的纸包装。纸没有防水和阻隔气体的能力，在潮湿条件下它几乎没有强度。某些经过特殊处理的纸有较高的抗潮湿强度和隔油（脂肪）的性能，但空气和湿气的潜入还是很多。尽管上蜡可增加抗潮湿强度和改进障碍性能，并且便于热封口，但目前障碍性能的改进主要由聚合体完成，隔油和抗潮湿强度通过在纸浆中加入化学物质来实现改进。纸特别是在纸中加入了聚合物的合成纸基材料具有很高的机械强度和良好的印刷性能。

包装用纸可分为食品包装用纸与工业品包装用纸两大类。食品包装用纸除了要满足一定的强度外，还要符合卫生标准的要求。而工业包装纸则要求强度大、柔性好以及具有一些特殊性能。

牛皮纸质量坚韧结实，其用途十分广泛，大多用于包装工业品，如用作五金交电及仪器、棉毛丝绸织品、绒线等包装，也可加工制作成档案袋、卷宗、纸袋、信封及砂纸的基材等。

鸡皮纸是一种单面光滑的平板薄型包装纸，供印刷商标、包装日用百货和食品之用。

玻璃纸完全透明，像玻璃一样光亮，主要适用于医药、食品、纺织品、精密仪器等商品的美化包装。

工业羊皮纸具有防油、防水、抗湿强度大的特性，适用于化工产品、仪器、机器零件等工业包装；食品用羊皮纸适用于食品、药品、消毒材料的内包装用纸，也可用于其他需要不透油和耐水的包装用纸。

普通食品包装纸主要用于不经涂蜡加工可以直接包装入口的食品用纸，

由于食品包装纸是直接包装入口的食品，因此在整个生产过程中绝对禁止采用社会上回收的废纸作为原料，并且纸内也不允许添加荧光增白剂等有害助剂。

中性包装纸是一种用100%的硫酸盐本浆制成的纸，突出的特点是强度高，主要应用于军用品和其他专用产品的包装，也可用于食品以及肥料等多种产品的包装。

纸袋纸通常用未漂白、半漂白或漂白硫酸盐化学纸浆加废纤维素制成，可用来生产多层纸袋，其中普通纸袋纸主要用来生产水泥纸袋，另外还可以用来制作杂货用纸袋或大纸袋、运输包装纸袋、裹包用纸以及涂胶和涂沥青用纸；微皱纹纸袋纸伸长性好、劲度大、耐撕裂，特别适用于制作混合型运输、出口运输及远距离运输货物的纸袋；防潮纸袋纸用未漂白的硫酸盐化学纸浆制造，为了保证纸袋的防潮性能掺入了少量其他物质，防潮纸袋纸用于制造包装散粒产品、无机肥料、热电厂的废料以及在高湿度运输条件下的其他货物的纸袋，应着重指出，防潮纸受周围介质及温度的影响也会失去防潮性能。

3.1.3 纸板的使用特性

有许多等级的纸板适用于不同的用途。同质的纸板是由单一的数层材料制成。随着回收再生的增加，可以在它的外层使用新纤维与食品接触，中间层使用回收再生纤维。折叠盒是使用多层材料制作的一个例子，在它的一面或两面覆膜，以获得良好的防潮性能。这种材料仅仅是以新纤维为基础的。当中间层有回收再生纤维时这种材料被称为硬纸板。通过改进生产方法，在食品中使用的再生材料纸板日益增加。然而正在讨论的立法反对使用回收再生纤维直接与食品接触。

硬纸板是通过许多层纸或纸板的胶合叠片结构制成的，中间层采用低等级的纸材料，唯一的目的是加大体积以增加刚度。这种材料的结构使它非常密和防潮，既可用于消费者包装也可用于运输包装。

瓦楞纸板由箱纸板、芯纸经胶黏剂黏合而成，是制造瓦楞纸箱的基材。最普通的瓦楞纸板由三层纸组成，中间层呈波浪形，形成非常轻的结构，常用于运输包装。根据包装对象的需要，可以选用不同层数和不同楞型的瓦楞纸板。根据楞高及单位长度内瓦楞个数分为大瓦楞A型、小瓦楞B型、中瓦楞C型、微瓦楞E型、超大瓦楞K型、超细瓦楞F型等规格。凹槽尺寸通过它们的高度和每单元长度的凹槽数来定义，各国的瓦楞参数略有不同，常用的瓦楞规格型号种类如表3-1所示。瓦楞纸板的刚度取决于瓦楞高度、瓦楞数量、瓦楞的完整性以及纸纤维的方向性。

表3-1 常用瓦楞规格型号种类

型号	瓦楞高度/mm				瓦楞数/300 mm				中间占据因素（理论值）
	中国	日本	美国	欧洲	中国	日本	美国	欧洲	
K	6.6~7		6.8	6.7~7			24	24	1.75
A	4.5~5	4.5~5	4.8	4.7	34±2	34±2	33±3	35	1.54
C	3.5~4	3.5~4	3.6	3.6	38±2	40±2	38±3	42	1.45
BC	3.3~3.4				44±2				1.40
B	2.5~3	2.5~3	2.4	2.5	50±2	50±2	46±3	50	1.33
D	1.9~2.1		1.8	1.8~2	64±2		68	68	1.31
E	1.1~2	1	1.2	1.2	96±2	34±2	90±4	95	1.26
F			0.8	0.9			110	105	1.22

注：1. 中间占据因素是指在瓦楞纸板结构中中间材料与面板的比值；
2. 表中瓦楞形状均为UV形。

大瓦楞A型楞高而宽，富有弹性，缓冲和防震性能好，垂直方向的抗压强度大，承载能力强，但平压性能欠佳。使用A型瓦楞制作的纸箱具有足够的刚性和极好的防震缓冲性能，能在较强的冲击载荷作用下保持箱内商品完好无损，适合于包装较轻且易碎的产品；B型瓦楞细密，刚性强，适印性好，平压强度高，但缓冲性稍差，垂直承载能力低，适合包装较重的物品，多用于罐头和瓶装物品等的包装；中瓦楞C型的楞高和单位长度上的瓦楞数介于A型瓦楞和B型瓦楞之间，综合了A型、B型瓦楞的优势，防震性能接近A型瓦楞，而平压性能接近B型瓦楞，原纸消耗比B型瓦楞少。近年来，随着保管、运输费用的上涨，体积小的C型瓦楞受到了人们的重视，现已成为欧美国家采用最多的楞型。E型瓦楞是最细的一种瓦楞，刚性较大，能承受较大的平面压力，适合于高质量胶版印刷；超大瓦楞K型国外用得较多。一般，A型、C型三层瓦楞纸板常用于周转纸箱或小型纸箱的制造；AB楞、BC楞（五层）双瓦楞纸板常用于中型包装箱的制造；BAB楞组合或其他楞型组合而成的（七层）多层瓦楞纸板常用于重型大包装箱制造；E型瓦楞纸板常用于需要精美装潢印刷的销售包装纸盒、箱的制造；单面瓦楞纸板常代替厚纸板或作衬垫使用。

近年来，微型瓦楞在国外兴起，如F型（楞高0.8 mm左右）、N型（楞高0.46 mm）、G型（楞高0.50 mm）、O型（楞高0.30 mm）等。以欧美市场为例，微型瓦楞的总产值约占瓦楞纸板的8%。在今后的5年将会继续增长，尤其是G型楞，在5年内将会取代10%的硬纸板市场。

3.1.4 纸包装材料的加工与制造

纸包装材料的制造是采用化学与机械的方法相配合而完成的。首先从芦苇、木材、麦草等植物中将纤维分离出来，制成纸浆，再由纸浆制成纸与纸板。在制成纸与纸板的过程中要经过如下的系列工序：打浆、加填、施胶、增白、净化、筛选等，然后再在造纸机上通过成型、脱水压榨、干燥、压光和卷取抄成纸卷。

纸产品的质量和性质与造纸原料的性质和制浆的工艺有密切的关系。用木材作纸浆的原料，由于木材纤维长，杂细胞少，灰分含量低（灰分中主要成分为二氧化硅），可用于制作质量较高的纸张；麦草作纸浆的原料，由于麦草的纤维短、细，灰分含量又高，杂细胞也多，所以制造的纸张较脆，强度较低，多用于制成普通文化纸和纸板。下面具体地介绍一下造纸过程。

（1）制浆

制浆是造纸过程中的第一道工序，是将纤维从原料中分离的过程，它通常分三种方法。

①化学法制浆。此方法是首先经过蒸煮，使植物纤维原料与化学药品在高温下起化学作用，令纤维从原料上分离而制成化学浆，所用化学药品通常是硫酸盐或亚硫酸盐等，此法可用于各种造纸原料。

②机械法制浆。此方法主要用于木材原料，采用机械的磨木方式，将木材通过压力，紧压在快速旋转的磨石上进行摩擦，达到分离纤维而制成纸浆。这种制浆法生产成本低，纸浆收率高，制成的纸平滑、柔软，易吸墨，印刷适性好，不透明度高。缺点是纸强度低。

③化学机械制浆。此种制浆法是将化学方法与机械方法配合在一起，形成两段制浆法，第一段先将植物纤维原料进行一定的化学处理，来松散纤维间的结合力；第二段再使用机械研磨拆分，以此得到纤维细长而富于弹性的纸浆，成品纸具有良好的物理性能。纸浆制成后立即经过漂白洗涤和筛选，接着根据不同类纸浆的特性需要进行打浆处理，即采用适当的机械处理，赋予纸浆各种不同的特性，大大提高纸张成型时纤维间的结合和交织能力。

（2）填充

填充是为了改进纸张的质量，使其具有一定的挺度或平整度等而在纸浆中加入一定的填料；也有为了得到纸的特种性能而加一定的填料。如要使纸能导电，就要添加碳；如压敏显色纸，需添加显色微胶囊等。

（3）增白

增白是在造纸过程中在纸浆中加入一定量的白色染料，必要时还需添加增白剂以达到纸所要求的白度。

(4) 净化、筛选

净化、筛选即是将纸浆送到造纸机上去进行成型前的最后一道工序，目的是将纸浆中的杂质、渣子、不净之物去除，使纸浆净化达到标准，以保证将产出的纸张质量。

(5) 成型、脱水、干燥

下一步是将合格纸浆送到造纸机的网上，经过滤水、压榨脱水，最后干燥至纸张所要求的干度。

(6) 压光

纸制成后还要有一个表面的处理过程，将纸通过压光机压光，以求达到商品纸的平滑光度和使用要求。

纸板的生产过程是将多层的湿纸叠合在一起，来共同压榨脱水、干燥，使之相互黏合在一起成为纸板。

纸与纸板的区别是以纸张的定量（$g\cdot m^{-2}$）或厚度来区分的，普通纸的标准厚度在0.1 mm以下，定量在200 $g\cdot m^{-2}$以下。纸板的标准厚度在0.1 mm以上或定量在200 $g\cdot m^{-2}$以上。

当然，作为包装所用的纸与纸板品种是多种多样各不相同的，可以根据不同的内包装物而选择不同的材料，如玻璃纸、植物羊皮纸、铜版纸、油纸、蜡纸、瓦楞芯纸、瓦楞纸板、白纸板等。各类纸或纸板依据自身的性质来选取不同的造纸原料，配以不同的填料，制成具有不同特性和功能的纸与纸板。这里我们仅对包装中广泛应用的瓦楞纸板和玻璃纸、牛皮纸的制造作一简单的介绍。

瓦楞纸板：其特点是节省原料，生产成本低，具有优良的抗压强度和防震效果，防冲击性，防潮性。瓦楞纸板是由瓦楞纸芯和面层纸板相黏合而构成的，它的面层纸一般用箱板纸或钙塑瓦楞纸板。

箱纸板通常分一、二、三号和特号4种，一号箱板纸为强韧箱板纸，它是由70%左右的废纸化学草浆，30%的废麻化学浆或一定比例的褐色磨木浆混合制成的；二号箱板纸为普通箱板纸，它是由100%化学草浆，半化学木浆或褐色木浆组合而制成；三号箱板纸为轻载箱板纸，它是由100%化学半料草浆制成；特号箱板纸则为牛皮箱板纸，它采用了50%以上的牛皮纸木浆，里层纸浆用废麻化学浆与褐色磨木浆混合制成，面层纸浆由竹浆制成。

瓦楞芯纸的原纸通常采用半化学木浆、草浆和废纸浆混合制成，纸薄、均匀、质量轻，具有纤维组织的均匀性，纸张坚韧、抗张、耐压、耐折、耐戳等，一般为120~200 $g\cdot m^{-2}$，厚度为0.2~0.25 mm，然后通过机器将瓦楞原纸滚压成具有瓦楞形状的瓦楞芯纸。

瓦楞芯纸与箱板纸结合组成瓦楞纸板，面层纸板起到使瓦楞纸板具有一定强度的作用，瓦楞芯纸的作用是依靠它的瓦楞厚度，使瓦楞纸板具有一定的抗压、抗冲击强度。

玻璃纸：其特点是透明、光滑、抗静电、防尘、防油、防水、美观。它是由高度打浆的亚硫酸盐木浆制成。玻璃纸的定量为 30 $g \cdot m^{-2}$，40 $g \cdot m^{-2}$，50 $g \cdot m^{-2}$等。若对玻璃纸进行甘油塑化处理，可使它变得柔软，富于弹、韧性。但甘油易吸水，为了防止它因脆而裂或吸湿发黏，可对纸面涂一层由树脂、成膜剂、增塑剂等混合组成的涂料，这样可以增加它的保护功能，提高玻璃纸的品质。

牛皮纸：牛皮纸的特征是具有较高的强度、弹性、耐磨性，结实、柔韧、防潮、抗水，它是包装纸中最结实的一种纸张，多用于包装工业产品，如水泥、化肥、化工原料等。优点是其质量是其他纸产品所不能代替的。牛皮纸是用硫酸盐木浆抄制成的，其定量规格有多种：32 $g \cdot m^{-2}$，38 $g \cdot m^{-2}$，40 $g \cdot m^{-2}$，50 $g \cdot m^{-2}$，60 $g \cdot m^{-2}$，70 $g \cdot m^{-2}$，80 $g \cdot m^{-2}$，120 $g \cdot m^{-2}$。

纸和纸板在加工过程中产生的差别主要是由使用的树脂和黏合剂的数量与特征所决定的。基本的材料大多数仍然是从木制品得到的纤维素，占纤维素资源质量的50%。表3－2 给出了制造 1 t 纸、纸板和塑料等包装材料所需的能量。

表3－2　生产1 t纸板、纸和塑料需要的能量　MJ

材料	生产过程	电	石油	其他	能量值
纸	木头→纸	6 410	19 670	16 630	17 890
纸板	木头→纸板	9 350	25 630	16 630	17 890
LDPE	石油→PE	2 760	36 820		49 950
	PE→瓶子（50 000 个）	3 960			49 950
HDPE	石油→瓶子（50 000 个）	6 890	37 910		50 850
PP	石油 －PP	3 340	40 390		52 650
PET	PET 的生产		71 180		46 560
	瓶子生产（50 000 个）	18 660			46 560

3.1.5　纸包装的环境性能

纸包装具有无毒、无味、透气好等特点，既不污染内装物，又能保持内装物的呼吸作用，能达到较好的储存条件；同时纸包装易于回收再利用，在大自然环境中也易于自然分解，不污染环境；纸包装的生产原料也可以是再生的木材及植物茎秆，因而从总体上看，纸包装的绿色性能是好的，是一种环境友好的包装。但从产品生命周期全过程来评价纸包装的绿色性能也存在一些不足，仍需采取措施加以治理。

木材是造纸原料的主要来源。据估算，制造 1 kg 纸张约需消耗 20 棵高度为 8 m、直径 16 cm 的原木。每棵树长到这么大平均需要 20 ~ 40 a 时间。而由于人类的滥伐，热带雨林目前正以每秒一座足球场的面积急速消失。由此可见，造纸耗损森林资源的程度已很严重。

含纤维素的其他原材料有棉花、稻草、亚麻、茅草、竹子、甘蔗渣和废纸，虽然有些用于生产印刷和书写用纸，但主要是用来生产低等级的包装用纸和纸板。

木浆以硬木或针叶树软质木材作原料，通过化学方法、机械方法和混合方法处理而成。木浆可用不同的方法生产，经漂白或不漂白使用。在造纸过程中，特别是在制浆工艺中，会对环境造成破坏。另外，还有其他化学物质也会污染环境（碱，硫化物等）。从纸厂排出的废水，可分为黑液、漂白水废水和白水。黑液是造纸浆时产生的废水，含有纤维、木质素、有机物、无机盐和色素，呈黑色；漂白水废水是指漂白过程产生的废水，含有酸性和碱性物质；白水是指造纸机、压榨机等所排出的废水，其中含有大量纤维和生皮过程中添加的填料。这些造纸废水对环境的影响主要取决于所使用的原材料。用木材作纸浆原料，由于木材纤维长，杂细胞少，二氧化硅含量低，因此可制出较高质量的纸；用稻草作原料，由于纤维短细、二氧化硅含量高，杂细胞多，所以制出的纸张较脆，强度较低，多用于制成普通纸和草纸；麦草浆制的纸，由于纤维细，杂细胞少，所以纸产品的性能介于以上两者之间。上述三种原料制浆过程中产生的污染环境的废液，属稻草和麦草浆更为严重，木材浆所产生的污染相对来说较轻。如表 3 – 3 所示，污水成分与允许含量相比，相差较大，所以排放废水前必须对其进行处理，以满足排放要求。表 3 – 4 是生产 1 t 牛皮纸（硫酸盐工艺）的主要工艺数据摘要。如上所述，废水污染物根据木材化学处理的情况而发生变化。再生纸在去除油墨时通常使用清洁剂，在浮选工艺中，这些清洁剂与油墨发生反应，生成可去掉油墨的泡沫，这些油墨浓缩物是有毒的，也必须进行处理。造纸中的大气污染主要由能源燃烧造成。

表 3-3 造纸厂污水处理前特性 mg·L⁻¹

成分	处理前浓度	最大允许排放浓度
悬浮成分	100~900	70
生物氧需求（BOD）	50~400	40
化学耗氧量（COD）	150~1 300	360

表 3-4 生产 1 t 牛皮纸（硫酸盐工艺）的主要工艺数据

原材料	质 量	大气排放物	排放量/kg
木材片料	1 120 kg	二氧化硫	18.13
辅助材料		硫化物	13.1
		硫酸	3
硫酸钠	73.2 kg	固体颗粒	80
氯化钙	11.3 kg		
黏结剂	10 kg	水污染/kg	
水	±100 t		
蒸气	10.3 t	氯化钙	7
		碳酸钠	59
能源		氢氧化钠	3
燃料	54 kg	硫化钠	1.15
电力	354 kW	固体颗粒	38.4

纸制品是一种源于自然又能回归自然的包装材料，但是传统造纸工艺过程污染程度较大。基于世界环境保护呼声及各国环保法律的完善，许多国家都在积极地研究开发造纸的新工艺，目前已采用的有以重氮及过氧化物代替漂白所用的次氯酸等有害化学品，以先进的物理手段及新型化学品代替制浆中的强碱，减少对环境及水源的污染。由于各国政府主管部门高度重视和强制标准的出台，工业造纸产生的环境污染在过去的 30 年、50 年里已大量减少。例如，瑞典由造纸产生的污染排放，1970~1980 年几乎减少了 3/4。1980 年后减少得更多。我国造纸工业一直以麦草类纤维为制浆的主要原料，80% 的造纸厂以秸秆为原料造纸，50% 以上是草类纤维，木纤维只占 15%。而世界纸业以木纤维为主，占原料的 95%。另外，我国的造纸厂规模均很小，因而对生态环境的污染更为严重，麦草类制浆的黑液污染尤为严重，然而由于生产规模小无力支持建立回收治理系统，为此，造纸工业要重点调整原料结构，逐步实现以木纤维为主的造纸工业，并扩大废纸的回收利用，合理使用木纤维。

3.2 玻璃

玻璃包装材料在包装工业中也相当重要，目前，包装用玻璃的总产值每年89亿元，同比增长4.2%。从传统的包装发展到今天的现代包装，玻璃包装材料一直以它特殊的性能和特征用于液体包装。它干净、直观，造型优美各异，保质、保味，无任何微小的污染，其包装的优良品质是任何材料所不能代替的。这也正是它经久不衰的重要原因。

玻璃制品相对比较经济，适应多种商品包装。玻璃具有如下特点：透明度好，适宜各异造型，易于印刷、美化。可精制为档次很高的容器，增加附加值；资源丰富、工艺成熟，设备耗资小，所以价格较适当、稳定；对内装物的保存性甚好，阻隔性好，不怕外界湿潮、气味的侵蚀；可阻止紫外线、阳光的照射，化学稳定性好；不怕腐蚀，可有效保护内装物多年不变质，不变味，不变色；玻璃包装材料易于回收处理、重复使用或再造，不污染环境。

3.2.1 应用范围

玻璃多用于液体的包装，作为销售包装。通常用于饮料、酒、油、醋、调料、罐头、药品、化学试剂、化妆品、墨水、墨汁等的包装。因为玻璃不易被腐蚀，化学稳定性高，所以是以上商品最好的包装材料。

在运输包装中，主要做成既厚又结实的大容量的容器，用于盛装化工产品中具有危险性和腐蚀性的强酸、强碱及有毒的化学试剂等。

3.2.2 玻璃包装材料的使用特征

玻璃包装主要用于饮料（包括酒精饮料和碳酸饮料）、食品、药品和化学品的包装。一方面，在纯净的玻璃容器中，被包装物清晰可见，从而起到展示商品的作用，是吸引顾客的一个因素；另一方面，任何对光敏感的成分（如维生素等）会很快分解和损失。玻璃具有化学惰性、无味，对液体和气体不渗透等特点，不会与环境起反应。同时玻璃包装易于造型，颜色也可各异，起到装饰或避光作用，并具有良好的印刷性能。有些玻璃还可以重复使用，如啤酒瓶、汽水瓶等。随着重复使用次数的增加，包装的费用大大降低。缺点是易碎，质量大，抗环境温度变化能力差。表面层有压力缩紧的趋势。

3.2.3 玻璃包装材料的加工与制造

玻璃材料的制造主要是以二氧化硅（SiO_2）与金属氧化物为主要原料，经反应生成硅酸盐，为玻璃的主要成分，再配以各种助剂经一定的工艺过程熔制而制成。

玻璃有多个品种，由于其化学组成不同，形成的玻璃性质也不同，玻璃原料中除了二氧化硅（SiO_2）外，金属氧化物可以是氧化钠（Na_2O）、氧化钾（K_2O）、氧化镁（MgO）、氧化钙（CaO）、氧化钡（BaO）、氧化锌（ZnO）、氧化铅（PbO）、氧化硼（BO_3）、氧化铝（Al_2O_3）等，所用的助剂通常是乳浊剂、加速剂、澄清剂、着色剂、脱色剂等。在玻璃包装中的主要成分是硅石（沙）。典型玻璃瓶的主要成分如表 3－5 所示。

表 3－5　典型玻璃瓶的成分　%

矿　石	质量百分比	矿　石	质量百分比
二氧化硅	70	氧化铝	1.5～2
氧化硅	10～12	氧化铁	微量
氧化镁	0.5～3	三氧化硫	微量
氧化钠	12～15		

不同种类的玻璃，关键是其中二氧化硅与一价金属氧化物和二价金属氧化物、三价金属氧化物各种的混合比例不同，所以熔制后形成的结构不同，性质也不同。如在常用的普通玻璃中，二氧化硅的含量在 75% 左右，一价金属氧化物的含量在 15% 左右，二价金属氧化物的含量在 11.5% 左右。

玻璃的制造过程通常先将各种原料干燥、磨细，再经仔细筛选后依确定的比例混合成均匀的配料，接着在高温条件下经过一段时间的熔制成为黏滞、均匀的硅酸盐熔体——玻璃液，然后再经过冷却，使其黏度增加。在下一步的成型加工中，黏稠的硅酸盐熔体随着温度不断的降低而不断增稠，直至最后形成了脆性的玻璃成品。其后进行成品的后处理，如退火、淬火、整形、装饰等一系列工艺程序，完成玻璃制品的制造全过程。

玻璃的成型方式有多种，常用的是压制与吹制。压制是将定量的玻璃液放入玻璃压制机的模具内，随后用冲头进行冲压，玻璃液随冲压而成型。此法多用于工业，其特点是制品形状精确，生产效率高，但产品表面不够光滑，四壁较厚。吹制有两种，即人工吹制与机器吹制。人工吹制是用铁吹管蘸少量玻璃液先吹起一个小泡，然后立即将小泡浸入玻璃液中蘸足所需的玻璃液，放入制品模子中，在连续旋转下吹制；机器吹制是将定量的玻璃液放入吹制机模具内，用压缩空气进行吹制。

吹制法应用广泛，但两种吹制相互比较，机器吹制生产量大，效率高，多用于一定形状、且形状简单的制品，为批量生产；而人工吹制比较灵活，但效率低，多用于产品数量小，或个别特殊形状的器皿。

在玻璃的制造过程中，为了保证玻璃的质量及物理性能，焙制过程中的配方和后处理中工艺条件是十分重要的。玻璃制品具有几个性能检测指标，都与上述两个工艺程序有关。

①热稳定性。即玻璃具有在急剧的温度变化下完好无缺、不破裂的性能。玻璃的热稳定性依赖于它的化学组成，如玻璃中一价金属氧化物含量高了，它的热稳定性就差，但一价金属氧化物含量低，而二氧化硅含量相对高，它的热稳定性就好。当然热稳定性还与其他一些因素有关，如产品中有无缺陷，材质中有无杂质等。

②化学稳定性。即玻璃耐酸、碱、水等化学物质侵蚀的性能，该性能与材料中碱性氧化物和二氧化硅的含量有关。应用实践证明，碱性氧化物的含量高会使玻璃的化学稳定性差，而二氧化碳的含量高会使玻璃的化学稳定性好。在后处理中淬火程序可以提高玻璃的化学稳定性。

③拉伸强度（R）。玻璃单位面积所承受的极限拉力，用下式描述：

$$R = \frac{F}{S}$$

式中：F——在玻璃上所施加的最大拉力，N。

S——玻璃试样的面积，cm^2。

拉伸强度也与成分的含量相关，若材料中氧化硼与氧化钙的成分提高，拉伸强度也大大提高。普通玻璃的拉伸强度为 4 ~ 8 MPa，如在后处理中进行了淬火处理，拉伸强度可提高 5 ~ 6 倍。注意在整个加工中都不能使产品出现划痕与小裂痕，否则会大大降低其拉伸强度。

普通玻璃的抗压强度为 60 ~ 160 MPa。

④脆性。即在外力超过自身强度极限时被破坏的性质，实际上是耐冲击强度的问题。后处理中淬火可以有效地提高耐冲击强度 5 ~ 7 倍。退火时要充分、均匀，否则导致内部应力不均，会使脆性上升。玻璃的形状、厚度也会影响其耐冲击强度，厚者强度增大。

3.2.4 玻璃包装材料的环境性能

玻璃包装是一种可回收包装，废弃后属于惰性废弃物，对环境不会造成太大危害，但在生产过程中也存在对环境污染的因素。

在玻璃容器的整个生命周期中，对环境污染最严重的是在玻璃生产过程中，玻璃的原材料在高温条件下反应生成玻璃的主体——硅酸盐，同时产生副产品——CO_2，HF，SO_2 等气体对环境造成污染；另外，生产过程中加入的辅助材料在高温下也同样会产生一些有害气体；玻璃包装生产过程中的第三个污染因素是熔窑烧煤加热燃烧时产生的 CO_2 和 SO_2，随烟尘排除时对空气产生污染；生产过程最后的污染来自于窑炉（熔化池）加热时产生的烟尘。

玻璃容器在流通环节产生损失，以及使用后未回收的废弃物，均会对环境产生污染。

3.2.5 在玻璃包装生产中的能源消耗

20 世纪 30 年代以来，玻璃容器生产的自动化和对玻璃化合物的良好控制已经不亚于老式的厚包装，薄包装的生产成为现实。原材料与玻璃生产所需的能量如表 3-6 所示。

表 3-6 生产 1 t 玻璃和金属包装需要的能量 ×10^6 J

材料	加工过程产品	电能	汽油	其他	能量值	总量
玻璃	生料	0.080	2.276	0.942		3.298
	玻璃	1.224	6.195	4.977		12.396
	总体	1.304	8.471	5.919		15.694
锡罐 170 ml 3TP	铁产品	369	2.433	13.210		16.012
	锡板	1.365	4.507	2.895		8.767
	包装制造	2.104	5.495	11.700	2.015	19.299
	盖、底	6.165	7.761	5.010	3.469	18.936
	锡罐（总）	10.003	20.196	32.815	5.484	63.104
锡罐 450 ml 3TFS	铁产品	1.516	5.953	14.921		22.390
	传输	6	179			185
	包装制造	1.806	4.119	10.018	1.927	15.943
	盖、底	7.203	6.511	4.054	2.962	17.808
	锡罐（总）	10.531	16.802	28.993	4.889	56.326
铝罐 450 ml	铝生产	53.316	42.668	13.370	21.567	109.354
	铝板生产	3.601	9.534	9.905		23.040
	包装制造	5.892	9.334	24.537	2.230	39.763
	封装（易开）	16.816	15.293	9.464	6.913	41.573
	铝罐（总）	79.625	76.829	57.276	30.710	213.730

生产有色透明玻璃的能耗大致相同，细微的差别不是来源于玻璃本身，而是来源于对玻璃上色时的原材料生产。由于包装材料的回收再生利用，一般的玻璃生产中混有20% ~25%的碎玻璃原材料。在玻璃制造期间，碎玻璃的成分增加可导致低能耗；碎玻璃的成分达到40%时将能够带来25%的能量节约。

3.3 金属

金属包装广泛应用于食品罐头、饮料和运输包装等。金属包装材料具有极其优良的综合性能，且资源丰富，特别是在复合材料领域找到了用武之地，如以铝箔为基材的复合材料和镀金属复合薄膜的成功应用就是最好的证明。金属在包装材料中用量相对不大，每年包装用金属的总产值为231亿元，同比增长7.8%。其种类主要有钢材、铝材，成型材料是薄板和金属箔。薄板属刚性材料，一般是直接制桶、制罐；金属箔为柔性材料，一般采取真空蒸镀的方法在其他材料上镀上一层金属膜，以提高包装的保护功能。

金属材料具有以下特性：材料延展性好，加工方便容易，成型效果好，表面易于镀层（如铬、锌等），可赋予抗腐能力；金属强度高，对光、气、水的阻隔性好，可长期有效地保护内装物；金属表面光滑光亮，易于印刷，使其具有良好装潢性能，提高其美感和档次；可以使包装极大的轻量化，节省材料，提高经济效益；易回收、再生利用或重复使用，无污染。金属包装多用于运输包装的大容器，罐、桶、集装箱。在销售中主要是饮料中的易拉罐，食品中的罐头筒。

3.3.1 应用范围

由于材料自身强度高、阻隔性好、表面易镀层、防腐蚀性好的优良性质，在销售包装中可用于食品、饮料、油剂和一些化妆品中喷雾剂的包装。

在运输包装中主要用于食品中的半成品粉粒、乳制品、油脂类及化工原料中的固体状物质。

3.3.2 金属包装材料的加工与制造

纯金属是一种单质元素，而合金则是由两种或两种以上的金属元素熔合而成。

3.3.2.1 钢材的制造与加工

自然界中的铁矿石经高炉冶炼以后变成生铁，生铁本身就已成为铁元素和碳元素的粗质合金。若将生铁经过二次冶炼，使生铁中的碳含量、其他各组分元素的含量均达到标准钢所需要的含量时，即成为钢。出炉的钢水经浇铸形成钢坯、钢锭，再经确定的工艺锻压成型即成了可以出售的钢材。钢材中钢板的规格有多种，钢板厚度在25 mm以上的为厚钢板，厚度在4～25 mm的为中钢板，厚度在4 mm以下的为薄钢板。在包装中所用的金属钢板即薄钢板。

金属包装材料制造，制成钢板这一步还不能直接用于包装，还需继续加工，因为钢板还缺乏更强的耐腐蚀性，所以通常还要在钢板的表面施以镀层，如镀锡薄板就是包装中所用材料的代表产品，俗称马口铁。

钢板镀锡的工艺有两种方法，即电镀镀锡和热浸镀锡。电镀镀锡钢板，工艺很简单，首先将薄钢板用酸处理清洗一下，然后放入电解池中进行镀锡；热浸镀锡钢板，工艺不够先进，首先将薄钢板进行酸洗、溶剂洗等前期处理，然后将钢板放入热熔融状态的锡池中进行镀锡。

钢板在镀锡后耐腐蚀性增加了延展性，加工性也进一步得到改善。其根本原因是在整个镀锡的过程中，高温处理的因素导致钢板与锡的直接界面上的铁与锡发生了反应，形成了较薄的锡铁合金层，即形成中间层，而内层为钢层，外层为锡层。中间层的锡铁合金层密度很高，抗腐性能很好。另外在锡层的表面还有一较薄的氧化膜，这层氧化膜是在镀锡的过程中产生的，是由锡自身被氧化而形成化合物，也具有较好的耐腐蚀性。

综上所述，镀锡钢板最大的特点是防腐，易加工，所以用于各种食物、饮料、药品的包装是十分适宜的。事实上，在包装中并不是以镀锡钢板制成的容器直接去接触食品，而是要在所制成容器的内侧，即与食物接触的那一面涂上涂层，经烘干后再填装食品及其他内装物。涂层致密、均匀，与镀锡薄板的表面有良好的附着性，在加工过程中不易脱落及损坏。此涂层的原料多为环氧树脂、酚醛树脂及酞醛树脂等，对食物不会造成污染，对人体无害，而且具有良好的抗腐能力，能有效地防止食品中油剂、介质的变质，从而保证食品的质量。

3.3.2.2 铝材的制造与加工

铝金属的密度很小，大约为钢的1/3。铝的冶炼过程与上述钢的冶炼过程是基本相同的，这里不再重复，铝具有很好的延展性和韧性，若将铝与一定比例的其他金属共同冶炼，铝将变成性能强于纯铝的铝合金。铝合金和铝都无毒、无磁性、耐腐蚀，且质轻易加工、易成型、相对强度高，所以具有用于包装优势。尤其是经过表面处理后的铝光滑而且具有金属光泽，造型精美到位，印刷适性也很好，用来包装产品可带来更大的附加值。

关于包装所用铝的型号、化学组成及其机械物理性能分别列于表3－7和表3－8中。原材料与金属生产所需的能量如表3－8所示。数据表明，生产包装所需的能量主要依赖于材料。在软饮料中，所有类型的金属包装都使用环氧树脂类的涂料，这种有机材料增加了包装的能量，但表3－8中内容未包含在总能耗中。

表3－7 包装用铝的型号及化学组成 %

型号	Si	Fe	Sn	Mn	Mg	Ti	Cr	Zn	Al
1060	0.25	0.35	0.05						余量
2024	0.50	0.50	3.8～4.9	0.3～0.9	1.2～1.8	0.15	0.10	0.25	余量
5052	0.25	0.40	0.10	0.10	2.2～2.8	0.05	0.15～0.35	0.10	余量
5083	0.40	0.40	0.10	0.4～1.0	4.0～4.9	0.15	0.05～0.25	0.25	余量
6063	0.35～1	0.60	1.0	0.80	0.8～1.5	0.10	0.10	0.10	余量
6066	0.9～1.8	0.50	0.7～1.2	0.6～1.1	0.8～0.4	0.20	0.40	0.25	余量
7075	0.4	0.50	1.2～2.0	0.30	2.1～2.9	0.20	0.18～0.28	5.0～6.1	余量
7178	0.40	1.50	1.6～2.4	0.30	2.4～3.1	0.20	0.18～0.35	6.3～7.3	余量

表3－8 包装用铝的机械物理性能

型号	布氏硬度/%	拉强度/MPa	屈服强度/MPa	伸长率/%	包装应用
1060	35	130	120	6	牙膏皮铝箔
2024	137	483	455	8	集装箱用型材
5052	77	290	255	7	铝罐啤酒筒
5083	100	317	227	16	铝罐啤酒筒
6063	95	290	269	12	食品罐
6066	120	393	358	12	食品罐
7075	145	524	462	11	集装箱铝板
7178	145	558	489	10	集装箱铝板

铝箔是现代包装中最常用的材料，它质轻柔软，延展性好，易于加工，且外观呈银白色、光亮美观。是由纯质铝经压轧而成0.02 mm左右的铝片。铝箔应用方式很多，可独自包装，也可与纸、塑等材料复合在一起构成现代的复合包装材料。复合材料的特点是无毒、质轻，具有对光、气、水的高阻隔性和防腐性，在很宽的温度范围内，遇温度急速变化，材料不发生任何变形。所以它可用于各种食品、药品、调味品等特殊商品的包装，使其即保质又保味，且能较长期储存。可适应包装的运输、流通、销售各个环节。

3.3.3 金属包装的环境性能

金属包装从生命周期全过程，即采矿、冶炼、轧制成型到制作包装、使用废弃整个过程来看，对资源及能源的消耗均很大，对环境尤其是大气造成了污染。

用金属材料制作包装，对环境造成污染最主要有两处，一是金属材料开采冶炼过程；二是包装制品的生产过程。

在金属冶炼过程中，高炉气中含有许多可燃成分（即氢气、甲烷和有毒气体一氧化碳），如表3-9所示。它们不仅有毒，而且热含量高（38~43 kJ·m^{-3}），因此，高炉气体不能直接排入大气中，可将它们用作供热厂的燃料燃烧（热量再利用）。

表3-9 在炼铁工序中生成的高炉气体的典型成分（每千克铁矿中含近6 m^3 气体）

名称	非燃烧成分/%	名称	可燃烧成分/%
二氧化碳气体	10~16	甲烷	0~3
氮气	52~60	一氧化碳	23~30
氢气	0.5~4		

金属铝、铅和锡的生产过程与铁不同，不能利用高炉工艺从其氧化物中获取。铝矿石用能塔解氧化铝但不能溶解其他杂质（氧化铁）的浓苏打水处理。处理后这些杂质可通过过滤除去，其主要成分是氧化铁，它会形成红色的泥巴，很难有其他用途，这些红色的泥巴对土地造成了严重的污染。

在包装制作的生产过程中，包括选择材料及结构设计、生产工艺、涂装生产、使用储运的每一个环节，只要处理不当，均会对人体造成伤害和污染，其中尤以桶身磨边工艺的噪声和来自砂轮与钢板摩擦产生的烟尘对人体和环境的污染最为严重。

金属包装易回收、再生利用或重复使用。在金属包装的再生利用中，容器中金属或多或少都有残留的熔渣，熔渣便造成了环境污染。一般大型炼钢厂设备先进，有一套较科学的处理方法，造成污染的可能性不大，但对小型废钢熔化厂来说，“三废”治理仍是一个有待解决的问题。

3.4 塑料

塑料是以高分子合成树脂为主要成分，并添加一些助剂、添加剂，在一定条件下塑制成型且在常温下保持形状不变的一种高分子材料。塑料由于强度高、韧性好、相对密度小、耐化学性优良以及易加工成型等特点，在包装行业得到了广泛应用，在包装用量中塑料包装仅次于纸包装，塑料包装占包装工业总量的30%左右。

塑料包装是现代商品包装的重要标志。塑料包装从出现到大量广泛地应用，发展很快，可以说在包装历史上具有里程碑意义。它的出现大大地改变和调整了整个包装材料的结构和布局，令整个商品包装呈现出了一个崭新的面貌，使包装水平上了一个台阶。

作为包装材料，塑料具有的优点为：质量轻、价较廉；物理性能优越，强度高，韧性、耐磨性、防潮性好，阻隔性强；化学稳定性好，耐各种溶剂，耐各种酸、碱，耐油脂，无毒，防锈蚀；加工形式多样化，方便，简单，如吹塑、注塑、挤出、浇铸、真空成型、热成型等；产品可有薄膜、板材、管材、中空容器、纤维、无纺布等；易配合于各种新的加工技术，如易于表面处理与涂布，易于与其他各种材料复合，易于进行压延与拉伸以改变其性能的特点；材料透明、光泽、造型各异，易于印刷、整饰，提高美感，适宜商业竞争；原材料来源丰富，整个生产过程节能。总之，塑料原材料来源丰富，价格低廉，合成工艺也较成熟，所以塑料的产品种类很多，价格也较便宜，更重要的是它兼具多种优良的性能，可用于各种商品包装。目前随着高分子合成科学的发展以及加工技术的提高，通过共聚、共混或者改性，赋予了材料更多的特色或特殊功能。新材料层出不穷，品种丰富多彩，大大地促进和丰富着包装行业。在中国，塑料包装材料的使用占整个塑料产量的26%左右。其中主要的品种有聚乙烯、聚丙烯、聚苯乙烯、聚酯、尼龙、乙烯—醋酸乙烯共聚物等。它们均为热塑性高分子材料。塑料成品形式有薄膜、纤维及刚性成型材料。其中薄膜可制成各种塑料包装袋，纤维可以编织成手提袋或较大型的编织袋，刚性成型材料可以制成各种塑料桶、塑料瓶、塑料包装盒、周转箱、钙塑箱等。

3.4.1 应用范围

塑料包装由于品种多，成型种类多，兼具多种优良性能，所以在包装界应用广泛，不论是食品（固体的、液体的）、工业品、杂货品、化工品、文化用品都可用，而且耐常温、耐低温、耐高温、耐拉伸、耐压、防震的各种性能的材料都可制作。

下面我们将一些常用的塑料包装材料的应用范围作一个简单介绍。

在塑料包装中最重要的一个问题是要将食品包装与非食品包装的材料严格地区分开。因为作为食物的包装决不能有来自于材料自身的任何污染，要达到真正的保质、保鲜、保味。

作为能够包装食品的塑料材料，通常有聚乙烯（PE），聚丙烯（PP），聚酯（PET），聚苯乙烯（PS），乙烯—醋酸乙烯共聚物（EVA）等。其原则是材料中没有易迁移的有毒有害元素，如氯（Cl）、氟（F）、溴（Br）等。

聚丙烯：由于结构而导致材料的柔软、透明，所以易制成薄膜。经拉伸后强度提高，非常适宜包装食品，或与其他材料复合形成复合材料进行包装，多用于食品、医药。聚丙烯除了制成薄膜还可制成各种盒、杯、盘、瓶等容器，用于盛装、包装食品及各种商品，它还可以制成打包带、编织袋等。

聚乙烯：分高密度聚乙烯（HDPE）和低密度聚乙烯（LDPE）。低密度聚乙烯可以制成薄膜或与其他材料复合用于食品包装及各种商品包装，而高密度聚乙烯可以制成各种形状的容器，如盒、盘、瓶、杯、筒类或制成重包装袋。聚乙烯塑料还可以制成软管如牙膏皮，化妆品盒等。

聚苯乙烯：由于结构因素，它是硬质塑料，很脆，可以制成各种形状容器，用于食品包装、盛装。也可以经化学改性来提高抗冲击性能，或经拉伸来提高它的力学性能。再者它可制成泡沫缓冲材料。

聚酯：大量地用于液体的包装上，它往往是经过注、拉、吹、塑的方法制成瓶，用于液体食品、药品，如饮料中的可口可乐、雪碧、矿泉水等包装。聚酯也可制成薄膜与其他塑料薄膜复合，用于食品的蒸煮袋和冷冻食品的包装袋。

乙烯—醋酸乙烯：是一种较新的材料，多用于与其他材料共挤出制成复合薄膜材料，或与其他材料共同进行密封。多用于食品的包装。

表 3－10 列举了一些包装常用热塑性塑料的物理参数。表 3－11 列举了一些包装常用塑料薄膜的一些物理参数。

表 3-10 包装常用热塑性塑料的物理参数

项目	PP	LDPE	HDPE	PET	PS
硬度	洛氏 R95	肖氏 D48	肖氏 D69	洛氏 R130	洛氏 M70
相对密度	0.90	0.918	0.96	1.4	1.04
伸长率/%	600	550	1 000	350	2
拉伸强度/MPa	35	12	34	45	45
（缺口实验）冲击强度/（$kJ \cdot m^{-2}$）	300		1 000	500	200
脆化温度/℃		-70	-80		
软化温度/℃	TM167	84	128		79
耐油性	一般	不好	不好	良好	不好
吸水率	<0.03	<0.01	<0.01	0.02	0.03

表 3-11 包装常用塑料薄膜的物理参数

项目		PP	LDPE	HDPE	DET	PS（双向拉伸）
透明性		较好	稍差	差	优良	
耐热性		<115 ℃	<90 ℃	<110 ℃	<115 ℃	
拉伸强度/MPa		0.2～0.4	0.09～0.3	0.15～0.4	1.2 以上	0.03～0.88
抗化学性		优秀	耐酸碱溶胀于油	优秀	优秀	
热封温度/℃		163～204	121～154	135～154	135～204	121～163
水蒸气渗透率 /0.025 mm,24 h/(cm^3/m^2)		8～10	8～18	5～10	50	
气体渗透率/0.025mm, 24h(cm^3/m^2)	O_2	1 300～6 400	2 600～13 000	1 300～6 400	52～180	2 800～7 000
	CO_2	7 700～21 000	7 700～77 000	7 700～21 000	180～390	10 000～26 000
低温下性能		差	可在 -18 ℃以上用	-51 ℃以上性能优	-62 ℃以上优	-18 ℃以上优

3.4.2 塑料包装材料的制造与加工

3.4.2.1 塑料的类别

塑料是以高分子合成树脂为主要成分，在一定条件下可塑制成型且在常温下保持形状不变的材料。

塑料的种类很多，从根本结构和受热后的性能来作区分，通常分为两大类。一类为热塑性塑料，一类为热固性塑料。

热塑性塑料：分子结构为线型，或者支链型，当它被加热到某一温度后会软化或熔化，这时可以将其塑化造型，冷却后定型。热塑性塑料能反复加热、反复塑化。所以说此种塑料可塑性好，易加工，可循环使用。此类塑料有 PE（聚乙烯）、PP（聚丙烯）、PS（聚苯乙烯）、PMMA（聚甲基丙烯酸甲酯）、PVC（聚氯乙烯）、PET（聚酯类）等。

热固性塑料：顾名思义，即塑料在加热熔化后一次定型，其后无论怎样加热，将不会再熔化，即没有再塑性，是一次成型材料。热固性塑料在成型加工前还不是网状（体型）结构，只是一般线型（或支链）分子，但在加热成型时就交联起来形成了三维网状结构。此种塑料耐热性好，不易变形。如环氧树脂、酚醛树脂均属此类。热固性塑料最大的缺点是无法回收处理，只能一次性使用。因此包装中一般不使用热固性塑料，仅采用热塑性塑料。

下面介绍几种常用的塑料包装材料。

①聚乙烯（Polyethylene，PE）是日常使用高分子材料之一，大量用于制造料聚乙烯抗多种有机溶剂，抗多种酸碱腐蚀，但是不抗氧化性酸，例如硝酸。在氧化性环境中聚乙烯会被氧化。

聚乙烯又分为高密度聚乙烯（High Density Polyethylene，HDPE，密度为 0.941 ~ 0.965 g · cm^{-3}，软化温度是 120 ℃）；中密度聚乙烯（Medium Density Polyethylene，MDPE，密度为 0.926 ~ 0.940 g · cm^{-3}）；低密度聚乙烯（Low Density Polyethylene，LDPE，密度为 0.910 ~ 0.925 g · cm^{-3}，软化温度是105 ℃）；线性低密度聚乙烯（Linear Low Derlsity Polyethylene，LL-DPE，密度为 0.917 ~ 0.935 g · cm^{-3}）等多种产品。

聚乙烯具有如下特点：好的防水性能；好的热稳定性；大的柔性；差的障碍气体和香料的性能；中等耐油的性能。

具有成本低、易成型、性能优良等特点，因此广泛应用于塑料瓶的制作。HDPE 的表面呈半透明状态，因此不适用于对透明度要求高的领域。HDPE 一般用于奶瓶、洗涤剂瓶以及盛装各种家用化学品、保健品、化妆品的瓶子。HDPE 在包装方面还应用于 55 美加仑（1 美加仑 = 3.785 41 dm^3）圆桶、输送台、工业容器、盖罩以及包装袋。HDPE 最大的缺点是环境应力裂性，即用 HDPE 制成的塑料容器无法同时承受压力和与产品接触的两方面的作用而易开裂。

LDPE 是最为广泛使用的包装聚合物。LDPE 具有柔软的性能，因此不适宜制瓶。但由于它的成本低，可用于生产薄膜和包装袋。

聚乙烯产品通常掺入各种添加剂以抗氧化等环境因素破坏。聚乙烯还可以和一些人造橡胶革品混合在一起以增加抗冲击能力。

塑料袋和购物包是普通的聚乙烯产品，纸和纸板常用聚乙烯进行覆膜，以防止湿气和水进入，并有助于封口。

②聚丙烯（Polypropylene，PP）是一种半结晶的热塑性塑料，比聚乙烯具有更高的熔点，大约是在150 ℃，并且直到140 ℃还可以使用。这种特性使它广泛用于一些医学器具上。与聚乙烯相比，聚丙烯更易氧化，防水蒸气的渗透性更差。在低温下，聚丙烯呈脆性，这个性能可以通过与乙烷共聚来改善。

聚丙烯具有较高的耐冲击性，机械性质强韧，抗多种有机溶剂和酸碱腐蚀，在工业界有广泛的应用。

聚丙烯的结构和聚乙烯接近，因此很多性能也和聚乙烯类似。但是由于其存在一个甲基侧枝，因此聚丙烯更易氧化。

聚丙烯常常通过浇铸来制造，故也称为铸塑薄膜。

在包装上聚丙烯广泛用于塑料盖、罩中，薄膜已成为PP的一个主要市场。

③聚苯乙烯（Polystyrene，PS）是一种无色透明的塑料材料，易脆，其软化点在100 ℃以下。对大多数有机溶剂敏感，但对大多数无机化合物如盐酸和碱金属不敏感。

由于聚苯乙烯具有高于100 ℃的玻璃转化温度，因此经常被用来制作各种需要承受开水温度的一次性容器，如一次性泡沫饭盒、盘和杯子等。

如果将聚苯乙烯与丙烯腈共聚并与丁二烯橡胶混合，那么这种塑料会有更好的成型性能，被称之为ABS塑料。

④聚氯乙烯（Polyvinyl chloride，PVC）是一种使用单个氯原子取代聚乙烯中的一个氢原子的高分子材料。

有两种主要的聚氯乙烯：刚性的和柔性的。刚性PVC具有好的阻碍性能，透明似晶体结构。当转化成材料时，需要加入稳定剂、滑润剂和一定的可塑剂。它容易加热成型，容易上色，它的熔点大约是70 ℃。软的PVC有相当好的阻碍性能，它的性能取决于可塑剂的多少。

聚氯乙烯的最大特点是阻燃，因此被广泛用于需要防火的应用场合。但是聚氯乙烯在燃烧过程中会释放出盐酸和其他有毒气体。

PVC在包装方面的主要用途是制作热成型泡罩，也应用于水瓶、肉类的弹性外包装等方面。但是出于对环境问题的考虑PVC的使用量已大大减少。

⑤聚酯（Polyester，PET）是一组塑料的总称，通过酒精和酸聚合而成，如聚乙二醇和对苯二酸。聚酯薄膜有高的强度和尺寸稳定性，不受湿气影响，在上面印刷而不变形是容易做到的。它的熔点大约是220 ℃，在150 ℃左右仍能保持良好的力学性能。材料的晶体透明，对化学和溶剂的抵抗力很

好。

PET对氧气和二氧化碳的耐受性是塑料中最好的。PET通过双轴取向而得到了更好的二氧化碳的阻透性，使它开辟了软饮料的市场，大部分取代了玻璃所占有的市场。近年来，PET的市场份额已大大超越了饮料瓶市场。

PET的缺点是熔体强度低、化学稳定性较差，易吸潮，因此，粒状PET需经干燥后再加工。PET是一种环保型材料，是一种比HDPE有所增强的、更有价值的材料，这些因素推动了塑料的回收再生工作。回收的PET首先占领了聚酯填充料的市场，它成为美国回收利用率最高的塑料。

3.4.2.2 塑料的原料与合成

塑料合成所用的基本原料来源丰富，即石油、天然气、电石、海盐、煤等，通过提取其中的小分子化合物（单体），经过不同的聚合方法，采取不同的工艺条件，最后合成出所需要的高分子树脂。相对分子质量也是根据性能需要，控制反应条件而得到不同的数量级，有的相对分子质量分布窄（均一），有的相对分子质量分布宽（不均一）。

3.4.2.3 塑料的助剂与添加剂

塑料在制成塑料制品时，必须在成型加工前的原料（树脂）中配以不同的助剂、添加剂等。添加这些辅料的目的是为了改善塑料的性能，包括自身的物理性能、化学性能、加工性能和降低树脂用量，增加利润。

①增塑剂。增塑剂是一种高沸点、低挥发性的小分子物质，在塑料中加入增塑剂的目的是增加塑料的塑性、柔性、耐低温性，降低玻璃化温度，以便提高加工时的塑性，降低加工时的温度。

增塑剂有两种，极性的与非极性的，添加时的原则是极性的对极性的，非极性的对非极性的。起到阻止极性基团之间的作用，隔离开整个大分子之间的距离，从而降低分子间的作用力，起到增塑的作用。

增塑剂品种很多，但最常用的有邻苯二甲酸二丁酯、二辛酯、樟脑、丙三醇三乙酸酯及环氧类。邻苯二甲酸酯类的用量最大，每年可达增塑剂总用量的2/3以上。

②填充剂。填充剂主要是一些固体粉末状、纤维状物质，如碳酸钙、硫酸钙、高岭土、硅藻土、滑石粉、木粉、玻璃纤维、尼龙纤维等。填充剂一般有两类，一类为惰性填充剂，一类为活性填充剂。

活性填充剂专门对聚合物起增强作用。但惰性填充剂是为了改进材料加工性能，降低树脂用量，赋予材料以特殊功能。如润滑性、导电性等。填充剂加入的目的是要增加材料的力学强度和性能，使其具有耐热性、耐寒性、耐磨性、润滑性及一些特殊性能及减少树脂用量，降低成本。

③防老化剂。塑料制品在加工、使用及储存的过程中，由于环境与条件的影响，如高热、急冷、受各种力，导致材料内部结构变化——分子断链、降解，使材料物理、化学性能变坏，以至丧失使用价值，这种现象称为老化。其表现形式是材料变脆、变色、发黏、裂缝等。为有效地避免老化的产生，需要在塑料中加入一定量的防老化剂，它的品种很多，以下三大类是最主要的，即光稳定剂、抗热氧剂、热稳定剂。

光稳定剂中又包括紫外光吸收剂、紫外线屏蔽剂、能量转移剂。紫外光吸收剂用量较多，其结构特征是分子中含有多个苯环和易变化的金属减活剂，其中包含紫外OH（羟基）和C ═O（羰基），如邻羟基二苯甲酮。其他的几种也同样，关键是通过各种反应、作用，将照射的光有效地削减。

抗热氧剂的主要作用是能打断自动氧化的链锁过程，大大降低热氧老化的速度，它们主要有链终止剂和过氧化物分解剂。其结构特征为分子上有较大的空间阻碍基团和易转移的α－H，如阻碍酚、阻碍胺等。

含N－H，O－H基，当活泼氢转移后，生成稳定的自由基，而剩下的ArO·，ArN·仍有捕捉自由基的能力，使活性自由基终止为不能再引发氧化反应的物质。

总之，加入以上辅料，可以有效地延长材料的使用寿命。

在整个塑料配料中也可稍加一些其他的助剂，起到一些各自的作用。例如，加入抗静电剂就很重要，如不加它，在材料加工、整饰时会因静电而出现打火花、吸灰尘或印刷不适等问题。

3.4.2.4　塑料的成型加工

塑料成型加工的方法有多种，依据塑料制品的不同要求而采用不同的成型加工方式，或制成薄膜，或制成容器，或制成板材等。在众多的加工方式中，使用最多或效果最好、工艺又成熟的有注射、挤出、中空吹塑与压延。

①注射成型。先将塑料与配料全部加入注射机料筒中，通过加热使塑料熔融成流动状态，然后利用推杆的较高压力和较快的速度，使物料自料筒末端的直径很小的喷嘴中注入一个周围带冷却装置的闭合金属模具中，经冷却后，脱模就得到一定形状的塑料制品。这种成型方法即是注射成型。

②挤出成型。挤出成型也称为挤压成型，成型机理与注射成型相类似，即将塑料配料送入挤出机料筒内，在加压加热的情况下熔融成流动态，再在挤出机螺杆的连续推动下，使流动物料经过模头喷嘴、滤板进入不同形状的模具，冷却后脱模成塑料制品。此法称为挤出成型法。挤出成型可连续化生产，生产效率也高，产品均匀质量好，所以在塑料加工业中被大量采用，而且还可以多机连用共挤出，制成复合塑料制品。其设备简单，成本低，易清

洁生产，备受厂家欢迎。

③吹塑成型。吹塑薄膜成型设备相对复杂，技术难度高一些，它是将挤出机与吹膜辅机连机构成生产线而工作的，特点是借助压缩空气的作用而完成成型工艺，这种设备能进行薄膜的成型，也能进行各种中空容器的成型。

吹塑成型机理很简单。如吹塑薄膜的成型，将物料加热到黏流状态，经挤出机的螺杆将熔融的物料定量、定压、定温地挤入机头，在通过机头所设置的环形缝隙的吹塑口模时，从机头内吹入定量的压缩空气，使挤出的熔融管坯吹胀成高弹态的管状薄膜。在这期间为了使薄膜均匀，厚度一致，还采取了吹塑管状薄膜旋转360°的新技术，使挤压时所造成的膜的厚薄公差达到均匀的分散。然后经冷却后，中间吹入一层滑石粉，以防黏结，接着使两层膜经导向辊牵引通过一人字形夹板使之叠合，形成筒状口袋薄膜。

④压延成型。压延法是一种比较简单的加工方法，即将已混合好的塑料配料输入到压延机的辊筒之间，配料在几个光滑度极高的热辊筒中连续压延，最后得到材质均匀、透明光滑的薄膜或片材。压延法也可以将两种原料先通过流延（即自动流平）的方式使其流平成有界面的两层流层，然后在适当的温度和适当的弹性状态下进行压延，形成复合的薄膜和片材。

或者将两种已成型的材料薄膜、片材中间施以一层黏合剂，然后经加热压延成复合材料。

从生产过程说起，塑料是节能材料，塑料包装在生产过程中比其他包装更能节约能源，生产同一体积容器的耗电量分别为：玻璃为2.40 kW·h、纸0.18 kW·h、铁0.70 kW·h、铝3.00 kW·h，而塑料仅为0.11 kW·h，所以塑料是一种节能材料，它可以代替许多种其他包装材料，获得良好的包装效果与经济效益。表3-2中的数据是生产1 t纸和塑料的能源消耗，由于塑料密度低，同样吨位的塑料和纸的体积相差很大，因此这两组数据并不矛盾。日本和德国环境部门也曾对PE塑料袋和纸袋生产全过程对环境进行过综合分析评价。在资源消耗方面，以生产5万个包装袋为例，塑料袋需要PE 1 000 kg，纸袋需要纸2 500 kg，折合成木材为5 000 kg；能源和水消耗方面，纸袋的能源消耗是塑料袋的2倍，纸袋的水消耗是塑料袋的12倍；废弃物排出量方面，纸袋产生的固体废弃物是塑料袋的3.4倍，废气是塑料袋的1.7倍，废水是塑料袋的55倍。所以塑料包装的资源消耗特性是较好的。

3.4.3 塑料包装的环境性能

塑料及其助剂、添加剂均属于高分子材料，化学结构稳定，正常环境下不会自行分解，也不易被细菌侵蚀，因此，塑料包装废弃物不易腐烂、不易分解，从而形成200年不腐的永久垃圾，给环境造成了严重的白色污染，导致塑料包装的环境性能很差。

首先，塑料树脂的生产对环境的影响，如前所述，目前塑料的应用范围很广。在塑料的生产过程中，塑料制品不是生产过程的唯一产物，反应过程中也产生其他的化合物。在反应后的排放物中，生物需氧量（BOD）和悬浮物量太高，未经处理不能直接排入大海、湖泊和河流。这些废液的主要问题是存在一些特殊的少量有毒污染物，如微量的催化剂、溶液、化合物单体和有恶臭的物质，它们含有硫和氮，且很难除去。

其次，塑料的再生利用对环境的影响也很大。在回收利用时，应该注重塑料在加热焚烧时会对环境产生二次污染。如聚氯乙烯塑料焚烧时会逸出氯气，从而对大气产生二次污染。

3.5 可降解包装材料

可降解材料很多，其中已取得良好进展和应用价值的有可降解塑料、天然高分子型材料、可食性包装材料。

可降解材料无论是哪类品种，都有其共同的特点，首先是在材料的化学结构上通过新的高分子合成技术引入了易分解的基团、易断链的化学键、易转移的原子或基团，分子上连接或整体成分中掺和了一些微生物可吞食的成分。只有具备这些特点，且在这样的结构条件下，分子才能在光照下、微生物的作用下使分子链断链，结构被破坏，然后很快在自然中分解，不污染环境，而且能回收再利用，体现出了这种材料的优点和价值。其次是质量轻，加工方便，包装性能好，易于表面装饰。

可降解材料的合成与制作一般来讲难度并不太大，成本也不算太高，物料来源也较丰富，但一个难点在于缺乏制作加工的配套设备。配套技术不成熟，需要研究、开发，重新设计，重新制造。因为经济投资大，所以大大制约了这种新材料的开发与发展。

可降解材料从表观来看与塑料普通材料相差不大，产品形式也是多样化的，有薄膜、片材、板材、容器等，可用于各种内装物的包装，如食品、医药、文化用品、日用百货、工业品、化学品、机械器材等。但最主要的是用于代替那些不易回收处理的一次性塑料制品或本身对内装物污染很大的包装。

3.5.1 可降解塑料

塑料以其耐用、质轻、易加工、价廉等优点风行于世界。目前，世界塑料总产量已超过1.5亿t，和钢铁、木材、水泥并列成为四大支柱材料。

但是，随着塑料产量增长和用途的扩大，塑料在使用后所形成的废弃物也日益增多，全球“白色污染”问题日益突出。就我国而言，近年来包装用塑料的用量每年约400万t，其中难于回收利用的一次性塑料包装品按30%计算，则每年产生的塑料包装废弃物就有120万t。再加上塑料地膜40多万t［由于较薄（10 μm以下），用后破碎在农田中并夹杂大量的沙土，难于回收］，一次性塑料杂品和医疗用品约40万t。因而，我国每年产生的一次性塑料废弃物已达200万t左右。这些塑料中聚合物的分子主要是键能大的碳—碳键和碳—氢键，它们的稳定性大，所以在自然环境中难于降解、腐烂，造成“白色污染”。国外对塑料废弃物的处理一般采用填埋、焚烧和回收再利用三种方法。但是，填埋处理对有限的土地资源有长期危害；焚烧处理会产生大量的有害气体；采用回收再利用需要对塑料进行收集和分捡，在经济上不合算，一时难以推广。为了解决塑料废弃物的处理问题，降解塑料产品以其理想的环境适应性受到人们的广泛关注，目前已成为国内外塑料和包装等行业的研究开发热点之一。

1991年11月，在法国召开的第三届生物降解聚合物与塑料专业会议上，对聚合物降解性、可控降解聚合物、生物降解聚合物、聚合物腐蚀、聚合物破碎、生物吸收聚合物、可生物降解和生物降解性等术语进行了讨论，并取得认同。

聚合物降解性：由化学结构变化而引起聚合物性能丧失的变化。

可控降解聚合物：按预定降解速率设计的一类聚合物。

生物降解聚合物：按生物方法进行降解的一类聚合物。

聚合物腐蚀：聚合物表面溶解或磨损的过程。

聚合物破碎：聚合物分子破裂或分裂成低相对分子质量单元的一种降解形式。

生物吸收聚合物：通过微生物毁坏成为如CO_2和H_2O一类产物的聚合物。

生物降解性：化合物可通过微生物同化或酶催化的过程，将有机组分转化为简单结构化合物的性质。

美国材料试验学会（American Society for Testing Material，ASTM）D0883—92技术标准提出降解塑料，生物、光、氧化和水解降解塑料等术语定义如下。

降解塑料（Degradable plastic）：在特定环境条件下，其化学结构发生明显变化而引起某些性质损失的一类塑料称为降解塑料。可适合塑料的标准试验方法测定其性质损失的变化，并按特定应用的界限决定它的分类。

生物降解塑料（Biodegradable plastic）：能被天然产生的微生物如细菌、真菌和藻类作用而引起降解的一类降解塑料。

水解降解塑料（Hydrolytically degradable plastic）：由水解而引起降解的一类降解塑料。

氧化降解塑料（Oxidatively degradable plastic）：由氧化而引起降解的一类降解塑料。

光降解塑料（Photodegradable plastic）：由自然光作用而引起降解的一类降解塑料。

根据引起降解的客观条件和机理，降解塑料可分为：光降解塑料、生物降解塑料、光/生物降解塑料、化学降解塑料（氧化降解和水解降解）或由这4种组合而成的环境降解塑料。目前开发较多的降解塑料是光降解塑料、生物降解塑料、光/生物降解塑料、水降解塑料。现将各类塑料的降解机理简单介绍如下。

3.5.1.1　光降解塑料

（1）降解机理

光降解塑料即材料在光的作用下会发生降解。它包括合成型和添加型，但不论哪种，它降解的机理和降解过程都是一致的。由于光解塑料是在普通或改性的塑料中加入了特定的光敏剂，这类光敏剂在自然光照下能有效地吸收阳光中的紫外线，获得能量后呈激发状态，然后又将能量传递或转移给易激发的基团或化学键，进行光化学反应，由此导致大分子的降解，不断形成易被微生物吞食的小分子碎片，从而达到降解的目的。若材料内同时也加入自氧化剂，它将会与土壤中的金属盐反应生成过氧化物，这些过氧化物再作用于碳链骨架，使其分子链断链而降解成易被微生物吞食的小分子化合物。

乙烯－CO共聚物和乙烯—乙烯酮共聚型光降解塑料是将羰基引入聚烯烃骨架中去，当受到紫外线照射后，发生光化学反应，羰基发生自由基分裂，并生成两个弱自由基，而不引起聚合物链断裂；接着发生的分子重排引起主链断裂，造成聚合物降解，生成酮和末端双键。

硬脂酸铁的光氧化降解反应主要由反应中生成的 $\cdot C_{17}H_{35}$ 自由基引发的。在芳香酮类化合物中，二苯甲酮是一种用得较多的光敏剂。二苯甲酮吸收日光后发生能级跃迁。三线态有（$\pi \rightarrow \pi *$）跃迁的，对聚合物中 $\alpha-H$ 的夺H

反应具有高活性。发生夺H反应后，生成聚合物游离基，导致其降解。

二茂铁及其衍生物由于具有芳香性的π电子共轭体系对200～400 nm紫外线具有很强的吸收性，如果将其添加到聚烯烃中，可以促进光氧化反应。二茂铁及其衍生物引发聚合物降解取决于它们的氧化还原电位，其氧化还原电位越低，降解反应越快。日光（或紫外线）辐照含此类光敏剂的PE薄膜时，开始是二茂铁的光降解，二茂铁与氧气先形成一加合物FeH·O，在光能的作用下，形成二茂铁氧离子和另一种高氧阴离子，然后，根据二茂铁的浓度决定发生哪类反应，在低浓度时，发生光敏化反应，而高浓度时发生稳定化反应。

此种材料的降解速度与其分子的化学链强弱及结构成分、基团性质有关，与加入光敏剂的种类、用量及其他配合剂有关。

（2）光降解塑料的制备

光降解塑料的制造是在合成的过程中引入一些能量很低就能使链断开的弱链，或接上一些见光分解的感光基团（乙烯酮、羰基等）和易转移的原子，当光作用于它，能很快地发生化学反应。目前日本、加拿大、英国、以色列都已研制出阳光下就能很快自行分解、自行消失的新光解材料。

在加工成型前，在光降解塑料的配料中加入特定的光敏剂、自氧化剂或其他的锈蚀剂等，这是光分解的必要和先决条件。

常用的光敏剂有某些过渡金属化合物，如硬脂酸铁、乙酰基丙酮铁、二硫代氨基甲酸铁等有机铁化合物，二茂铁衍生物和铁的烷基化合物，还有重金属有机盐类。

（3）光降解塑料的分类

光降解塑料可分为共聚型和添加型两大类。

共聚型光降解塑料是由聚乙烯（PE）与一氧化碳或乙烯基酮共聚，使PE带有羰基等“发色团”，以增强塑料对紫外线的吸收，从而提高PE塑料的光降解性。前者是美国杜邦公司发明的，通常称E－CO共聚物；后者是前者的替代物，叫Guillet共聚物。含5%羰基的Guillet共聚物商品名为Ecolyte。通过改变PE中羰基的含量来调控光降解的时间，这类降解膜的光降解时间可以调控在60～600 d。以后，又发展了聚丙烯（PP）、聚苯乙烯（PS）、聚氯乙烯（PVC）、聚对苯二甲酸乙二醇酯（PET）和聚酰胺（PA）等聚合物的含羰基共聚物。在意大利和加拿大等国，PE光降解膜已用于制作地膜、食品袋和垃圾袋，PP光解膜已用于制作甜食包装、纸烟过滤嘴和食品包装内衬等。我国还未涉及此类塑料的研究。下面介绍国外的有关研究。

①共聚型光降解聚苯乙烯薄膜。a. 苯乙烯（95%，质量分数）和苯基乙烯酮（5%，质量分数）在溶剂中加热共聚，提取出共聚物。在 Brabender 混炼机中将上述共聚物（分别占 10%，30% 和 50%，质量分数）和聚苯乙烯树脂干法混合造粒，并将粒料压制成膜。在户外直射阳光下，晒1 h后三种添加共聚物的膜都变得易碎，聚苯乙烯薄膜没有明显的变化。b. 制备一系列不同比例的苯乙烯和甲基异丙基酮（MIPK）的共聚物以较小的比例和商品聚苯乙烯（Carinex）混合。粒料压制成 14 mm 的膜，进行风化测试，测试结果如表 3－12 所示。表 3－12 中降解情况用特性黏度（intrinsic viscosity）表示，特性黏度减小表示相对分子质量降低，即聚合物的断链和降解。特性黏度≤0.5 的聚合物易碎。c. 用悬浮聚合法制备苯乙烯（95%，质量分数）和甲基异丙烯基酮（5%，质量分数）的共聚物。20 份共聚物和 80 份商品耐冲击聚苯乙烯混合，压制成 12 mil（$1\ mil = 0.001\ in = 2.54 \times 10^{-5}\ m$，$12\ mil = 0.3\ mm$）厚的薄膜，用同样厚的不含共聚物的聚苯乙烯薄膜进行对照。这两块膜在英国 7 月份做风化实验样品，风化到易碎需要 40 d，对照需要 120 d 才能达到同样的易碎程度。

表 3－12　共聚型光降解聚苯乙烯薄膜风化测试结果

MIPK（质量分数）/%	PS－MIPK 共聚物（质量分数）/%	PS（质量分数）/%	照射开始时的特性黏度	16 h 后的特性黏度	40 h 后的特性黏度
0	0	100	0.94	0.94	0.88
1	100	0	0.86	0.35	0.25
1	20	100	0.90	0.71	0.57
3	100	0	0.86	0.29	0.24
3	20	100	0.86	0.52	0.43
5	100	0	0.88	0.22	0.19
5	20	100	0.81	0.48	0.41

②共聚型光降解聚乙烯泡沫塑料是用悬浮聚合法制备苯乙烯（95%，质量分数）和甲基异丙烯基酮（5%，质量分数）的共聚物。此共聚物和聚苯乙烯（Carinex）用不同的比例混合制成珠，用发泡剂制成发泡薄片。在加拿大多伦多 7 月份的室外环境下不同时间测定甲苯溶液的黏度来测定相对分子质量和聚合物的降解程度，结果如表 3－13 所示。

表3-13 共聚型光降解聚苯乙烯泡沫塑料风化降解测试结果

实验编号	1	2	3	4
共聚物的质量分数/%	10	20	30	100
CaHnex 聚苯乙烯的质量分数/%	90	80	70	0
甲基异丙烯基酮的质量分数/%	0.5	1.0	1.5	5.0
最初的相对分子质量	255 000	252 500	252 500	237 500
室外4 d后的相对分子质量	170 000	147 500	112 500	51 250
室外7 d后的相对分子质量	152 000	177 500	98 750	48 750
室外11 d后的相对分子质量	125 000	97 500	75 000	31 250
室外18 d后的相对分子质量	101 250	80 000	58 750	
室外25 d后的相对分子质量		98 750	75 000	

③共聚型光降解低密度聚乙烯是用4 g商品低密度聚乙烯和1 g用标准的高压聚合法制造的乙烯基—甲基异丙烯基酮共聚物［含有9.5%（质量分数）的甲基异丙烯基酮］混合，混合后，挤压通过130目筛。压塑成0.25 mm厚的薄膜。用同样厚的聚乙烯薄膜进行对照，在紫外线加速器中照射180 h后，样品易碎并能粉碎通过180目筛，而对照样未受照射影响。

用乙烯基—甲基乙烯基酮的共聚物代替乙烯基—甲基异丙烯基酮得到基本相同的结果。

④共聚型光降解高密度聚乙烯是用4 g商品高密度聚乙烯（Marlex6050）和0.5 g用标准的高压聚合法制造的乙烯基—甲基异丙烯基酮共聚物［含有9.5%（质量分数）的甲基异丙烯基酮］混合，混合后，挤压通过130目筛。压塑成0.25 mm厚的薄膜。

用同样厚的聚乙烯薄膜进行对照，在紫外线加速器中照射150 h后，样品易碎并能粉碎通过180目筛，而对照样未受照射影响。

添加型光降解塑料是加速聚合物光降解的另一条技术途径，是在聚合物中添加少量的廉价光引发剂或光敏剂和其他助剂，便可以研制出较理想的光降解塑料。典型的光引发剂或光敏剂包括芳香酮、芳香胺、乙酰丙酮铁、2-羟基-4-甲基苯乙酮肟铁、硬脂酸铁、二烷基二硫代氨基甲酸铁和二茂铁衍生物等。在PE，PP，PVC和PS等聚合物中适量添加这些光敏剂都是有效的。这个研究领域中的一个主要工作者是英国阿斯顿大学的著名教授Scott。他发明了迟缓型光敏剂，在高浓度时能起热氧化稳定剂作用，而在低浓度时，它就是光氧化降解的有效催化剂。Scott和以色列塑料技术大学的Gilead博士一起发明了一种双组分系统应用技术，可实现光降解过程的光敏控制，其商品名为Plastigone。

近几年来中国科学院上海有机化学研究所研制了长链烷基二茂铁衍生物和胺烷基二茂铁衍生物两个系列光敏剂。前者由上海有机化学研究所和上海石化总厂塑料厂合作完成的“光降解聚乙烯及其用途”新发明，已取得专利权。后者由上海有机化学研究所与新疆石河子塑料制品总厂和上海解放塑料制品厂协作，分别进行了添加型光降解 PE 超薄地膜和 PE，PP 包装材料的制备和应用研究，取得了较大的进展。特别是研究开发出综合使用性能较优的“新疆 5 号”超薄光解地膜，至今已中试生产 2 000 多 t，并在新疆、山西、黑龙江、北京和上海等地覆盖棉花、甜菜、花生、玉米、西瓜和蔬菜等农田，覆盖面积已高达 4.52 万 hm^2，其推广应用已初具规模。推广试验结果表明，“新疆 5 号”光解地膜光降解诱导期 60 d（±10 d），可满足农艺要求，其曝光面降解彻底性优于美国 UDI 同类产品。另外，中国科学院长春应用化学研究所已研制成功了一种以铁化合物 Fe（F）x 和 Fe（I）x 为光敏剂的光降解 PE 塑料薄膜；福州市塑料研究所研制成功了二烷基二硫代氨基甲酸铁（FeDRC）光敏剂及其光降解 PE 薄膜。

以添加硬脂酸铁、月桂酸共生稀土及其混合物的光降解聚乙烯塑料制品为例进行说明。

①配方设计。以 PE 为原料，添加硬脂酸铁—月桂酸共生稀土复合物（FeSt3 - RELau3）复合光敏剂 0.5%（质量分数），以及特殊的生物活性剂 1%（质量分数）和表面处理剂 1%（质量分数）处理的 1 250 目的碳酸钙 30%（质量分数），挤出造粒，再用此粒料吹制薄膜。该薄膜的卫生指标和力学性能均符合国家标准。

②降解性能测试。人工加速老化试验。采用高压汞灯法。功率 450 W 的高压汞灯 4 只，膜与灯距离 40 cm，箱内温度（65 ±5）℃。

户外曝晒试验。福州 7 ~9 月，薄膜固定在户外曝晒架上，置于户外楼顶平台上，曝晒架平面朝南，平面倾角 45°。

避光生物降解试验。将光照 10 d 后的薄膜埋入 100 cm ×100 cm ×50 cm（长×宽×深）的坑中，选用疏松的山土或农田土壤覆盖。控制土样的 pH 值为 6.0 ~8.0，土壤湿度大于 70%，露天、通风。

③分析测试。

降解程度。用日本岛津的 IR - 408 型红外光仪测定羰基指数。一般认为，羰基指数大于 6 时聚乙烯薄膜进入衰变期；大于 45 时聚乙烯薄膜进入脆变期。

表面形态。采用日立 S - 570 型扫描电镜，将塑料薄膜表面喷金，观察表面形态。热重分析采用日本岛津 DT - 40 型热分析系统，空气流速

50 mL/min，升温速度为 10 ℃/min。

平均相对分子质量测定使用乌氏黏度计，按 GB1841 规定测定 PE 膜的特性黏度 $[\eta]$ (mL/g)，用十氢化萘作溶剂，温度 135 ℃，按公式 $[\eta]=46\times10^{-3}M_{\eta}$ 计算平均相对分子质量 M_{η}。

光敏剂对聚乙烯薄膜光降解的影响如表 3-14 所示。

表 3-14 光敏剂对聚乙烯薄膜光降解的影响

聚乙烯膜的组成［含30%（质量分数）$CaCO_3$］	进入衰变期的曝光时间/d	进入脆变期的曝光时间/d
不含添加剂	12	
含0.4%（质量分数）硬脂酸铁（$FeSt_3$）	4	20
含0.4%（质量分数）月桂酸共生稀土（$RELau_3$）	6	30
含0.4%（质量分数）[($FeSt_3$)+($RELau_3$)]	4	25

可见，光敏剂对光降解均有催化作用，其催化活性大小次序：$FeSt_3$ > $FeSt_3$ + $RELau_3$ > $RELau_3$。

光敏剂对聚乙烯薄膜光引发后生物降解的影响如表 3-15 所示。

表 3-15 光敏剂对聚乙烯薄膜光引发后生物降解的影响

聚乙烯膜的组成［均含30%（质量分数）$CaCO_3$］	光引发 10 d 后的羰基指数	土壤中掩埋 1 a 后的羰基指数	平均相对分子质量
含0.4%（质量分数）硬脂酸铁（$FeSt_3$）	22	35	5 650
含0.4%（质量分数）月桂酸共生稀土（$RELau_3$）	20	81	3 000
含0.4%（质量分数）[($FeSt_3$)+($RELau_3$)]	20	81	

可见，光敏剂对聚乙烯薄膜光引发后生物降解均有催化作用，其催化活性大小次序：$FeSt_3$ + $RELau_3$ ~ $RELau_3$ > $FeSt_3$。

光敏剂对聚乙烯薄膜热分解的影响如表 3-16 所示。

表 3-16 光敏剂对聚乙烯薄膜热分解的影响 ℃

聚乙烯膜的组成［均含30%（质量分数）$CaCO_3$］	开始热分解的温度	快速分解的温度	基本完全分解的温度
含0.4%（质量分数）[($FeSt_3$)+($RELau_3$)]	260	410	480
含0.4%（质量分数）硬脂酸铁（$FeSt_3$）	260	410	480
含0.4%（质量分数）月桂酸共生稀土（$RELau_3$）	300	430	480
不含光敏剂	360	440	490

可见，光敏剂对聚乙烯薄膜的热分解均有催化作用，其催化活性大小次序：[（$FeSt_3$）+（$RELau_3$）]~$FeSt_3$ > $RELau_3$。

添加剂和填料对光照 5 d 后的聚乙烯薄膜热分解的影响如表 3－17 所示。

表 3－17 添加剂和填料对光照 5 d 后的聚乙烯薄膜热分解的影响

聚乙烯膜的组成	开始热失重的温度/℃	450 ℃的失重率/%
含0.4%（质量分数）[（$FeSt_3$）+（$RELau_3$）]+30%（质量分数）$CaCO_3$	236	10.8
只含 30%（质量分数）$CaCO_3$	282	5.6
不含添加剂和填料	284	5.8

可见，光敏剂对光照 5 d 后的聚乙烯薄膜的热分解有明显的催化作用，而填料碳酸钙影响不大。

综上所述，硬脂酸铁、月桂酸共生稀土及其混合物对聚乙烯的光降解、生物降解和热降解均有明显的促进作用。

3.5.1.2 生物降解塑料

（1）降解机理

生物降解塑料即材料在微生物的作用下可以降解。此种材料按其制备的技术途径大致可分为三类：微生物合成型，合成高分子型，掺和型。但无论哪一类型，它们的降解机理都是一致的，即由于材料具有的内部结构和成分的特殊因素，因此当此种包装材料废弃后，可以在自然环境中各种细菌、酶、微生物等作用下逐渐、完全分解成小分子化合物，最后分解成水和二氧化碳等无机物质。这里指的生物降解是被细菌、霉菌、各种微生物作用，吞噬和吸收的过程。

这种生物降解塑料的诞生对于包装材料的发展，环境科学的发展以及生物科学的应用都具有十分重要的意义，是现代材料科学的一个新突破、一个创新点，将在人类绿色革命的大潮中起到不可估量的作用。

（2）生物降解塑料的制备

①微生物合成型。此类型的合成过程是通过用葡萄糖或淀粉类对微生物进行喂养，使它在体内吸收并发酵合成出两类高分子，一类是微生物多糖，一类是微生物聚酯。它们都具有生物降解性。其中微生物多糖又可分为菌体外和菌体内两种，前者由于菌体易于与合成物分离，适宜于工业化生产。由于微生物多糖具有良好的物理性能和生物降解性，以及特殊的分子结构，因

此它已成功用于医疗和食品领域；而且由于它所形成的微生物纤维素不同于植物来源的纤维素，不含木质素与半纤维，结构特异，因此加热干燥的纤维素凝胶可制成性能良好的薄膜，它的杨氏模量高达 38 GPa，大大超过了纸的强度。

微生物聚酯，是由微生物吞噬多种碳源后发酵合成不同结构单体的共聚酯，并将它们作为蓄能物质积存于体内。在这个过程中可以由改变喂养碳源的混合比例来发酵合成出共聚物，组成比例不同的聚酯。如聚 3－羟基丁酸酯及衍生物等。由于结构组成不同，因而获得的产物物性也各有千秋，有硬有软，有脆有韧，还有类似橡胶的高弹体。微生物聚酯分别具有良好的物理性能、机械性能、成型性能、热稳定性能，可以制成薄膜、丝纤、容器等各种制品。

据报道，英国 ICI 公司以葡萄糖作碳源进行菌种培养，菌种采用真养产碱杆菌（dcaligenes eutrophus），产生出 3－羟基丁酸（3HB）与 3－羟基戊酸（3HV）共聚酯 P（HBCO－3HV），并已建成年产 600 t 的工厂，实验相当成功。德国已开始采用其产品制作容器来试用。

在真养产碱杆菌的培养过程中，若改变培养条件，更换碳源种类，还可制得不同结构、不同性能的共聚物。

总的来看，各方面的报道都已证明微生物合成型生物降解塑料已引起了世界先进国家的浓厚兴趣和注意，并已积极投入研究。作为微生物合成型材料，最首要的贡献和特征是这些材料自身可以在垃圾和土壤中微生物酶的作用下迅速分解，其分解物可作为微生物的营养源。

②合成高分子型。合成高分子型材料的制备，是采用能够被自然微生物吞食的有机小分子化合物，经过新的合成技术将它们聚合成能够生物降解的结构并与天然高分子类似的高分子化合物。通常采取两个步骤，第一步应用发酵技术廉价制造氨基酸、糖类、聚酯等原料；第二步应用科学配套的高分子合成方法及工艺来制备能经微生物降解的高分子材料。

目前世界上一些发达国家采用氨基酸来生产降解塑料，它是以聚合天冬酰胺酸与赖氨酸为原料，通过酰胺连接法合成的。它的吸湿性与丙烯酸树脂相当。广泛用于药品、食品的包装，在土壤中可完全降解。

聚乳酸（PLA）是近几年新崛起的一种新型环境友好的可降解性塑料，它是脂肪族聚酯类，具有很好的生物兼容性、生物解体性和生物吸收性，可用于人体骨折的内固定物或手术缝合线，可以被人体吸收，避免二次手术的痛苦。PLA 是以玉米淀粉为主要原料，其各种理化性能如韧性、防潮、耐油、耐药、封闭性以及力学强度、压缩性、缓冲性都优于 PE，PP，PS 等材料。

由于人体内只有代谢 L－乳酸的酶，而无代谢 D－乳酸的酶，所以如摄入过量 D－乳酸，会引起代谢紊乱，甚至酸中毒，因此制作包装用的聚乳酸主要是聚 L－乳酸（PLA）。

它的加工可以采用吹塑、热塑等各种加工方式。生产工艺通常有多种，但基本原理大同小异。如用淀粉质的农副产品为原料进行发酵生产乳酸，先将淀粉水解成葡萄糖，再采用厌氧乳酸杆菌发酵，其过程中严格控制发酵液的 pH 值，生成乳酸；再采用膜分离技术，将发酵液过滤澄清再用电渗析工艺提纯后高真空蒸馏，得纯度 99.5% 的 L－乳酸；之后经缩合聚合成（PLA）－聚－L－乳酸，或经乳酸环化形成二聚体丙交酯，再开环缩聚。

结构决定了在塑料中脂肪族聚酯［如聚己内酯（PCL）及聚 L－乳酸］是仅有的几种能被微生物完全降解的材料，降解过程是由于脂肪酶的作用而完成的。其中聚己内酯由于熔点低，耐热性及强度差，因此开发应用受到了限制。然而芳香族聚酯和聚酰胺熔点高，强度及耐热性好，但不易被生物降解。如果我们将脂肪族与芳香族这两类聚酯混在一起共聚合，所得到的共聚物就将克服上述两者的缺陷，达到性能优良，又能降解的效果。目前日本国立工业研究院和日本酶研究院已通过此方法联合研制出了聚己内酯与尼龙 12 的共聚物。

还有日本化学技术研究院研究了以酸为催化剂用甲醛及 CO，在 150～170 ℃，10～20 MPa 下反应，一步法制得可生物降解的聚乙交酯新技术，收率达 100%。它废弃后可加水分解成乙醇酸，再经生物作用成水和 CO_2。这方面的研究已在世界范围内开展。目前除了 PCL 的共聚物外，正在开发的还有聚羟基丙酸，乙烯—乙烯醇共聚物，聚酯—聚醚共聚物，聚酰胺—氨基甲酸酯共聚物等。

聚 L－乳酸的合成，采用的是二聚体开环聚合和脱水缩合两种方法。前者是在酶类引发剂下先制成环状二聚体，再在催化剂存在下开环聚合而得聚 L－乳酸。相对分子质量控制在 10 万～100 万。它也可与己内酰胺共聚，以改善材料性能。后者是在苯酚类溶剂中令乳酸脱水进而缩合，直接制成高分子量的聚 L－乳酸。此种方法所得产品几乎不含杂质，产品物理性能、耐热性及耐候性好。这种材料与普通热塑性材料相似，加工方法也相近，熔点在 170 ℃左右，有一定的结晶度，在制膜时可以采用单向或双向拉伸。透明度高，强度大，100 ℃下不易变形。可用于各种食品、医药、商品的包装，用于农用薄膜、垃圾袋等。

聚 L－乳酸在土埋后 3～6 个月就破碎，6～12 个月变成乳酸，降解物是很好的肥料。另外它可在加热下降解成二聚体或水解成乳酸，回收率极高，是一种可100%循环的材料，有很好的开发前景。目前它的研究开发已引起世界的广泛注意。日本三井东公司已在大弁田工业所建立500 t/a的聚L－乳酸准商业化生产设备装置；美国Cargill公司1994年建成了5 000 t/a的聚L－乳酸工业化装置，并计划在20世纪90年代末规模扩大到12万t/a；中国科学院成都有机研究所已成功地研制了相对分子质量大于3×10^5的聚L－乳酸。

③掺和型。掺和型生物降解塑料是在没有生物降解性的塑料中，掺合一定量具有生物降解性的物质，使其融为一体，经加工后获得的制品具有一定的生物降解性。

此类可降解塑料目前在开发、应用上比较成熟的有两大类型：一类为天然纤维，如麦秆、稻草、玉米秸、甘蔗渣、甜菜渣、坚果壳、海生贝壳类的粉碎物填充型生物降解塑料（以下简称天然物填充型生物降解塑料）；另一类是淀粉填充型生物降解塑料。

作为第一类天然物填充型生物降解塑料，它的加工制备方法十分简单。第一步将来源非常丰富的植物纤维、稻草、麦秆、玉米秸、甘蔗渣、甜菜渣、各种坚果核壳、各种贝壳等各自分类、清洁、干燥后进行粉碎；第二步是根据不同的用途和产品类型，将粉碎物分别与普通塑料树脂均匀混合；最后经模压成型及紫外线消毒等工序完成了整个的工艺流程。此种产品制备工艺简单，料源丰富，价格低廉，产品造型丰富多彩，可制成班车用、餐馆用、家庭用的快餐盒、碗、饮料杯、盘等。这种产品无毒、无味、成型强度高、光洁度及精细度好，在100 ℃高温下2 h不渗漏。目前我国生产的此种产品已居于世界的领先水平。山东新泰市小协绿宝有限责任公司及南通锻压机械厂的产品就是其中的代表作。它们的最大优点是用后24 h即可自动溶解消散，其分解物不但不污染环境，而且还是优质的有机肥料。如果用胡桃壳磨成粉作塑料的填充物，可以大大提高塑料强度，实验证明可使高密度PE的拉伸强度提高34%，而碳酸钙作填充物仅提高16%，其产品废弃后可自然降解。

作为淀粉填充型生物降解塑料，是在普通的塑料树脂中加入淀粉或改性淀粉及其他添加剂而制成的。为了改变淀粉的表面亲和性，对淀粉的改性方法又可将这类降解塑料分为化学改性型和物理改性型。

④化学改性型淀粉塑料。化学改性型淀粉塑料是将淀粉经过化学改性后混合到塑料树脂中而制成的。特点是要对淀粉进行改性。原因是由于淀粉与聚合物的相容性差。具体做法是把淀粉与具有PE近似结构的乙烯基类单体

进行接枝共聚，形成改性淀粉，然后再与聚合物混合，由此得到相容性好的均匀分散体系。其产品力学性能大幅度上升。如目前生产量很大的淀粉与乙烯/丙烯酸共聚物采用干混或溶液混合法，可制得机械性能很好的生物降解塑料。

⑤物理改性型淀粉塑料。物理改性型淀粉塑料，是将淀粉经物理方法处理后再与塑料树脂混合而制成。这种物理处理过程也是为了提高淀粉与树脂的表面亲和性。其方法有多种，但应用现代物理的等离子体轰击方法快捷，处理量大，程序简单，能有效地改变物体的表面结构，不愧为一种最先进的方法。这种淀粉塑料可以制成各种包装材料及农用薄膜。目前此种淀粉塑料中淀粉的添加量可高达50%左右，产品废弃物在3~4个月即可被自然和微生物分解。

目前这类物理改性型淀粉在一些发达国家及中国均已研制成功和应用，其最具代表性的有加拿大 St. lawennce 淀粉公司。他们用硅烷处理淀粉，再加入玉米油氧化剂，以母料形式工业化生产 Ecoster 生物降解母料。日本一家公司研究开发的淀粉基塑料，其注射制品的物性可达通用 PS 的水平，耐冲击性达 HIPS 水平，可在比 PE 稍低的温度或相同温度的作业条件下进行加工。经 ASTMD5338 堆肥化条件下测定其生物降解性，经 8 周后失重达 70%，与纸复合后黏接强度为 350 g/25 mm，透湿度 600 g/m^2（24 h，140 C，90% RH，50 μm），耐封温度 80 ℃（JISZ1514），耐油性 17（3MKIT）。

中国上海三林降解树脂制品公司研制的生物降解淀粉基聚苯乙烯发泡材料具有优良的使用性能。制成的发泡板材厚度为 1.5~6 mm，可用于制成各种包装制品，如快餐具、包装衬垫、冰箱托盘、鸡蛋托盘等，它们的产品采用的是亲水性普通淀粉，但加入了自氧化剂，所以产品具有很好的降解性能。产品的物理性能及降解性如表 3-18 和表 3-19 所示。

表 3-18 生物降解淀粉基聚苯乙烯发泡片材物理性能

项目	样品方向	指标
拉伸强度/MPa	纵向	1.6
拉伸强度/MPa	横向	1.1
尺寸稳定性/%	纵向	1.8
尺寸稳定性/%	横向	1.0

表3-19 室外埋土法检测生物降解淀粉基聚苯乙烯发泡片降解性能

试样名称	处理情况	菌体繁殖情况/级				备注
		7d	14d	21d	28d	
生物降解	表面无任何覆盖物	1	2	3-	3	
聚苯乙烯	表面杂草覆盖	2	3	4-	4+	
制品	表面1~2 cm土覆盖	2	3	4-	4+	出现裂缝
	置于污水沟中	2	2+	3-	3	出现裂缝

4~12月份南方各地各类昆虫、微生物甚多，在它们的作用下此类塑料迅速减重，其数据如表3-20所示。

表3-20 失重法检测生物降解淀粉基聚苯乙烯发泡片降解性能

试样名称	丢弃时间/d								
	3			7			14		
生物降解聚	原重	失重	失重率	原重	失重	失重率	原重	失重	失重率
苯乙烯制品	10.5g	0.5g	4.8%	10.6g	1.6g	10.5%	10.5g	7.2g	68.6%

注：①裂损分1~4级，裂损范围30%~60%为3级，60%以上为4级；
②霉变分3~4级，霉变范围30%~60%为3级，60%以上为4级。

天津丹海公司的关于降解膜制品的一些实验数据如下。

实验采用黑曲霉及绿色木霉两种菌种，菌种分别在土豆培养基中接种活化4 d，再混合在一起，将其混合菌种制成溶液涂于试样表面，在28 ℃、湿度85%的条件下培养箱中培养，其结果如表3-21所示。实验证明，其降解膜只要母料填充量不少于40%，均可达到ISO标准中所规定的霉菌繁殖级数。

表3-21 培养观察结果

时间/结果/霉菌繁殖面积/%/试样名称	14 d	21 d	结果（霉菌生长覆盖面积）
80%降解膜	100	100	级数4（大量繁殖>50%）
60%降解膜	100	100	级数4（大量繁殖>50%）
40%降解膜	40	90	级数4（大量繁殖>50%）
30%降解膜	20	35	级数3（中度繁殖25%~50%）
20%降解膜	20	22	级数2（轻度繁殖10%~25%）
白膜	0	0	级数0（无繁殖痕迹）

注：表中降解膜前的百分数为母料添加量。

3.5.1.3 光/生物降解塑料

(1) 降解机理

光/生物双降解塑料是在光和生物双重作用下具有协同降解效果的塑料。首先，淀粉等生物可降解物质被微生物降解，这一过程削弱了高聚物基质结构，使高聚物母体变得疏松，增大了表面/体积；有利于日光、热、氧等引发光敏剂、促氧化剂和生物降解增敏剂的光氧化和自动氧化作用，产生能侵袭高聚物分子结构的游离基，生成多种含氧产物（酮、酯和酸等）；在高聚物光氧化、自动氧化和生化作用下产生含氧产物的同时，又导致高聚物的氧化断裂，使高聚物相对分子质量下降到能被微生物消化的水平。

这种塑料之所以能够双降解，关键在于它的整体材料中加有两种诱发剂，即在材料中掺混生物降解剂淀粉，它能诱发光化学反应的可控光降解的光敏剂，或被人称之为“定时器”的复配光敏剂以及自动氧化剂等助降解剂。其中可控光降解的光敏剂在规定的诱导期之前，不使塑料降解，具有理想的可控光分解曲线，在诱导期内力学性能保持在80%以上，达到使用期后，力学性能迅速下降；而且它还可以通过调整其间的浓度比，使塑料定时分解成碎片，然后在自动氧化剂和微生物对淀粉的共同作用下，此种塑料将很快地被分解。比如过氧化异丙苯（DCP）能够促使低相对分子质量组分所生成的极性基团分解而加速劣化，DCP与土壤中有机金属盐作用，对生物降解塑料会产生强烈的光劣化作用。此类产品的代表作有ST. Lawrence公司的Ecosear plas母料和ADM公司的Polydean母料。中国铁道部下属公司开发的双降解材料，可以制成各种包装制品和容器，无毒无害，易降解又可回收。

(2) 光降解塑料的制备

通常这种双降解塑料的制备需要三步。第一步在低于增塑剂沸点（一般为120～170 ℃）情况下将解体剂放入挤出机或混炼机中，导致淀粉解体改性。这种解体剂是由脲、交联剂、碱或碱土金属氢氧化物及高沸点的增塑剂组成。第二步是将光敏剂（金属盐类）、自动氧化剂、生物降解促进剂等与解体改性淀粉和一定量的树脂一起混合均匀后挤出形成降解母料。第三步是把降解母料与所用树脂及其他助剂共同混合均匀后挤出。

关于光/生物降解的材料的降解性能，经过大量实验证明效果是很好的。以下是我国铁道部与某公司开发的双降解发泡PS餐盒的实验数据。

实验条件：北京郊区，6～8月，温度为23.3～36.7 ℃，总日照时数为639.5 h，总辐射量为1 547.52 MJ · m^{-2}。外观变化：1个月开始退色，粉色变黄，绿色变灰，餐盒底盖分离；2个月后表面产生小霉点，占试样30%～

40%，且表面开始脱层，出现小裂口；3 个月餐盒严重破碎脱层，手触即碎。此过程中相对分子质量变化很大，下降较快，证明降解效率很高，数据如表 3－22 所示。

表 3－22　双降解餐盒野外降解相对分子质量变化表

样品类别	重均相对分子质量 Mw	数均相对分子质量 Mn	老化后 Mw	老化后 Mn	相对分子质量下降率/%	
					Mw	Mn
非降解餐盒	252 966	83 435	253 560	65 542	0	21.4
双降解粉色餐盒	249 701	83 998	153 743	33 385	38.4	60.3
双降解绿色餐盒	240 799	82 493	158 027	35 636	34.4	56.8
双降解白色餐盒	247 798	83 908	129 442	24 031	47.8	71.6

3.5.1.4　水降解塑料

水降解塑料通常是由聚乙烯醇与淀粉或聚乙烯醇与聚乙烯吡咯烷酮助剂等混合而成，是目前重点开发的一类项目。因为它的水解特性，使其具有重要的环保意义，而且废弃物的处理降解变得格外简单，成本低，所以成为研究的热门材料，如水降解的包装薄膜，水溶性的发泡塑料，PVC 湿法冷凝胶无纺布等。

（1）降解机理

水降解包装薄膜由于聚乙烯醇与淀粉、聚乙烯醇与聚乙烯醇吡咯烷酮的混合物等本身就具有水降解性和生物降解性，所以在水和生物作用下材料必定能够降解，首先溶于水形成胶液渗入土壤中，增加土壤的凝结性、保水性、透气性，在土壤中 PVA 可被土壤中的细菌甲单细胞属的菌株分解，还可以在聚乙烯醇的活性菌和产生活性菌所需物质的菌的共生体系所降解。仲醇的氧化反应酶催化聚乙烯醇，然后水解酶切断被氧化的 PVA 主连，形成自由基链锁式降解，最终可降解为 CO_2 和 H_2O。

（2）水降解塑料的制备

①水溶性塑料包装膜。水溶性塑料包装膜的主要原料是低醇解度的聚乙烯醇及淀粉，其制膜原理是利用聚乙烯醇的成膜性、水溶性及降解性，添加各种助剂。所添加的助剂均为 C，H，O 化合物，且无毒，与聚乙烯醇溶液相溶，添加剂各组分与聚乙烯醇、淀粉之间只发生物理溶解，改善其物理性能、力学性能、工艺性能及溶水性能，利用各组分分子结构上的基团发生相互之间作用，但不发生化学反应，不改变其化学性能。

水溶性塑料包装膜的加工工艺过程是首先将全部的原料组分配制好，然后加入一定量的水配制成固含量为18%～20%的水溶性胶液，然后再流延涂布到光洁度高的不锈钢辊上，通过刮刀控制计量，保护膜的薄厚均匀性，经干燥成膜后从钢辊上剥离，再次干燥到规定的水分指标后切边收卷成商品膜。

目前，流延制膜多采用水溶性溶胶薄膜流延机，国产设备基本技术参数：薄膜厚度为0.02～0.2 mm，幅宽≤1 000 mm；生产速度为2～5 m/min。

生产工艺流程框图如图3－1所示。

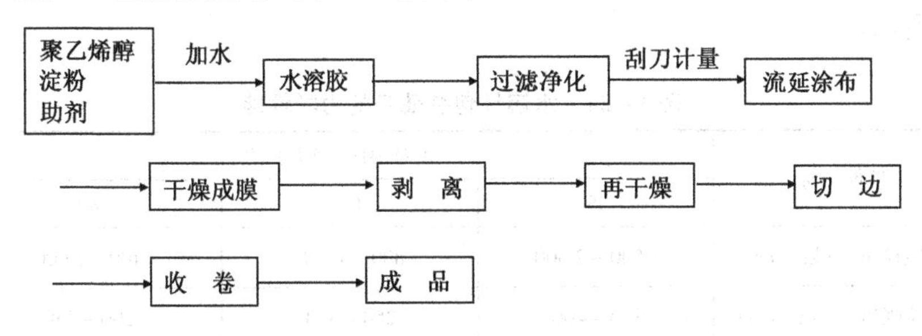

图3－1　水溶性塑料包装膜的生产工艺流程框图

水溶性包装膜具有一定的强度、热封性，表现状态类似一般塑料薄膜，多用在食品包装上和水中使用的产品的包装如农药、化肥、杀虫剂、水处理剂、种子等。由于这种膜的环保特性，它将在许多方面得到广泛的应用，它具有如下优良的性能。

含水量和水溶性。成卷的水溶性薄膜一般用PE塑料包装以保持其特定的含水量不变。当水溶性薄膜从PE包装中取出后，水溶性薄膜的含水量会随环境温湿度的变化而变化直至平衡，而膜的溶解性则与厚度、温度有关，温度越高溶解速度越快。表3－23是水溶性包装薄膜的平衡水分数值。

表3－23　水溶性包装薄膜的平衡水分（20 ℃）　%

相对湿度（RH）	45	65	80
平衡水分	4～6	8～9	11～13

透气性与阻隔性。此膜可允许氨气与水透过，对氧气、氮气、氢气、二氧化碳有良好的阻隔性，所以用于食品包装可以保质、保鲜、保味。

可防静电性。水溶性膜是一种防静电薄膜，与其他塑料薄膜不同，具有良好的防静电性。在生产加工中和使用过程中不产生静电，所以不会由静电而引起可塑性下降和静电吸尘。

热封性。水溶性包装薄膜具有良好的热封性，适合电阻热封、高频热封，热封强度与温湿度、压力、时间等条件有关。

耐油性及耐化学性。水溶性包装薄膜具有良好的耐油性（植物油、动物油、矿物油），耐脂肪性、耐有机溶剂和碳水化合物等。但强碱、强酸、氯自由基及其他与 PVA 发生化学反应的物质（如硼砂、硼酸、某些染料等），这类物质建议不用水溶性薄膜包装。

可印刷性。此膜可以进行包装美化和信息宣传。水溶性薄膜可以用普通的印刷方法进行清晰的印刷，印刷性良好。

具有很好的力学强度和环保特性，其水溶性包装膜的力学性能如表 3 – 24 所示。

表 3 – 24　水溶性包装薄膜的力学性能

性能指标	相对湿度（RH）/%		
	45	65	80
弹性模量/（kg · cm）	1 500 ~ 2 500	800 ~ 1 700	400 ~ 1 000
抗拉强度/（kg · cm）	300 ~ 400	250 ~ 350	200 ~ 250
撕裂力/（$kg \cdot cm^{-1}$）	150 ~ 200	100 ~ 180	50 ~ 150
延伸率/%	90 ~ 150	200 ~ 300	220 ~ 300

水溶性。水溶性薄膜的水溶性与其厚度和温度有关，以 25 μm 厚的薄膜为例，其有关数据如表 3 – 25 所示。

表 3 – 25　水溶性薄膜水溶性数据（25 μm）

温度/℃	20	30	40
溶解时间/s	65 ~ 80	45 ~ 50	25 ~ 30

高科技水溶性薄膜产品属于绿色环保包装材料，在欧美等国和日本均得到国家环保部门的认可。

目前，国内外主要把生物耗氧量（BOD）及化学耗氧量（COD）作为环保的指标。日本有关部门测定聚乙烯醇生物耗氧量（BOD）比淀粉小得多；美国空气产品公司把 Airvol 公司 PVA 产品生物降解 5 d 后可测得 BOD 量低于最初 BOD 总量的 1%。经过生物试验表明，聚乙烯醇既无毒，也会阻止微生物的生长繁殖，对废处理和环境卫生没有影响。有关部门微生物分解试验研究也表明，聚乙烯醇几乎完全被分解，使 COD 降得很低。就降解机理而言，聚乙烯醇具有水和生物两种降解特性，首先溶于水形成胶液渗入土壤中，增加土壤的团黏化、透气性和保水性，特别适合沙土改造。在土壤中的PVA可被土壤中分离的细菌——甲单细胞（*Pseudomonas*）属的菌株分解。至少两种细菌组成的共生体系可降解聚乙烯醇：一种菌是聚乙烯醇的活性菌；另一种是生产PVA活性菌所需物质的菌。仲醇的氧化反应酶催化聚乙烯醇，然后水解酶切断被氧化的PVA主链，进一步降解，最终可降低为CO_2和H_2O。

水溶性薄膜用途广泛，市场十分广阔，并具有环保特性，因此已受到世界发达国家广泛重视。例如，日本、美国和法国等已大批量生产销售此类产品，像美国W. T. P公司、C. C. LP公司，法国的GREENSOL公司以及日本的合成化学公司等。其用户也是一些著名的大公司，如Bayet（拜耳）、Henkel（汉高）、She11（壳牌）、Agr. Eva（艾格福）等大公司都已开始使用水溶性薄膜包装其产品。

在国内，水溶性薄膜市场正在兴起，就国内市场而言，据有关资料统计，目前每年需要包装薄膜占塑料制品的20%，约达30.9万t，即使按占有市场5%计，则每年需求量也达1.5万t。其主要应用有以下几个方面：a. 用于水中使用产品的包装，如火药、化肥、颜料、染料、清洁剂、水处理剂、矿物添加剂、洗涤剂、混凝土添加剂、摄影用的化学试剂及园艺护理的化学试剂等；b. 水转移印刷，用于陶瓷、电器外壳异型面的商标及图案转印；c. 高温水溶膜（40 ℃以下不溶），可用于服装及纺织品包装、食品保鲜膜等，尤其是出口产品的包装；d. 用于种子袋、农用育苗、刺绣等。

此外，水溶性薄膜的主要原料是聚乙烯醇，我国是原料生产大国，这对高科技溶水性包装薄膜应用前景的市场开发最为有利，且随着社会的发展和进步，人们越来越注意保持我们赖以生存的环境，尤其是对我国即将与国际发达国家接轨，对包装环保要求日益提高，因而水溶性薄膜在我国的应用前景一定十分广阔。

②水溶性发泡塑料。它是用聚乙烯醇、聚乙烯吡咯烷酮以及两者的混合物所构成，其中有均匀的气泡，占体积的80%～90%，加工工艺是在混合物的水溶液中充入气体，在搅拌下形成均匀分布的气泡，然后铸塑成型，它的产品可在50 ℃下几个小时内溶解。

生产工艺流程如图3－2所示。

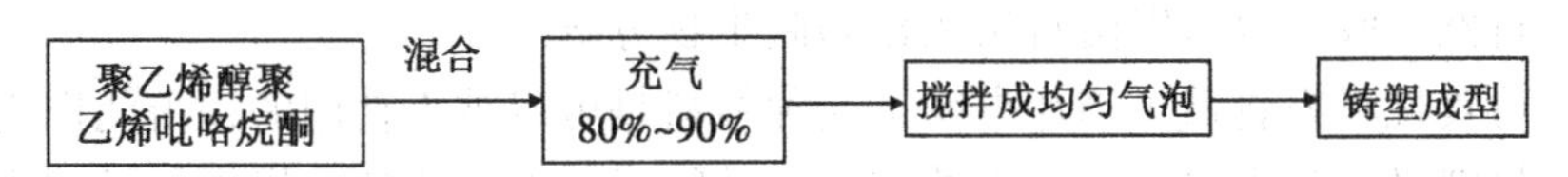

图3－2 水溶性发泡塑料的生产工艺流程

③水溶性凝胶无纺布。水溶性PVA湿法冷却凝胶无纺布。它是用PVA

在溶液状态下，低温时成凝胶状纺丝，然后制成水溶性的无纺布，产品具有热压性，而且依不同的碱化程度，可在 5 ~ 100 ℃依次溶解，它可以做成各种包装材料。

其生产工艺流程如图 3 – 3 所示。

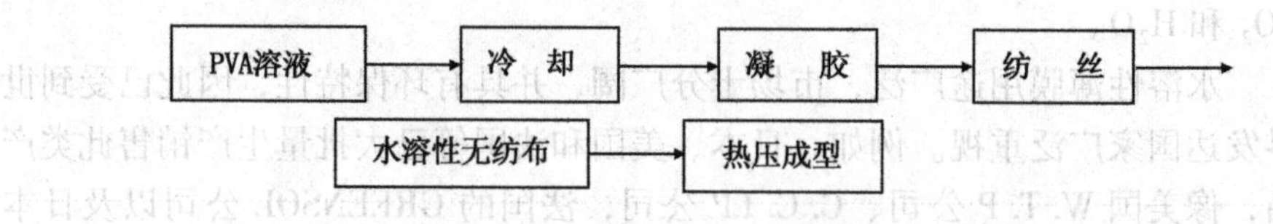

图 3 – 3　水溶性 PVA 湿法冷却凝胶无纺布生产工艺流程

3.5.2　天然高分子型材料

由于此种材料完全由天然高分子物质通过化学与物理的加工而形成，所以材料可以在自然中风化降解，回归自然。

天然高分子型材料的制备与加工。天然高分子型的材料制备和加工是比较简单的，不需要有合成的过程，而只是以化学及物理的方法再处理和再加工的过程。它的原料来源丰富，在自然界中到处都有，如各种植物的纤维素、木质素、甲壳质、淀粉等。制备的过程是将这些原料经过粉碎，然后大部分再水解得到产物脱乙酰基壳多糖。再将这些产物以一定的比例制成醋酸溶液，加入有效的易成膜第三组分，在平板上流延成膜。它的拉伸强度相当于通用塑料，但伸长率稍低。还可采用其他加工方法，如纸浆模塑，植物纤维模压，淀粉、玉米粉膨化等。如德国 Zssen 大学研制的以甜菜渣为原料制成的牛奶包装罐，它可在 60 d 内分解成水、腐殖质和二氧化碳。再有用豆腐渣（豆腐生产过程中的下脚料）与氢氧化钙和一定量的植物纤维浆进行混合，加入水，在 50 ~ 80 ℃下加热 2 h，然后过滤，其后经过干燥成为产品。过滤出的物质可制成各种容器，这种容器强度高，质量轻，不透水，制品埋于地下 3 个月即可自然分解。

3.5.3　可食性包装材料

可食性材料的原料都是天然的有机小分子及高分子物质，所以它可以由人体自然吸收，也可以由自然风化和微生物分解。

可食性材料直截了当地点明了这种材料是可以被人食用的，由此推论它的原材料必定是来自自然界中的植物、动物或自然合成的有机小分子和高分子物质，如蛋白质、氨基酸、脂肪、纤维素、凝胶等。近些年来由于包装技术的飞速发展，以及绿色包装的呼吁和要求，所以可食性包装代替塑料已成为当前包装业的一大热点和全球性的研究课题。有关研究成果显著有效地解决了包装污染与环境保护的矛盾，许多新型的可食性包装已面向市场。它的特点是质轻、透明、卫生、无毒无味，可直接贴紧食物而包装，保质、保鲜效果好。目前所市场上的胶原薄膜、谷物质基薄膜、纤维素薄膜都是典型的代表。

大自然中的农副产品中蕴含了大量的可供人类食用的营养成分，如蛋白质、脂肪、氨基酸等。但其中能够成膜、成型制成包装膜的物质也是有限的，如山芋、木薯、魔芋粉、蕨根粉、海藻类、海菜等，它们的共性是都具备成膜性、柔韧性和一定强度，所以通过干燥、磨粉或熬炼后，在一定配合剂及助剂的作用下会形成一个整体网架，而流延成膜或压制成食品容器。

可食性包装的制备通常是对其原料进行粉碎、压榨或浸泡、淬取或熬炼，然后过滤浓缩，再配以各种少量的配合剂，利于成膜，提高强度、韧性，在一定工艺条件下加工成型。有很多可食性包装材料在各个领域广泛应用。

作为大豆蛋白与淀粉混合所制成的包装膜，它能够保持水分，阻隔氧气，保持食品原味和营养价值；动物蛋白质胶原制成的可食性薄膜也与之类似，但强韧性更好一些，并在耐水性、隔绝水蒸气方面更有特性，可作为肉类食品、咖啡、可可等的包装；用甲壳素制成的纤维薄膜，有较好的水溶性，适宜做各种形状的食品容器，也适应真空包装；从贝类中提取的壳聚糖，与月桂酸结合在一起可以制成可食性薄膜，有很好的保鲜作用；再有用脱乙酰壳多糖作原料，加工成包装纸，可用于快餐面、调味品、面包及各种食品，可直接放锅内烹调，不必去除袋子；用虫胶和淀粉混合可制成耐水耐油的包装纸或涂层，用于快餐食品包装。我国以特有的植物——魔芋制成的替代包装，具有可食性和较好的强度、韧性和包装性。最新研究报道，美国现已问世了一种以草莓制成的可食性食品包装，完全天然环保，性能可与聚乙烯媲美，而且具有很好的阻氧性和保鲜性；更具特色的是它可以使所包装的水果、蔬菜的味道得到更好的调节。这就预示着不久的将来众多的蔬菜、水果都可以用来制成食品包装材料了。美国纳蒂克研究所开发的动物蛋白胶原薄膜及美国印第安纳州研究出的甲壳素纤维薄膜也是较好的代表作。日本利用生产豆腐、豆制品的副产品——豆腐渣、加脂酶及蛋白酶分解经温水洗后，干燥成纤维，再加山药、芋头、糊精、低聚糖等黏结而制成一种水溶性的食用膜，广泛地用于方便面、调味料、烤肉、蛋糕的包装和微波炉食品的包装以及水果、鲜花的包装。

3.5.4 新型的可降解包装材料

3.5.4.1 蛋白质薄膜

蛋白质来源于动物与植物之中，所以分为动物蛋白质与植物蛋白质，蛋白质成膜后通常具有良好的机械强度、弹韧性和屏蔽水蒸气的性能。动物蛋白质由于主要提取于动物的骨、软骨组织和皮，富含大量的胶原蛋白，所以其弹性、抗水性、透气性更为突出，包装肉类食品更好。而从植物如大豆中提取的蛋白（SPI），它富含大量氨基酸和其他营养成分，不仅可用于包装食品，还有特定的功能营养价值。膜还具有防潮与隔氧性能，包装含脂肪类的食品最佳，可以有效地保质、保鲜、保味。

大豆蛋白的提取工艺过程为：

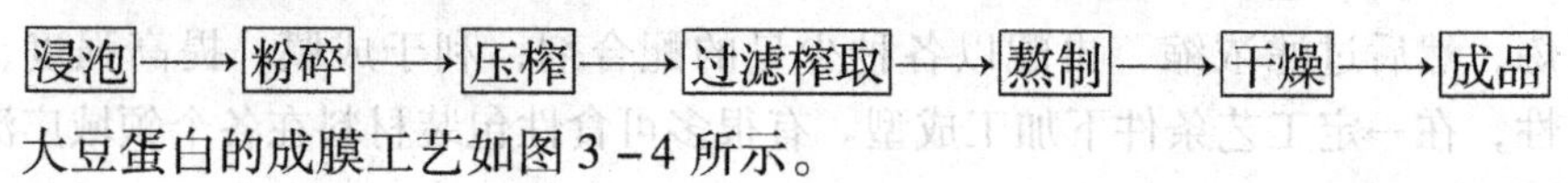

大豆蛋白的成膜工艺如图 3－4 所示。

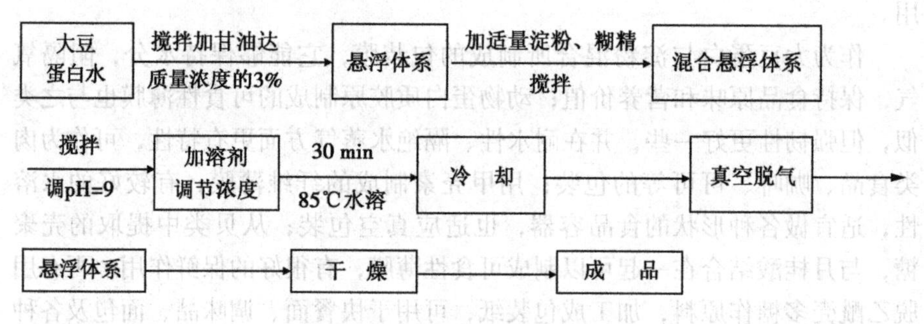

图 3－4 大豆蛋白的成膜工艺

生产工艺中加入适量的可溶性淀粉与糊精，其目的是改善成膜的强度与韧性，因为淀粉大分子与 SPI 中分子链上的氨基酸的氨基发生交联反应，使分子链刚性增加。而糊精是淀粉的水解产物，相对分子质量小得多，只能与分子中某段氨基反应形成一个支链，削弱了分子链的键能，导致分子刚性下降、韧性增加。所以要使蛋白质膜达最佳性能，应对辅料的配比做一个优选设计实验。

动物蛋白是从乳清中衍生出的乳清分离蛋白制成。乳清是生产干酪过程中分离出的副产物，乳清分离蛋白具有生物活性和保健特性，能抗菌、防腐、保鲜。成膜后具有弹韧性、一定强度、半透明性、卫生性、环保性，所以它可以单独也可和其他天然物质混合配制成为可食性包装膜。

此种生物蛋白膜除上述的物理性能外，它具有阻氧性，氧气透过率低于高密度聚乙烯，对脂类、芳香类物质也有阻隔性。不过它的阻湿性稍差，这一弱点可以通过其他阻湿性好的生物高分子来进行补偿和改善，如甲基纤维素，它与蛋白的结合可有效地提高阻湿、阻氧性，提高机械强度。可用于新鲜水果、食品（蛋糕、饼干、干果等）的包装，它可以使食品在储藏过程中保持原有的风味和品质。

3.5.4.2 贝类薄膜

甲壳素是天然高分子，学名为 B－（1→4）2－乙酰氨基－2－脱氧－D－葡萄糖，提取于海产品中的虾、蟹、蛤蜊、海贝等的甲壳中以及虫类的外壳中。

由于甲壳素具有生物属性，含有动物蛋白、钙质及胶原等，所以将其加工提炼形成壳聚糖后制成纤维素，具有很好的弹韧性、透明性、卫生性、成膜性、强度等，适合做各种食品的包装，真空包装、贴体包装，除此之外还可以做各种形状的食品容器。

实际上贝类薄膜的加工制造首先要从甲壳素在碱性条件下脱乙酰基生成壳聚糖，分子上带有强活性的羟基、氨基，极易通过酰基化、羟甲基化、羟乙基化等化学反应制得不同衍生物膜。壳聚糖是带正电荷的单体物质，具有良好的生物活性，易与生物体亲和相容，有良好的抗菌防腐性能。它易溶于有机溶剂而成膜，也易于改性和加工，经交联后耐热性和耐酸性都优于醋酸纤维素膜，拉伸强度大，韧性好，亲水性强。

因此，它可以流延成膜，也可以喷涂成膜。它的拉伸强度与高密度聚乙烯相媲美，且成膜后对 O_2，CO_2，C_2H_4 具有一定的选择吸收性。它还具有隔氧透气功能，又可抑制果蔬的有氧呼吸强度，达到保温、保鲜、保质的作用，可广泛用于水果、蔬菜的包装。

壳聚糖也可以和其他物质配合生成降解材料，它的结构类似纤维素结构，只是其中碳－2－位上的羟基被氨基置换了，依相似相容原理，壳聚糖与纤维素混合，可以形成干、湿强度都很高的降解材料。

美国科学家的最新研究是采用细菌发酵法使植物纤维发酵，然后提取发酵液中的可降解的“生物塑料”，将它们与壳聚糖组合形成薄膜用于食品包装，膜具有出色的可塑性与加工性。

贝类薄膜的加工制作工艺通常如下流程：

贝壳 → 粉碎 → 浸泡 → 熬炼 → 提取 → 干燥甲壳素 —碱/水解→ 脱乙酰壳聚糖 —一定比例/水解→ 醋酸溶液

—月硅酸聚乙烯醇/定量甘油→ 流延成膜 / 压制成容器 → 干燥 → 产品

贝类薄膜除了具有优良的物化性能外，更主要的是它可以食用。它可降解，是绿色的环保产品；也可用于快餐面、调味品、面包、调，不必去除袋子；更主要的是它可以食用，还可降解，是绿色的环保包装材料，还可以直接放入锅中烹调，不必去除袋子。

3.5.4.3　转基因植物降解塑料

顾名思义，转基因植物降解塑料即是通过将某种生命体的基因取出移植到作为生长载体的植物上去，让植物带着所转来的基因生长，关键是它们生长后形成的产物是可以降解的塑料。

这项研究在基因工程学中也是一种新突破，因为动物与动物的转基因或克隆无论在遗传或同类物种的近似性、相容性、可接受性的逻辑关系上都是可行的。但不同类物种的基因移植，缺少相同的物质结构和物质基础的相似性、相容性，所以具有一定的难度。在研究的周期上会加长，所以转基因植物降解塑料无论在品种上还是成功面世后的报道都相对较少。

显而易见，由于此种材料都是以动物及植物体作为基础物质，即使生产出了塑料，也是不同于工业合成塑料，而是具有天然大分子，近似塑料结构的物质，所以它们可以自然降解。

转基因植物降解塑料的形成，通常是在动物体内培养基因获得验证，再提取基因。第一步是采用多种碳源来喂养细菌群，通过碳源在腹中发酵以至合成出塑料属性的高分子。如某细胞体内储有一种叫β－羟丁酸（PHA）的高分子化合物，具有普通塑料性质，但又可以自然降解，可以制造出质量好的包装材料。但此类生物合成的高分子塑料PHA要想大量获得是很困难的。因此第二步就采取了基因移植法把菌群体内提取的塑料合成基因PHA植入到植物的植株细胞内，植物在具有PHA的基因情况下，使其大面积快速地生成PHA，以求获得高的产量。

此类PHA塑料不同于一般植物所生长的淀粉和脂肪类，这种采用高科技基因工程生长出来的塑料PHA具有一定的强度、成膜性、韧性及卫生安全性和降解性。这意味着未来人们可以得到从土壤里生长出来的“绿色塑料”。

目前世界发达国家如美国、英国、日本相继在此研究领域探索和开发。中国也随着基因工程的发展启动了此项研究。例如，美国Monsanto公司从真养产杆菌（Alacalig eneseutrophus）中分离出了能促进3－羟基丁酸（3－HB）与3－羟基戊酸（3－HV）共聚酯P－（3－HB－CO－3－HV－）聚合物生成的主要生物酶的基因，再利用生物技术构建了一个含有多个目的性基因（结构传递基因、叶绿素传递基因、生长与终止基因等）性植物表达载体，它植入到所选择的快速生长的植物中去。实验结果证明此种转基因植物种子中含有7.7%鲜的P－（3－HB－CO－3－HV－）大分子。

3.6 代木包装材料

随着我国国民经济的快速发展，木包装的用量也逐年增加，从而导致森林资源短缺与经济快速发展之间的矛盾日益突出，木材、纸张等传统包装材料严重不足。据介绍，我国木包装材料的耗用量约占全部包装材料用量的9%，高于美国和德国2%的水平，也高于日本5%的水平。因此，在木材资源日益紧张的情况下，节木和发展代木包装材料势在必行。

为缓解木包装材料的供需矛盾，适应经济的快速发展，既保护森林资源，又便于再生利用的新型代木包装材料越来越受世界各国的极大重视。除瓦楞纸板箱、蜂窝纸板箱等，一些功能优秀、相对成本低、占用空间少、可回收利用、性能好的新型代木包装材料不断出现。例如，将塑料与木材的优点结合起来，利用废木材等开发的绿色环保的塑/木复合材料，利用丰富的竹资源开发的竹胶板代木材料，已成为塑料包装材料发展重点开发的新品种之一的合成纸以及根据我国的国情和生产发展需要创新开发出来的新产品——钙塑瓦楞包装箱等。这些新型代木包装材料都已在世界范围不同程度地得到应用，在一定程度上解决了人类对木质包装材料的需求，节约了资源，保护了环境。总之，以开发再生资源、减少环境污染为目的的废弃物再利用问题已成为社会各界关注的热点，而这些新型的绿色代木包装材料不仅节约了木材，保护了森林资源，同时也是治理“白色污染”和废弃物再生利用的重要手段。

3.6.1 竹胶板

3.6.1.1 以竹代木的资源优势

竹材属于内长树类，种类很多，为亚洲的特产。我国森林资源贫乏，然而竹林资源却十分丰富。我国竹林面积和蓄积量居世界第二位，竹林产量和竹类品种居世界首位。全世界竹林面积约1 500万 hm^2，我国占有340万 hm^2，蓄积量有60亿支、1.2亿t；世界竹林年产量约1 600万t，我国年产量就达500万t；世界竹类品种有60余属、1 300多种，我国就占有30余属、300余种。如此丰富的竹类资源，正是我国代木制品和代木包装的重要原料。

我国竹林的主要产区有四川、江西、湖南、浙江、福建、安徽、江苏等地。竹材生长期较短，一般只需1～3 a就可以砍伐利用，比木材快3～5倍，而且便于种植。竹子的砍伐量一般是蓄积量的1/3，全国每年大约砍伐20亿支竹子，毛竹一般3～4 a不砍就会自行腐烂。

目前，我国竹子的利用量只占砍伐量的1/10，即只有2亿支被利用，大约400万t，主要用于包装、建材、造纸、家具、工艺品，其他大部分都被用作烧柴烧掉，所以我国竹材利用潜力很大。

竹材强度大、刚度好、耐磨损，是一种优良的工程结构材料。早在远古时代，人们用竹材造竹楼，作建筑脚手架、竹梯、水管等。到了现代，人们开始用竹子制造竹编工艺品，如竹编果盘、竹花瓶、竹编动物造型等；竹子工艺品，如竹渔竿、礼品竹扇、鸟笼、竹手杖等；竹制日常用品，如竹筷、竹席、竹签、竹家具等。其中竹筷和竹席已成为林产品出口创汇的重要组成部分。但我国对竹子的深度开发——竹材人造板的研究开发却相对滞后。我国竹材人造板的开发研究始于20世纪70年代，发展于80年代。80年代初期，由于森林过度砍伐，水土流失严重，自然灾害频频，森林资源的保护日益引起世界各国的重视。竹子作为一种一次栽种永续利用的代木材料，引起了人们的重视，从而投入了大量的人力、物力研究开发，竹材人造板有了长足的发展。

我国最早开发的竹材人造板是四川的竹编胶合板，当时是把竹子破成篾，沿袭原农民织晒垫的方法，织成席子，再涂上脲醛胶，通过一定压力和温度，挤压成竹胶板。其加工设备简陋，加工方法简便，主要用作包装箱板，也有少量用作建筑模板。由于该产品胶合强度不高、不耐水、不耐高温、表面粗糙，用作建筑模板只能周转两三次，费时、费劲、质量差、成本高，推广效果不佳。80年代后期，以湖南为主的一批专家和企业开始了新的探索、研究，在几年时间里，研制出了20多种竹胶板，如湖南开发了竹席竹帘胶合板作建筑模板，浙江开发了竹材层压板作车厢底板，南京林业大学开发了竹材胶合板作车厢底板和建筑模板。这些板材强度高，尺寸稳定性好（见表3－26），广泛应用于建筑、交通运输、包装及其他行业，达到了以竹代木、以竹代钢的良好效果。进入90年代后，各地相继开发了高强覆膜竹胶板和竹地板，均已形成较大的生产规模，广泛使用于建筑模板和包装装潢上；竹材碎料板虽有开发生产，但未形成规模；竹材复合板则大都停留在研究试验阶段。现在，全国共有竹材人造板生产厂家200多家，主要分布在浙江、湖南、四川、江西、安徽、福建等省。

表3－26 竹胶板与木胶板的性能对比

名称	抗拉强度 /(9.8N·cm^{-2})	抗弯强度 /(9.8N·cm^{-2})	抗冲击强度 /(9.8N·cm^{-2})	容量 /(g·cm^{-3})	含水率/%	吸水率/%
水胶版	420~490	350~600	0.354~0.403	0.53	11.3	60
竹胶板	400~600	400~700	0.44~0.46	0.6~0.8	0.7~0.9	60~65

我国以竹代木的开发利用主要在两个方面，即用作造纸原料和生产竹胶板。我国限于木材资源缺乏，所以采用木浆造纸较少。用竹浆取代木浆造纸可以大大缓解我国木浆资源缺乏的困境。用竹胶板制作的包装容器可以替代木包装制品，具有良好的发展前景。如我国四川德阳重机厂用竹胶板箱包装电机出口德国，受到广泛的赞扬。

目前，竹材人造板已在建筑、包装、车辆、室内装饰、家具等领域广泛替代了木材和木材胶合板。竹胶板与木胶板的性能对比如表3－26所示。

竹胶板具有纵横方向物理力学性能差异少、强度高、抗水、防潮、耐热、绝缘、防蛀质量轻、平整美观、价格便宜等优点，可替代木板和木胶合板及纤维板用作各种包装箱板。

能代替木材制作包装制品而使用的竹材主要有以下三种。

①毛竹，或称江南竹、孟宗竹。长10～25 m，直径10～20 cm。毛竹产量很大，占竹总产量的一半左右，其质坚韧，用途极广。

②苦竹，或称刚竹、台竹。长6～22 m，直径10 cm左右。产量比毛竹少，用途仅次于毛竹。

③淡竹。长约10 m，直径3～10 cm，质坚韧致密，易于劈细，多作为上等工艺品的原料。

3.6.1.2 竹胶板的主要类型

①竹编胶合板。竹编胶合板是将竹材劈篾、编席、涂胶、热压胶合而成的一种竹材人造板。其生产工艺流程为：竹材→截断→剖篾→编席→干燥→涂胶→陈化→组坯→热压→裁边→检验→成品。竹编胶合板在我国很多地方已逐步采用，制成各类大、中、小型包装箱，用于机械设备包装、出口机电产品包装，代替大量木材，既节约资金，成本又比木材降低1倍左右。

竹胶合板的压制可分为热压法与冷压法。采用热压法是板坯在压力、温度的作用下，树脂快速固化。厚度7 mm以下的薄板采用脲醛树脂胶，7 mm以上的厚板采用酚醛树脂胶，将板材胶合成型。热压法的关键是适当地控制压力、温度、时间三要素。板材间在胶合时需要施加较大的压力，才能使竹席之间、竹席与胶层之间充分紧密接触，使胶液充分浸润竹席，同时起到黏接和一定的塑化作用。在生产中，压力是通过压机表压力反映的，其计算公式如下：

$$P_1 = \frac{\pi d^2 np}{4F}k$$

式中：P_1——板坯单位面积压力，MPa；

d——压机活塞直径，cm；

n——活塞数目；

p——表压力，MPa；

F——表坯面积，cm^2；

k——压力损失系数（0.9～0.92）。

在压制的各个阶段，压力要求是不同的，图3－5是其压力曲线示意图。图中AB为预压段，CD为正压段，DE为冷却段，EF为卸压段，各段的压力应根据板材不同厚度、不同用途而定。温度和时间应根据不同厚度的板材及不同的设备条件而定。

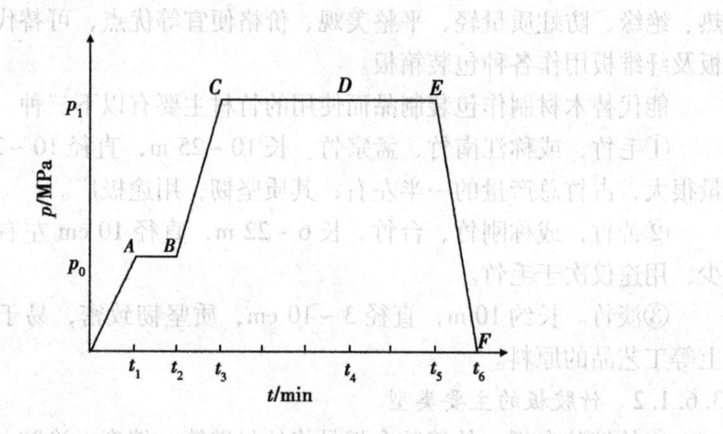

图3－5 热压胶合压力曲线示意

②竹席竹帘胶合板。竹席竹帘胶合板是以竹席为面层材料，以纵横交错组坯的竹帘为芯层材料，经干燥、浸胶、组坯、热压胶合而成的一种竹材人造板。其生产工艺流程为：竹材→截断→剖篾→开条→编席、编帘→干燥→组坯→热压→裁边→检验→成品。

经过十几年的发展，竹席竹帘胶合板的生产工艺有了很大的改进。竹条的厚度明显减小，由原来的2.0～2.5 mm减至现在的1.0～1.5 mm。干燥工序原来都采用土制烘房烘干，竹席、竹帘的含水率很难控制，影响竹胶板的质量，生产效率也很低。现在一些大规模的生产厂家都采用连续网带式干燥机干燥，生产效率很高，竹席、竹帘含水率容易控制。施胶工字也由原来的涂胶改为浸胶，浸胶耗胶量小，竹篾搭接处胶黏剂容易渗入，胶合质量较好。

浸胶时间以5～8 min为宜。所用胶黏剂也由原来的脲醛树脂胶改为现在的酚醛树脂胶。浸胶后增加了二次干燥工序，一方面可降低竹席、竹帘的含水率，提高生产效率；另一方面可使竹席、竹帘表面形成一层均匀的胶膜，提高胶合质量。热压工序由原来的热进热出工艺改为现在的冷进冷出工艺。因为现在生产的竹胶板厚度都在 12 mm 以上，竹帘层数较多板坯内水分难以挥发，所以采用传统的热进热出工艺容易造成淋胶、鼓泡，影响胶合强度和表面质量。采用冷进冷出工艺生产的竹胶板，表面平整光洁，胶合质量好。一般热压温度为 130 ~ 140 ℃，压力为 3.0 MPa，一个热压周期约 1 h。

目前，竹席竹帘胶合板是我国竹材人造板中发展最快、规模最大的一个品种，主要用作建筑模板，少量脲醛胶制的竹胶板用作包装箱板。传统的木模板施工表面质量差，拼装费工费时，施工周期长；20 世纪 70 年代起推广的钢模幅面小，拼缝多，质量大，脱模难，表面粗糙，且易生锈、变形；80 年代起使用的木胶合板模板，则因需要大量的木材资源，且周转次数少，成本高，不宜大量采用。竹席竹帘胶合板因其强度高，韧性好，幅面宽，拼缝少，表面光滑，容易脱模，耐水，耐热，不易变形，周转次数高等特点，已在建筑上大量推广使用，替代木模、钢模和木胶合板作高层建筑、桥梁、大坝、隧道的混凝土模板。现在我国有几十家生产企业，主要分布在湖南、湖北、江西、浙江、安徽等地。

③竹材层压板。竹材层压板是用一定规格的竹篾，经干燥、浸胶、干燥、组坯、热压胶合而成的一种竹材人造板。其生产工艺流程为：竹材→截断→剖篾→干燥→浸胶→干燥→组坯→热压一裁边→检验→成品。

竹材层压板的生产工艺较简单，不需编席、织帘。浸胶采用酚醛树脂胶，该产品耗胶量很大。浸胶量控制在 6% ~7% 为宜。竹材层压板的产品以厚板为主，厚度一般在 25 mm 以上，热压宜采用冷进冷出工艺，进出板时热压板的温度一般在 60 ℃左右，热压温度一般为 140 ~ 150 ℃，热压压力较大，一般为 4.5 ~5.5 MPa。

竹材层压板的纵向强度和刚度很高，但横向强度很低，其结构类似于重组木，一般作工程结构材料。主要作火车车厢底板、载重汽车的车厢底板，也用作包装箱底板。目前全国有 20 多家生产厂。

④竹材胶合板。竹材胶合板是竹材经过热处理后，软化、展平、刨削、干燥、涂胶、组坯、热压胶合而成的一种竹材人造板。其生产工艺流程为：竹材→截断→去外节→剖开→去内节→水煮→高温软化→展平→辊压→刨削→干燥→铣边→涂胶→组坯→预压→热压→裁边→检验→成品竹材胶合板。主要特征是竹材的高温软化展平。通过高温软化、展平、刨削加工，可以获得最大厚度和宽度的竹片，减少生产过程中的劳动消耗和耗胶量，加工过程也便于机械化。竹材胶合板一般都利用竹材自身厚度所加工的竹片生产 3 层结构的板材，厚度为 12 ~ 15 mm。因为板材层数较少，热压时可采用热进热出工艺，但仍需分段加压，以防淋胶、劳泡。竹材胶合板一般都采用酚醛树

脂胶，用四辊涂胶机涂胶。热压温度以 135 ~ 140 ℃为宜，热压压力一般为 3.0 ~ 3.5 MPa。

竹材胶合板强度高，刚性好，是一种优良的工程结构材料。现主要用作汽车车厢底板和中型机电产品的运输包装箱板，近年来也作为建筑模板的基板使用。但竹材胶合板的加工工艺复杂，设备较多，工艺较难控制，对原料要求高，需眉围 26.67 cm（8 寸）以上的毛竹，因此难以大规模发展。目前国内有 20 多家生产企业，主要分布在江西、安徽、福建、浙江等地。

几种常见的竹材人造板的物理力学性能指标如表 3 – 27 所示。

表 3 – 27　几种常见的竹材人造板的物理力学性能指标

指标名称	单位	指标值				
		竹编胶合板		竹席竹帘胶合板	竹材层压板	竹材胶合板
		薄型	厚型			
密度	$g \cdot cm^{-3}$			≥0.85	≤1.2	≤0.9
含水率	%	≤12	≤12	≤14	8 ~ 15	≤10
吸水率	%			≤14	≤8	
静曲强度	MPa	≥90	≥90	纵向≥80	≥120	≥98（板厚≤15 mm）
				横向≥55		≥90（板厚≤15 mm）
静曲弹性模量	MPa		$\geq 6.0 \times 10^3$	纵向$\geq 6.5 \times 10^3$	$\geq 8.0 \times 10^3$	
				横向$\geq 4.5 \times 10^3$		
胶合强度	MPa			≥0.7		≥2.5
水煮—冰冻—干燥保存强度	MPa	≥60	≥70	纵向≥50		
				横向≥35		
冲击强度	$kJ \cdot m^{-2}$		≥60	≥50	≥140	≥80

⑤高强覆膜竹胶板。普通竹胶板表面用 1 ~ 2 层浸渍纸贴面的竹材人造板称为高强覆膜竹胶板。主要用竹席竹帘胶合板作基板，也有的厂家用竹帘胶合板、竹材胶合板、竹编胶合板、竹材碎料板作基预。生产工艺有两种，即一次成型工艺和二次成型工艺。主要采用一次成型工艺，也有厂家采用二次成型工艺。二次成型工艺主产成本较高，工艺较难掌握。浸渍纸原纸为 100 ~ 120 $g \cdot m^{-2}$的硫酸盐木浆纸或牛皮纸，浸渍用胶黏剂为三聚氰胺树脂和酚醛树脂。三聚氰胺树脂胶耐磨性很高，但因其固化后脆性较大，且价格较贵，较少使用，现主要用酚醛树脂胶。胶黏剂的浸渍浓度为 35% 左右，

浸渍温度为16~40 ℃，浸渍时间为30 Pa·s，胶液黏度13 s左右。

对耐磨性有较高要求，要求磨耗值≤0.08 g/100 r，其他性能要求与竹席竹帘胶合板相同。

高强覆膜竹胶板具有表面平整光洁、耐磨损、耐腐蚀、脱膜性能好、使用次数多等优良性，广泛应用于大型桥梁、立交桥、高架桥等要求混凝土一次浇灌成型的重大建筑工程上作清水混凝土模板，周转次数可达30次以上。如在上海南浦大桥、杨浦大桥和内环线高架拼中使用，被誉为国内质量最佳的清水混凝土模板。作为一种20世纪90年代以来开发的新产品，高强覆膜竹胶板已得到建筑行业的普遍认同。

⑥竹材碎料板。竹材碎料板是以竹质碎料为主要原料，经干燥、施胶、铺装成型、热压而成的一种竹材人造板。竹材碎料板生产工艺流程如下：竹材下脚料→削片→刨片→打磨→筛选→干燥→拌交→铺装成型→预压→热压→裁边→检验→成品。

竹材碎料板的生产工艺及设备与木材刨花板相近，但热压时应注意，由于竹材结构致密，纤维纤细，排气远比木材困难，因此应采用分段降压的工艺。竹材碎料板具有较高的强度及较低的吸湿膨胀性（见表3-28），可广泛应用于家具制造、建筑、包装、交通运输及装修等领域，尤其是用酚醛胶压制的竹材碎料板经二次加工后作建筑模板和车厢底板，有广阔的应用前景。目前我国已有十几家竹材碎料板厂，不过规模都较小，主要分布在四川、江西、安徽、湖南、福建等省。

表3-28 竹材碎料板的物理力学性能

指标名称		单 位	木质刨花板	竹材碎料板
			一级品标准	
密度		$g \cdot cm^{-3}$	0.5~0.85	0.68
含水率		%	5.0~11.0	8.0
静曲强度		MPa	>18.0	23
平面抗拉强度		MPa	>4.0	4.8
吸水厚度膨胀率		%	<6.0	<5.0
握螺钉力	垂直板面	N	>1 100	1 300
	平行板面	N	>700	950
弹性模量		MPa	2.0×10^3	2.4×10^3

⑦竹材复合板。以竹材作为主要原材料之一，由两种或两种以上性质不同的材料，利用合成树脂或其他助剂，经特定的加工工艺生产的人造板称为竹材复合板。竹材复合板种类很多，主要有竹编复合板、竹片复合板、竹木复合板、覆膜竹胶板等。这类产品可以根据不同的使用要求灵活地进行结构设计，使其中的各个构成单元都能充分发挥自己的特长，因此竹材复合板的研究与开发越来越受到人们的重视。目前，竹材复合板主要用作建筑模板、车厢底板、包装箱板等。但是竹材复合板虽然问世的产品很多，但大多数仍停留在研究试验水平上，形成较大生产规模的只有覆模竹胶板。此外，南京林业大学开发的竹木复合集装箱底板也已投入生产，结束了我国集装箱底板依赖进口的历史。

3.6.1.3 竹胶板开发存在的问题

首先，竹材利用率低。目前，我国竹材人造板生产仍以竹胶板为主，竹材利用率仅为20% ~40%。尤其是竹材胶合板和竹地板，均要求原竹眉围在26.67 cm以上，所以竹材利用率更低，仅为16%左右。其次，竹材碎料板的开发尚处于起步阶段，生产工艺远未成熟，生产规模也较小，难以消化大量的加工剩余物及小径竹，导致竹材人造板生产成本较高。因此，提高竹材利用率的研究已成当务之急。

对竹材利用率影响最大的主要在准备、压刨、铣边、组坯4个工序。

①准备工序。将符合要求的3 a以上竹材按板材规格加合理余量锯断，剖开并去内外节。首先，能否合理断料，取得通直（或弯曲度很小）的竹筒对竹材利用率至关重要。通直竹材下短料，或者弯曲竹材下长料均会直接造成浪费。由于竹壁厚度从根部向梢部方向逐渐变薄，而成型竹片厚度必须以最薄处确定。因此，根部下长料还是下短料必须视具体情况而定。其次，剖竹是否均匀，内外节是否去净，也将直接或间接地对竹材利用率造成严重影响。

②压刨工序。将经蒸煮软化展开后的竹片去青、去黄，以生产可用于组坯的合格竹片，在保证青黄去净（达到胶合面残留竹青宽度不超过5 mm，残留竹黄宽度不大于7 mm）的情况下，如何多出厚竹片，是直接影响竹材利用率的又一关键环节。据测算，一条设计能力为年产2 000 m^3 的生产线，如果竹片被不合理多刨1 mm，按3层板计算，能生产18 mm厚的板材只能生产15 mm厚，其损失价值可达150余万元，平均每立方米损失750元。

③铣边工序。将竹片两边加工成直边，使竹片间拼缝缝隙达到规定不超过1 mm的要求。不能铣成直边或拼缝缝隙超过规定标准，直接影响板材质量；反之，如果铣削量过大，又必将加大竹材消耗量。因此，如何准确地把

握铣削量大小，对提高竹材利用率非常重要。

④组坯工序。将铣好边的合格竹片按照一定原则纵横交错组成一定幅面和厚度的顷坯。组坯能否认真区分好面背板并严格遵守对称原则，保证一边一头齐且互成直角，能否按板材厚度要求选择适当竹片合理配置，能否在保证板材质量的前提下使板坯长宽余量减少到最低限度等，对竹材利用率的高低影响都相当，生产中绝对不能忽视。

此外，热压时如何正确按照板材幅面大小使用正确的压力；锯边头时，如何根据板材质量合理下锯，以及在整个生产过程中，如何尽可能减少竹片损失等，都是影响竹材利用率的重要因素。

3.6.1.4 *提高竹材利用率方法*

根据影响竹材利用率的主要因素，可从以下几个途径来提高竹材的利用率。

①在严格挑选合格竹材的基础上，要特别注意以下几点。第一，要根据竹材的弯曲度合理选择锯断位置，尽量获得通直或弧度很小的竹筒，并将竹筒长度余量严格控制在50~70 mm范围内（公差不得大于3 mm）同时，保证断口与竹干方向垂直；第二，根据竹壁厚薄变化，根部尽可能多下芯板短料，以减少因竹片两端厚度差过大而将厚片刨成薄片；第三，刮竹时，竹筒中心要尽量对准刀具中心，保证剖开竹片宽度相近，防止一片过窄不能用，另两片过宽，不便展开、压刨的现象出现；第四，内外节要去净，特别要注意靠近端头的内外节，防止因内外节凸起造成啃头现象。

②压刨工序，要在保证质量的前提下尽量多出厚片。第一，保证蒸煮软化、展开及辊玉质量，使进入压刨机的竹片裂缝细密并尽可能平整；第二，严格按厚度级差分类，分批进吁刨削；第三，每次刨削量不得超过4 mm，特别是对一次刨削后竹青、竹黄残留超宽较少时，二次刨削更应严格控制刨削量，以尽量减少不必要的损失。

③铣边工序重点应放在控制铣削量上，通过正确调整前后导轨间距和安装刀片，将铣削量严格控制在1.5~2 mm范围内。生产中为了加快铣边速度，而将刀片伸出过长，加大铣削量的现象不容忽视。另外，对弯曲度较大的竹片应先进行粗铣，以将竹片凸出部分首先铣去。

④组坯前必须进行认真挑选，区分好面背板竹片。第一，根据板材厚度要求和每批竹材质量情况，按适当的压缩率确定正确的板坯厚度，并进行合理配置。第二，严格遵守对称原则，特别要保证“一边一头齐”并互成直角，避免同一边头不齐，造成面背板或芯板缺损；或者相邻层竹片互不垂直，造成板材倾斜，进而导致不能锯成规定规格尺寸等现象出现。第三，面

背板摆放时要相互靠紧，防止人为叠离而增加修补工作量，同时增加了材料消耗。

在竹材加工中，没有专用的竹胶板胶黏剂。竹材的外观形态、结构和化学组成与木材有很大差异，而且竹胶板的结构和加工工艺与木材人造板相比也差别很大，而现在竹胶板厂所用的胶黏剂几乎都沿用木材人造板的配方和生产工艺，极少有厂家深入研究竹胶板专用胶黏剂。因此，长期以来竹材人造板质量一直难以保证，胶合强度低，粘板的问题较严重。

另外，机械化程度低。由于各级主管部门、科研单位没有给予充分的重视，致使竹胶板生产中许多工序至今仍为手工操作，劳动生产率低。有的生产企业完全借用木材人造板的生产机械，因竹材有其本身固有的特性，不同于木材，因而影响竹胶板的质量。在目前的竹材加工设备中，除自行研制的竹材胶合板设备和从我国台湾及日本进口的竹地板生产设备性能较好外，国内仿制生产的竹材加工机械品种类型少，加工精度低，效率不高。

在生产过程中存在生产工艺不完善的主要问题：竹胶板生产多以小厂为主，技术力量不足，生产工艺普遍存在问题，导致产品质量不稳定，成本偏高。此外，有些生产工艺还存在缺陷，如竹胶板厚板生产中普遍采用的冷进冷出热压工艺，热压周期长，用水量大，能耗高，而热进热出工艺的淋胶、鼓泡问题还没解决。

3.6.2 合成纸

随着人类的发展与进步，人们对纸的需求量在不断增加，对纸的品种、性能及用途等的要求也日益提高。合成纸的发明与发展，源于人类发展的需求和人们对环境及资源保护的日益关注。

合成纸的问世是传统纸张的一次革命，使人们对于纸的认识有了一个全新的概念。与传统植物纤维造纸完全不同的合成纸，作为一种新型材料，其研究、开发和商业化已经走过30多年的坎坷之路。在经济生活高速发展的今天，兼有纸及塑料双重特性的合成纸已经成为纸家庭中的新成员，走进了人类生活的每个角落。

目前，在节约资源、保护环境方面，由于纸塑复合包装袋废弃后无法回收利用，是对自然资源的极大浪费，以合成纸代替纸塑复合包装袋是一件极具环保意义的事情。因此，合成纸应成为塑料包装材料进一步发展重点开发的新品种之一。

3.6.2.1 合成纸的原料与改性

日本在1965年就提出将造纸材料纸浆转向石油，用非植物纤维（合成纤维等）造纸，并解决了塑料“纸状化”的技术。到目前为止，一般认为，合成纸是以石油化工所生产眭萧的高分子物质为主要原料（如聚苯乙烯、聚丙烯、聚乙烯等），经过一定的高温把树脂熔融挤压、延伸制成薄膜，然后进行纸状化处理（加入相关的天然化合物进行改性），从而赋予其天然纸的性能（白度、不透明度等外观性能，以及印刷适应性、黏合适应性等），由此得到的材料。

为与传统植物纤维纸相区别，人们把以合成纤维为主要原料制成的纸称为“第二代”纸，又称合成纸（synthetic paper）。同时，由于合成纸是造纸工业与合成树脂工业，尤其是与塑料工业相结合的产物，所以合成纸也称聚合物纸或塑料纸。

生产合成纸的原料可分为主要原料和辅助原料两类。

（1）主要原料

合成纸的主要原料是高分子合成树脂。合成纸采用的合成树脂种类有：高压聚乙烯（HDPE）、低压聚乙烯（LDPE）、聚丙烯（PP）、聚苯乙烯（PS）、聚氯乙烯（PVC）、聚酰胺（尼龙 PA）、聚氨酯（PU）、聚酯［聚对苯二甲酸乙二醇酯（PET）是最常用的聚酯］等。其中，烯烃类聚合物（PP，PE，PVC 等）比较常用，因为这类聚合物不但制得的薄膜在机械强度、气密性、防潮性、化学稳定性、耐寒性、无毒、无味等方面具有优点，而且产量大，成本低廉，加工方便。其他树脂因价格较高而应用较少，但聚酯、尼龙等树脂也用于生产部分纺黏型合成纸或表面涂布型合成纸。

（2）辅助原料及其改性

塑料薄膜虽然具有质轻、抗拉、防潮、防水等优点，但不能直接作纸张使用，必须进行改性处理。因此，为了使合成纸具备良好的白度、不透明度、印刷性和书写性等纸的性能，需要加入多种辅助材料进行改性（纸化处理）。合成纸的纸化性能取决于辅助原料，辅助原料的作用就是赋予合成物“纸”的性质。

生产合成纸需用的辅料包括颜料、填充剂和其他添加剂等。

天然纸的表面具有一定的吸收性，油墨印在纸张表面后，一部分组分能立即渗入纸张孔隙中，进而固化。因此，为了使薄膜具有可书写性，必须使其表面也具有吸收油墨的性能，这就要求薄膜表面粗糙化或微孔化。薄膜书写性的改性主要有以下几种方法。

①填料充填（共混）对聚合物进行共混改性，使聚合物具有纸的属性，通常需要加入有色物质、吸水物质等多种无机填充剂。同时，要达到使材料表面改性的目的，还要求所使用的填充剂在高温条件下能和聚合物相容，冷

却到常温后又不能完全相容，要有少量析出并集中到表面。因此，大多数合成纸在制造过程中都使用填料，填料向塑料薄膜表面扩散，形成微孔层，使表面具有附着力，从而具有可书写性。

常用的无机填充剂有碳酸钙、碳酸镁、硫酸钡、二氧化钛、氧化镁、氧化硅、氢氧化铝、白垩、硅石、云母、长石、石棉、石膏、高岭土、硅藻土等。

需要指出，像 TiO_2，$CaCO_3$ 等填料对印刷油墨虽然具有很强的受容性，但只加入 20% ~30% 的填料，并不能获得渗透性，因为这时聚合物覆盖在填料的周围，不存在足够的毛细管。只有加入足够含量的填料或用溶剂洗掉表面层，露出填料，才能获得一定的渗透性。例如，70% 的 $CaCO_3$ 与 30% 的 PP 混合物熔融挤出得到的薄膜经双向拉伸，所得到的合成纸的空隙容积达 45%；又如，将 100 份 PP、10 份环氧树脂、20 份聚丁二烯与 20 份硅藻土、20 份硅石、7 份一氧化钛熔融混合挤出、拉伸，所得到的合成纸书写质量优良。

②填料和延伸并用。延展含有大量填料的聚烯烃薄膜会产生微细裂纹，有助于油墨的渗透。据研究，拉伸技术能改变 PP 合成纸的微孔结构，对提高书写性有一定影响。随着横向或纵向拉伸倍率的增大，书写性逐渐提高。拉伸倍率对合成纸的抗张程度、伸长率等机械性能也具有重大影响，可通过调整横向、纵向拉伸倍率来控制合成纸的机械性能。

③表面磨蚀。为了进一步提高合成纸的书写性能，在使用填料的同时，还可以对薄膜进行表面磨蚀处理，使附着力进一步增强。

表面磨蚀处理有物理和化学两种方法。物理方法就是在成膜过程中对薄膜表面摩擦起毛。据报道，英国的 SHELL 国际研究所采用优质钢绒处理含黏土的 PP 薄膜几秒钟，用普通墨水书写后，墨迹不能被擦出；日本东洋纺公司将熔融挤出的 PP 薄膜片立刻从粗糙表面的轧辊中通过，并骤冷至 10 ~30 ℃，随后热处理，所得到的合成纸可以当描图纸。

化学方法是用化学试剂处理薄膜表面，又分为膨润和溶出两种方法：膨润法是将塑料薄嗅浸入对其无（或极小）溶解性的有机溶剂（如丙酮、四氢呋喃、四氯化碳、乙酸乙酯、甲醇、甘油等，以及它们的混合溶剂）制成的膨润剂中，在薄膜表面形成一种微多孔状的薄膜膨润层，然后再加入凝固剂，使膨润层凝固。据报道，用含 $CaCO_3$ 的 PE 薄膜在甘油浴中（80 ℃）拉伸 4 倍，当浴温降到 120 ℃，薄膜形成很多空隙，成为表面粗糙的纸代品。溶出法是将易溶物质与合成树脂熔融混合，挤出成膜后浸入溶剂中，使薄膜表面有易溶物质溶解，在表面形成均质微细孔。

④表面涂层（颜料涂覆）。这种方法的原理和天然纸中的铜版纸、涂料纸相同，是将黏土、TiO_2，$CaCO_3$ 等和胶黏剂一起涂覆在合成纸表面。由于在涂料中含有吸墨水物质（如 $CaCO_3$）与充填剂（如黏土等），涂料涂布在薄膜表面，干燥后薄膜表面变得粗糙，便于书写。用这种方法能得到超过天然纸的油墨受容性和印刷效果的合成纸。

有报道称，针对PP本身的书写、印刷性较差，根据PP难黏的特点和合成纸的特殊用途，采用与PP结构相似的氯化聚乙烯（CPE）为黏接主料，填充 $CaCO_3$，合成出了一种用于PP表面的涂覆改性液。经测试表明：该涂覆液对PP的黏接性良好，以该涂覆液制得的FF涂覆合成纸的书写性良好。Nisshin Spinning公司将70份甲苯［内含20份氯化聚丙啱（CPP）、15份 TiO_2］涂于PP薄膜，干燥后再涂上100份甲苯（内含20份CPP、15份 TiO_2、部分 $CaCO_3$），最后干燥后所得的纸张可用HB铅笔画线，而只涂一层的薄膜要用6B的铅笔才能画线。由于聚烯烃薄膜表面对涂料的附着力同样差，所以往往还需要在表面涂层前对薄膜进行电晕处理、紫外线辐射处理或火焰处理。

经共混或表面涂层改性时，由于填料或涂料中往往都含有阻光剂和白色颜料，如TiC，$CaCO_3$、黏土、硅石等使透光率和白度均大大提高，因此经过提高书写性的改性薄膜已解决了合成纸的阻光性和白度问题。例如，已电晕处理的单轴拉伸PP薄膜，再用含 TiO_2，$CaCO_3$ 的水性涂料涂布后，阻光率将从74%上升到90%。在常温下，通过冷拉含70%的氢氧化铝的PP薄片，其阻光率将达到99.8%，白度将达到96%。经表面磨蚀改性的薄膜，其表面的微多孔层改变了薄膜的光学性质，也提高了薄膜的阻光率和白度。

另外，由于普通塑料摩擦后易产生带电现象，静电轻则吸附灰尘，重则引起爆炸火灾，因此提高了可书写性的薄膜，在连续印刷时还会引起放电，使油墨附着不均匀，甚至引起油墨着火，不能进行大量连续胶印，在静电复印时也可能引起图像失真。由此，还需要加入抗静电剂对塑料薄膜表面进一步改性，从而避免薄膜在制造和加工过程中由静电引起的灰尘附着，同时提高其可印刷性。

聚烯烃类塑料薄膜所用的抗静电剂主要有伯醇多聚氧乙烯醚类非离子型表面活性剂、油性脂肪酸单缩水甘油酯和油酸或亚油酸的锌盐混合物、胺类表面活性剂，以及含季氮原子的两性表面活性剂和N－（2－羟乙基）硬脂酰胺混合物等。

抗静电剂的使用方法有两种。一种是将抗静电剂作为添加剂与原料混合直接挤出成膜，日本的Ube工业公司将100份PP、20份 $CaCO_3$、20份 TiO_2

和1.2份甘油单硬脂酸的混合物在230 ℃挤出，经电晕处理，所得合成纸具有优良的印刷性能；另一种使用抗静电剂的方法是将其作为涂料涂于合成纸表面，使之具有抗静电性。Ube工业公司用尼龙6－尼龙66－尼龙610的共聚酰胺的甲醇溶液涂于含TiO_2，$CaCO_3$的PP合成纸上，可获得抗静电性，大大提高了合成纸的印刷性能。

为了提高合成纸的耐折性，可在PP合成纸原料中加入适量的PS树脂。可加入阻燃剂提高合成纸的阻燃性。

另外，曹力等用PP，$CaCO_3$（工业级），增韧橡胶，润滑剂，界面改性剂Ⅰ，Ⅱ，Ⅲ，Ⅳ，主增塑剂（分析纯），辅增塑剂（化学纯）为原料，采用内部纸化法研制了PP合成纸，并研究了辅助原料对合成纸性能的影响。研究得到以下结论。

①界面改性剂能增加填料与基材之间的亲和性，但需要选择合适的界面改性剂。通过考察，经不同改性剂处理的填料填充体系的熔融指数（MI）机械性能及分析各填充体系的DSC曲线，确定了优质的界面改性剂。

②$CaCO_3$的含量对合成纸的书写性、白度、力学性能具有影响，应在首先满足书写、印刷性的前提下，视实际应用来确定用量。由于将$CaCO_3$填充到PP中，降低了PP分子间的结合力，随着填料质量分数的增加，合成纸的抗张强度和撕裂度均呈明显下降趋势。因此，填料的加入量不应大于57%（质量分数）为宜；随着填料含量的增加，书写性明显得到改善，当填料含量超过49%后，对书写性的影响不十分显著；合成纸的白度主要与填料有关，同时也受工艺条件的影响。

③随润滑剂用量的增大，合成纸的书写性逐渐降低，为了改善工艺性能，又能确保书写性，润滑剂的含量为0.01%～0.5%（质量分数）为宜。

（3）PP合成纸的原料

PP是一种应用广泛的热塑性塑料，由于具有原料丰富、价格低、无毒、质量轻、强度高、耐腐蚀、燃烧时不产生毒气、易于加工等许多优点，而成为合成纸制品中的主要品种。

目前，世界上拥有PP合成纸生产技术及设备的国家和地区仅有日本、美国、德国、法国和中国的台湾。PP合成纸的原料主要为PP和$CaCO_3$，根据产品用途的不同，还适当添加有少量的有关助剂。表3－29列出了PP合成纸的原辅材料消耗情况。

表3－29 PP合成纸的原辅材料消耗情况

原辅材料名称	规 格	单耗/（$t\cdot t^{-1}$）	原辅材料名称	规 格	单耗/（$t\cdot t^{-1}$）
PP	吹塑级	0.422	硬脂酸	一级	0.01
PE	吹塑级	0.24	改质剂	一级	0.02
$CaCO_3$	一级	0.46	抗静电剂	一级	0.01
TiO_2	一级	0.036	硬脂酸		

3.6.2.2 合成纸的性能特点

合成纸作为一种特殊的加工纸，比天然纤维纸具有更多优越的性能，给传统纸赋予了新的内涵。合成纸的性能与其制造工艺、主要原料、辅助原料的种类及配比、成膜条件等因素有关。同时，不同厂家、不同品牌，以及不同厚度的合成纸，其性能也有一定的差异，具体的质量特性如表3－30所示。

表3－30 几种品牌合成纸的质量特性

指 标	UCAR（UnION CARBIED）	Q－Kofe［日本合成纸］	TYVEK（Du Pont）	NOMEX（Du Pont）	YuPo（王子油化）	EEACHCOAT（日清纺织）	测定法（JIS）
主要材料	PE	PS/PVC	NE	NY	PP	PS，PET，PP，PVC	
定量/（$g\cdot m^{-2}$）	190	130	97	113	84	59	P－8124
厚度/m	170	117	250	155	159	110	P－8118
密度/（$g\cdot m^{-3}$）	1.12	1.11	0.47	0.84	0.77	0.86	P－8118
白度/%	82	87.5	88	61	92.9	93.0	L－1074
不透明度/%	98	96.8	98	85	96.5	98.2	P－8138
平滑度SEC	600	800	700以上	700以上	700	3000	P－8119
光泽度/%	9.5	24	13	13	16.4	22.0	P－8142
拉伸强度/（kg/15 mm）（纵/横）	3.8/3.8	5.3/7.4	14.1/12.1	12.7/8.2	10.3/25.5	4.8/4.8	P－8113
断裂伸长率（纵/横）/%	480/570	19/20	37/34	13/19	100/23	5/5	P－8132
断裂强度（纵/横）/g	210/450	79/49	290/500	230/450	36/25	18/15	P－8116

表3-31和表3-32对合成纸与传统纸的性能进行了比较。从表3-31和表3-32可以看出，合成纸具有较好的耐水性、热稳定性、耐药性、耐候性、热成型性，且具有质轻、无尘等特性。印刷性能根据制造方法的不同存在一定的差异，薄膜法合成纸有优良的书写性和印刷性能；传统纸具有优良的印刷性能和可回收性。

表3-31　合成纸、传统纸、薄膜的特性比较

品质		薄膜法合成纸	纤维法合成纸（纤维黏结法）	传统纸	薄膜
基本特性	外观	白色不透明	白色不透明	白色不透明	透明
	强度	高	高	中~低	高
	刚性	中	中	高	低
	平滑性	高	低	中~低	高
	耐水性	优	优	无	优
	温度、尺寸稳定性	优	优	不良	优
	耐热性	低	低	高	低
	透气性	低	高	高	低
	防湿性	高	无	无	高
	耐药品性	高①	高	低~无	高①
二次加工性	书写性	优~良	良~不良	优	不良
	印刷效果	优	良~不良	优	良~不良
	印刷作业性	优~良	良~不良	优	良~不良
	热融合性	有②	有	无	有
	热成型性	有	有	无	有
	胶黏剂适应性	优~良	良~不良	优	不良
	耐折适应性	良~不良	良~不良	优	不良
	带电性	优~不良	良~不良	优	良~不良
其他	耐气候性	优~良	优~良	不良	优~良
	燃烧热量	中	高	低	高

注：①聚苯乙烯系（低~中）；

②表面涂布合成纸不良。

表3-32　YuPo合成纸与铜版纸的性能比较

指标名称	铜版纸	合成纸	指标名称	铜版纸	合成纸
定量/（$g\cdot m^{-2}$）	110	80	水分/%	6	微量
厚度/mm	0.10	0.095	耐撕裂性	差	优
密度/（$g\cdot cm^{-3}$）	≤1.30	≤0.77	书写性	良	良
耐折度/往复次数	≥5	≥10 000	擦消性	良	良
白度（白色）/%	≥80	≥95	再书写性	良	良
尘埃度/（个$\cdot m^{-2}$）	≤150	≤微量	印刷性	良	良
平滑度/s	≥600	≥700			

总的来看，合成纸具有以下一些性能特点。

（1）合成纸的环境特性

合成纸是一种新型的环境协调型材料。合成纸利用从石油中提炼出来的塑料为原料，不再利用大量珍贵的自然资源，对于保护森林资源意义重大。另外，在生产过程中，合成纸中的合成树脂和填充剂，经压延加工后，二者相互脱离，于是在合成纸的内部形成以填充剂为核心的微孔，数量巨大的微细孔隙大大减轻了合成纸的质量。例如，PP 合成纸的密度只有 0.25 ~ 0.30 $g \cdot cm^{-3}$。因此，合成纸质轻，也有利于节省资源。

合成纸特别适合在高清洁环境中使用。合成纸中不含重金属离子以及荧光剂等有害物质，即使用于食品包装，产品也对人体无毒、无害。天然纤维纸是由细微的纤维添加一定填料制成的，吸附了大量尘埃，不能使用在高度洁净的场所（如集成电路生产厂房）。合成纸不会发生掉毛的故障，不生灰尘，用刀切割时无碎屑和粉末，特别适合在现代化大规模集成电路工作室及其他高科技工作室且要求无尘的工作环境中使用。

（2）合成纸的印刷特性

合成纸具有良好的印刷特性，可用在胶印、柔印、凹印、丝网印刷等多种印刷方式上。合成纸的白度、光泽度、平滑度、耐光性都比较好。在印刷效果方面，合成纸表面平滑、伸缩性小、洁白、厚薄一致，从而能够再现印版的鲜明效果，网线清晰，色调柔和。合成的表面粗糙化程度接近涂布纸，表面平滑度比一般纸高，可达到400dpi 的印刷效果，画面立体感强。另外，合成纸在紫外线照射 1 000 h 状态下，外观色泽、强度也无明显变化。

合成纸具有良好的印后加工特性。在印后加工中，合成纸能给设计者和印刷者许多印后加工特性，可以进行印后装饰加工，而且在生产方式上与传统过程没有较大的变化。它包括烫箔、压印花纹、模切、打孔、覆膜、装订等。合成纸扩展了印刷者的创造性，包括抗水性、抗撕裂性和较高的柔韧性在内的独特性质，确保了创新观念的充分实现。

（3）其他特性

合成纸强度高，具有优良的耐水、耐油、耐酸及耐有机溶剂性，印刷品用途广泛。经纵、横两个方向压延处理的薄膜基材，其拉伸强度、耐破度、撕裂度、抗冲击强度均比较好，大大超过植物纤维纸，撕不烂、折不断，由此合成纸也俗称“撕不烂”。尤其耐折度是普通植物纤维纸的几千倍。同时，合成纸在材料上选用不易水解的合成树脂，吸水性小，耐水性优良，完全抗水、油侵蚀，浸水后也不破损，在温、湿度变化时其尺寸稳定性好，即使润湿时强度与尺寸变化也不大，不收缩也不伸展，表面不起毛、不生锈。

因此，在接触水或室外的环境中，它是一种十分理想的材料。

合成纸保存时间长，不易霉变、黄化、脆化。合成纸不易受腐蚀、变脆、变黄，不怕虫蛀，具有良好的耐日晒、风雨的耐候性，可长期在户外使用。

合成纸热定型性、热熔黏合性良好；具有独特的热封性，并能适应水基、溶剂基等各种胶黏剂的使用；合成纸绝热性和保温性好；纸具有优异的电气性能，可作为绝缘材料。

(4) 主要缺点

尽管合成纸在保护环境、节约资源及印刷适性等方面的优点突出，但目前也还存在以下一些问题。

①废弃后回收困难。合成纸相对于其在环保方面的优点，缺点也是明显的，废弃纸张的降解处理尚未完全解决。合成纸在自然界中难以降解、消失，且不能混入普通纸中回收利用。因此，合成纸的发展还比较缓慢。

②价格高。合成纸以 PP 和 PE 为主体，到目前为止，合成纸的价格比普通纸的价格高。

③耐热性差，挺度较低，有较高的热伸缩性。合成纸因是高分子合成材料制造的纸张，故有热增塑性。

④吸水性、浸透性均较差。这影响到印刷油墨和胶黏剂的干燥速度。由此，利用合成纸印刷时必须延长干燥时间或确保使用最好的油墨。

⑤其他。合成纸的强度虽大，但是一旦有破口就容易撕裂。另外，油墨干燥后纸面容易鼓起，多色叠印的套准性较差。为此，国际上一些造纸厂投入大量资金，以改善合成纸的印刷适性，并增大合成纸的幅面，降低成本，以适应高速、多色印刷。

3.6.2.3 合成纸的用途及印刷中应注意的问题

(1) 合成纸的用途

由于合成纸具有天然纸所不具备的一些特殊性能，加之合成纸的种类很多，且各具特性，因此其用途也多种多样。就合成纸的应用领域而言，在代替天然纤维纸的领域、塑料薄膜的领域和其他一些全新领域都可以应用。具体地讲，目前合成纸主要应用在以下几个方面。

①印刷出版方面。合成纸大部分用于印刷耐水书籍、杂志，各种地图等，尤其是印刷名片、月历、卡片等显得更加理想。

②商品包装方面。合成纸可制作礼品包装袋，各种饮料、药品，冷冻食品的包装行签、鱼肉糕点的垫纸等。可制作产品说明书、各种 POP 等。另外，封条、标签、商标的黏纸带可用合成纸作纸基，如可剥离性的黏纸带、包装外的标签。

③建筑材料方面。合成纸可制作彩色贴面纸的原纸、壁纸等，也可以用做家具面板层贴纸等。

④其他方面。可以用合成纸制作打孔卡、胶纸带、书签、参观券等。现在一些国家出现了合成纸的参观门票、送货票单、扑克、风筝等，悉尼奥运会所有参加者的胸前身份卡就是合成纸制作的。在特种纸应用领域，合成纸可作为电缆电线绝缘纸、照片衬底、热敏纸、无碳纸的纸基、高强蜂窝结构的基材等。由于其无尘性能，合成纸更适合制作无尘室中的记录纸、笔记本等。

目前，根据合成纸的特性及价格方面的情况来看，合成纸主要用来替代普通纸作特殊用途，多使用于要求较高的环境中。在印刷领域，合成纸还主要用于短版印刷，现在数码印刷把更多的注意力放在短版印刷上，具有抗撕力的合成纸就成为其首选。总之，目前利用合成纸的印刷效果、强度、耐水性的用途占绝大多数，而利用其尺寸稳定性、耐化学性等特性的用途不多。

另外，由于我国台湾是世界上生产合成纸的主要地区之一，这里列出了台湾南亚合成纸的种类、特征及用途（见表3-33），仅供参考。

表3-33 台湾南亚合成纸的种类、特性及用途

产品代号	产品名称	产品特性	用途	厚度范围/mm
BCP	雪铜合成纸	经特殊雾面处理，遮蔽率比BCA佳，印刷质感高雅，相对密度1.41，也可承制一面雾一面亮制品	书刊、封面、海报、广告、月历、标签	0.085~0.20
BCA	新雪铜合成纸	经特殊雾面处理，印刷质感高雅，也可承制一面雾一面亮制品	书刊、海报、广告、标签	0.08~0.20
BCT	轻雪铜合成纸	经特殊雾面处理，遮蔽率佳，印刷质感高雅，相对密度1.22，比BCP轻	海报、广告	0.085~0.20
BCC	卡片合成纸	具有优良的硬挺性与印刷性，适合加工各种卡片及厚板	卡片、扇子、垫板	0.21~0.70
BCS	模内标签合成纸	具有优良的韧性	模内标签	0.06~0.10
BCK	特铜合成纸	经特殊处理，质感柔顺，刚挺性优良，且具有优良的防水特性	书刊、名片、广告、月历	0.10~0.20
BCB	印书合成纸	经特殊处理，质感柔顺，密度小，具有优良的防水特性	海报、标签、书刊	0.10~0.15

(2) 合成纸在印刷中应注意的问题

在合成纸上印刷图像有较好的质量，印刷品的使用寿命也较长。利用合成纸印刷并不需要对设备进行改变，但因为用合成纸进行多色叠印的套准性差，所以目前一般用于单张单色或单张双色印刷。要利用合成纸印刷出高质量的产品，应在印刷过程中注意处理好以下一些问题。

①环境的适应性问题。与传统纸相比，合成纸适应印刷车间环境的时间较长，至少需要48 h。冷料纸碰到干燥的环境会产生静电，在印刷时会十分困难。因而，为了减少静电生成，印刷合成纸时，建议采用21～27 ℃的印刷车间温度，推荐相对湿度为50%。

②润版液的控制问题。合成纸底基是“塑料”，吸油性比普通纸差，要在合成纸等非吸收材料上成功印刷，必须控制印刷机上润版液的用量，将润湿液降低到最低限度。印刷时，将每个单元的水墨平衡设置在刚起脏时是避免与润湿相关问题的最佳方法。另外，要避免使用含乙二醇、丙三醇高的润版液，因为它们是非挥发型的湿溶剂，会延缓干燥，润版液 pH 值在4.5～5.5为好。

③油墨的干燥问题。由于合成纸的吸墨性差，不如铜版纸，因此，在合成纸上进行平版印刷，正确干燥中最重要的一点就是要使用专用于合成纸的高质量油墨、涂料和上光油。专用于合成纸的油墨要求颜料多、溶剂少、实度大。目前，合成纸几乎都使用氧化聚合干燥剂油墨，一般要求油墨的Tack值在16以上。从吸墨性差的角度来看，使用强挥发性或UV干燥性油墨，可以减少油墨转移的故障。同时，由于合成纸是非吸收性的，控制每个涂层厚度（墨层、水、涂层和上光层）是十分重要的。如果墨膜厚度太大，就会导致干燥慢和出现黏页问题。另外，依据油墨的覆盖面积的大小，以及纸张的克重和纸堆高度，合成纸印刷时还应该喷洒24～27 μm的干燥粉。

④续纸问题。合成纸和天然纤维纸最大的区别是不存在纤维排列方向，适合采用中央分纸式给纸机输纸。合成纸还有一个缺点是静电问题，任何没有经过处理的塑料层都很容易与周围物体产生静电。在印刷时，塑料层积蓄的静电对后加工产生影响，所以表面涂布含有黏土涂布层的合成纸，必须防止在印刷、印后加工等操作时，纸张重叠输送。即使各种合成纸都进行过某种程度的防静电处理，但仍比普通纸容易产生静电，所以最好在续纸台上安装电晕放电型除电器。

⑤收纸问题。合成纸的平滑度极高，容易出现背面蹭脏现象，因此，纸垛应水平放置在光滑的传送台上，最大高度不可超过4 in。当油墨进一步干燥时，建议向堆纸台上的纸轻轻吹送一次风或二次风，以减少重影故障。同

时，喷粉的颗粒应加大些，但是也要考虑到印后加工的条件来选定颗粒的大小，特别是在进行乙烯膜的表面加工时，会产生以粉末为核心的气泡现象。另外，收纸时会重新带电，在收纸部位也应安装除电装置。

⑥其他问题。不同的合成纸其性能有所差异，为此，虽然大部分的合成纸都可用于食品包装中，但最好在印刷时事先了解合成纸与水果、蔬菜汁等酸性食品的反应情况。

3.6.2.4 合成纸的种类与制造

（1）合成纸的种类

目前，合成纸的种类通常是根据合成纸的生产方法不同来划分的，按生产方法不同可分为薄膜法和纤维法合成纸两大类。

①薄膜法合成纸。采用薄膜法生产的合成纸，这种合成纸使用最普遍，通常所说的合成纸都是薄膜法合成纸。在薄膜法合成纸中，从使用的主要原料来看，以PP为原料的合成纸最多，其制造方法也较成熟，是合成纸的主要品种。至今，依据PP的热性能、可塑性、电绝缘性，研究人员已研制开发了多种类型的PP合成纸产品。如图片印刷纸、可粘贴剥离功能纸、电缆电线绝缘纸、照片衬底、特殊成像纸、激光感应照相纸、热印刷纸等。

另外，根据合成纸产品的最终用途，往往还需要对纸面进行多种物理或化学处理。因此，薄膜法合成纸又可分为多种制造方法的合成纸。

②纤维法合成纸。即利用合成纸浆制成的合成纸，可以分为无纺布法合成纸和合成纸浆法合成纸。合成纸的具体分类情况如表3－34所示。

表3－34 合成纸的种类、制造方法及主要原料

合成纸的分类	制造方法		公司名称	主要原料
薄膜法合成纸	内部合成法（内部纸状化法）	内部填充拉伸	英国BXL公司、日本积水化学工业、英国Shorko公司	PE
		特殊构造	Shorkopal、英国BXL公司POLYART、日本王子油化公司YuPo	PP
		物理、化学发泡	Diahob公司的Diahoil W900	
	表面合成法（外部纸状化法）	化学、物理表面处理	日本合成纸公司（株）Q－per、美国PPG公司Teslin、日本纺织Q－kofe、日本清纺织公司的PeackCoat、Dynick公司	PS,PP,PVC
		表面涂布		PS,PET
		表面层合	Alinda ojiyaka合成纸公司	

续表 3 -34

合成纸的分类	制造方法	公司名称	主要原料
纤维法合成纸	无纺布法（纤维黏接法）	美国 Doput 公司的 Tyvek、日本 Doput 公司的 Tybeek	PE,PP,PET
	合成纸浆法	日本三井油化“SWP”、日本东海公司 Eleven、意大利 Solyaypulpex、美国 Doput 公司	PE,PP

（2）合成纸的制造

目前，合成纸的制造方法大致有两大类。一类叫薄膜法，即将合成树脂以薄膜的形式进行纸状化处理，使之具有普通加工纸那样的性能。它的制造原理是第一步与生产塑料薄膜相似，即在一定的高温条件下，把 PP 等树脂加以熔融、加料、挤压、制膜，进行加热延伸；第二步再进行拉伸并加以纸状化处理。另一类叫做纤维法，将合成树脂制成微细的纤维（称为沉析纤维），然后与普通纸浆配比后，在传统的造纸机上抄造完成，即将合成树脂以纤维浆料的形式加工做成合成纸，也有人叫它合成浆法［合成纸浆简称合成浆（SWP）］。由于合成浆与植物纤维相比其交织力较差，影响了产品的物理性能，如果添加化学助剂，不但增加了成本，而且使操作复杂化，因此这类方法现在还很少使用。

需要说明的是，在两大类制造方法中，不同的生产厂家往往又采用不同的生产工艺，生产出不同类型的合成纸，因而又有多种具体的制造方法。同时，为适应各种印刷方式，所用的合成高分子也多种多样。表 3 -34 列出了合成纸制造的具体方法及其使用的主要原料。

①薄膜法合成纸的制造方法是内部纸状化法。在合成树脂及填充材料中加入添加剂，进行混合、熔融、挤出成膜的方法。内部纸状化法又可分为内部充填拉伸法（填料混合拉伸法）和特殊结构法等。

内部纸状化法的代表产品是日本王子油化公司使用特殊构造法生产的薄膜法合成纸。最有名的是其生产的 YuPo（音译：优泊）合成纸，这是最接近天然纤维纸的合成纸。

YuPo 合成纸由于用作原料的无机填料与树脂之间有空隙，而具有特殊构造。它采用了双向拉伸 3 层结构，由上、下两层纸状层与中间基层组成，中间基层经纵、横两个方向延伸，赋予 YuPo 强度与韧性，使其具有高超的强度、刚性、撕裂性等机械特性；上、下两纸状层只是横向延伸，在延伸过程中形成无数小气孔，通过光的散射而变成白色不透明，从而赋予了纸的书写性和印刷性，并使纸张轻量化。

YuPo是以PP树脂、无机填料及少量添加剂（稳定剂、分散剂）进行混合后，用挤压机搅拌熔融、挤出成膜，通过纵向拉伸后再复合上、下两层表面层，通过加热并进行横向拉伸后烘干、冷却后进行后处理而得产品。为增加纸表面的孔隙和不透明性，必须添加无机填料 $CaCO_3$，TiO_2 等。

YuPo的3层薄膜采用的原料不同，中间层基本透明，不具有书写性；两个表面层为乳白色，具有吸墨性，定量可做到60～500 g多种。通过改变多层构造和各层比例及含有小空隙的比例，可以获得YuPo合成纸的各种品级，以满足各种不同的需要。

YuPo表面白，印刷的再现性和书写性优良，耐水性、耐油性、耐药品性、耐候性、抗静电性优良，湿润时强度与尺寸不变，拉伸强度、破裂强度、耐久性远高于天然纸，耐折性为天然纸的几十倍，厚薄均匀，表面柔滑，二次加工作业性好；单位体积热值仅为一般塑料的一半，燃烧时不产生有毒物质等。由扫描电子显微镜发现其表面有微细凹凸状及断面特殊构造，其表面粗糙度是优质纸的1/3，与书写纸大体相同。具有代表性的YuPo的类型和特点如表3－35所示。

表3－35 YuPo的主要类型和特点

类 型	特 点
FPG	标准类型，两面均有纸层，空隙率约30%，白度高，不透明，是两面均具有印刷适性的代表性合成纸，除商业印刷外，在其他领域的用途也很大
SGS	印刷面和FPG的性质相同，空隙率约20%，反面的表面强度比较大，适合贴合加工，用于各种不干胶或商标
TPG	空隙率约5%，半透明，两面均有印刷和书写性，适合作描图纸或清样原图纸
KP	空隙率约10%，两面的表面均有强度，用于卡片、建材等
GFG	单面经过高光泽加工，反面可以作为FPG，可用作宣传广告用纸
ITE	印刷面类似FPG，背面涂有热熔胶，有不干胶性能，用于制作塑料瓶等的商标
α－YuPo	适合400 μm以上的厚印刷品，用于制作标识牌和广告牌等

另外，我国台湾地区也是世界上合成纸生产技术比较发达的地区之一，其南亚塑胶工业股份有限公司的PP合成纸，也是采用3层共挤出方式生产的。其工艺过程包括：1台主挤出机和2台副挤出机，将聚丙烯、丙烯—乙烯共聚物与 $CaCO_3$ 复合粒、抗静电剂、润滑剂等改性剂混合后，送入主挤出机；另取聚丙烯、$CaCO_3$，TiO_2 复合粒及改性剂混合后送入副挤出机；以

3 层共挤出方式经 T 形模挤出后，经冷凝辊冷却成型。以这种方式制得的 PP 板片还需要进行双向拉伸，每次拉伸后都要回火冷却，以控制纸的回缩率。最后，纸面经过电晕处理，使其有更好的印刷性。

这里还需要指出的是内部纸化的成膜方法有无拉伸和双向拉伸薄膜法两种，成膜过程与合成树脂薄膜大致相同，一般都是采用熔融、挤出法（包括 T 模法和充气法）或薄板液压法成膜，这类方法在国内薄膜生产中普遍使用，技术成熟。其中，又有单层挤出拉伸和多层复合两种。采用多层膜复合共挤方法制得的合成纸，印刷时其表面层主要担负印刷、书写功能，中间层起支撑定型的作用，根据最终产品的不同用途，其表面也可覆盖一层具有特定功能的涂层，如黏结剂、颜料等。采用多层膜共挤拉伸的方法制得的 PP 合成纸具有更优异的性能。单层挤出拉伸是以 PP 为原料，添加其他树脂（如 PS，PE 以增加纸的刚性）、无机填充剂，混合后压延成型，经过双向拉伸而制得，但这种方法的成纸性能还不够好。

表面纸状化法。或称外部纸状化法，是指以合成树脂薄膜为基础，进行化学、物理表面处理，或者在其表面进行颜料涂布，从而使合成树脂薄膜纸化，因此也叫做表面合成法。表面纸状化法通常有表面处理（物理或化学）和表面涂布两种方式。其中，利用物理或化学表面处理方式生产合成纸的有日本合成纸（株）Q－per、美国 PPG 公司的 Teslinb；利用表面涂布法的有日本纺织的 Q－kote、日本日清纺织公司的 PeachCoat、Dynick 公司的 Alinda。

表面化学工艺适用于 PS 类薄膜，因其易受溶剂影响，纸化时在薄膜表面施以药液，使其部分溶解或溶胀，待药液蒸发后便产生许多细微的孔隙，从而达到纸化的目的。这些微细孔隙使光线散射，赋予薄膜其白度和不透明的外观。

表面物理处理工艺是在塑料表面进行喷砂磨蚀加工，使其表面产生无数微细的痕迹凸凹不平，从而赋予书写性和不透明性。基材通常可用 PE 和醋酸纤维素等薄膜。

表面涂布法工艺与普通的涂布纸生产工艺一样，在塑料薄膜表面涂布一层白色颜料的涂层膜，从而赋予薄膜白度、书写性和油墨吸收性等，使薄膜具备纸的性质。

表面纸状化法合成纸的代表产品是日清纺织公司用表面涂布方式生产的涂布合成纸（Peach Coat），它是以 PP，PVC，PS，聚酯（聚对苯二甲酸乙二醇酯，PET）等树脂薄膜为基材，经双向拉伸制成薄膜，在其表面涂以特种化学涂料，从而在表面形成众多微孔薄层，以达到印刷吸墨性能。

Peach Coat 合成纸具有特殊表面涂敷层的构造，可用于一般印刷，印制卡片、标签、情报用纸，还可用于其他日用品。

②纤维法合成纸的制造方法。纤维法合成纸的制造方法大致可分为不织布法（纤维黏结法）和合成纸浆法两种。其中不织布法又有纺黏法和闪蒸法之分。下面分别进行介绍。

a. 纺黏型合成纸的生产。非织造布又称无纺布，通常把纺黏型合成纸归类于“无纺布”。自 20 世纪 50 年代末，美国杜邦公司首先将纺黏法非织造布生产技术实现工业化后，世界各国相继在 20 世纪 60 年代末开始从事开发和应用该技术。

目前，纺黏法非织造布生产技术已比较成熟，成为一种技术含量较高的新型非织造产品的生产方法。纺黏法在生产线规模、工艺技术和设备以及产品市场开拓方面都得到了迅速发展，不仅生产速度提高到 600 m/min 以上，而且成网均匀度也越来越好。纺黏法得以迅速发展的重要原因：首先，它以聚合物切片为原料，经过熔融纺丝后直接成网，具有工艺流程短、劳动生产率高、产品物理机械性能优良等特点；其次，纺黏法非织造布产品的力学性能优良，其各向同性、抗拉强度、断裂伸长、撕裂强度等指标均优于其他方法的非织造布，能够满足多种用途的需要，大大扩展了非织造布的应用领域；最后，纺黏法非织造布卷材具有明显的深加工可能性，对复合、涂层、层压等深加工过程都能顺利适应，为进一步提高产品的功能性和市场应变能力提供了良好的基础。

我国的纺黏法技术起步较晚，比国际上纺黏法形成工业化生产晚 25 年以上，是从 20 世纪 80 年代中期才开始的。按生产能力计算，我国纺黏布位居世界第二，是日本的 3 倍，随着纺黏法技术和装备的创新，适纺原料的开发以及市场需求的不断增长，使纺黏布产量已占到全国非织造布总量的 20%。

制造方法。所谓纺黏法就是将纤维及塑料胶粒加热熔融，通过许多喷嘴（熔融纺丝）边喷纱、边形成纤维网，然后将纤维网用树脂浸渍固定（也可用机械法将纤维网络起来），从而制成纺黏型合成纸。在非织造布的多种生产方法中，纺黏法省去了传统短纤维原料的工序，克服了用短纤维生产出来的无纺布横向拉力差的缺点。

纺黏法非织造布是采用 PET 和 PP 切片为原料。PET 纺黏法非织造布具有强度高、耐温性好、对紫外线稳定的性能，其生产也具有速度高、原材料消耗低、节能、设备占地小、结构紧凑等优点，在很多行业已逐步取代了 PP 产品。

PP纺黏法工艺。由原料喂入、挤压熔融、纺丝、牵伸、铺网、热轧、卷切等工序组或。首先，PP切片，或者根据需要加入色母粒、回收边角料，由自动气动输送系统输送到啄料混合罐中混合，混合后的原料经自动计量系统输送给挤出机。原料在挤出机内经加热逐渐形成熔融状态的聚合物熔体，经过滤装置过滤后送入纺丝分配器，并由24个纺丝泵定量供应给喷丝头进行纺丝。从喷丝孔喷出的丝条经侧吹风冷却后进入牵伸区牵伸，使丝条具有一定的强度。长丝经过牵伸后借助摆丝器的作用把丝条分布在成网装置上形成纤网，并经辅助输送系统送入热轧黏合机轧压成布。

PET纺黏法非织造布。

b. 闪蒸法合成纸的生产。近年来，非织造布朝着超细化方向发展，利用超细纤维成网技术在不降低其强度的同时，可获得具有优良覆盖性、柔软性及均匀、风格独特的非织造布产品。

闪蒸法合成纸同纺黏法合成纸一样，都是利用非织造布生产技术，但在生产工艺上，闪蒸法（flash spinning）则以线性聚乙烯聚合物为原料，采用的是与纺黏法的熔融纺丝成网法完全不同的生产工艺，为一种新型的特殊纺丝成网法生产技术，有人称其为瞬时圩剂挥发纺丝成网法。它是一种超细纤维成网法，纤维直径为0.1~10 μm（0.2~0.3旦）。

闪蒸法于1957年由美国杜邦公司研制成功，20世纪60年代推出了名为Tyvek的造布产品（中文译为特卫强），是纤维法合成纸的代表产品。闪蒸法非织造布生产工艺是美国杜邦公司的专利技术，目前我国在此方面尚属空白。早期生产的Tyvek，表面明显见杂乱的纤维，后来改进了涂布质量，表面已较平整，纤维已不很明显。

由于闪蒸法非织造布生产工艺的特殊性，Tyvek具有超细纤维的特殊结构，是由长丝组成，不但赋予了产品良好的外观和手感，而且具有超高强度，与同克重的PET，PP纺黏布相比，分别是其1.2倍和2~3倍，且抗撕裂、耐穿刺和防水透气性优良，被称之为新型合成纸，现已广泛应用于各个不同领域，尤其适用于邮电系统各种邮件的包装。

制造方法。闪蒸法合成纸的制造方法是：首先是HDPE热熔喷丝，然后将线性HDPE溶于200 ℃的二氯甲烷溶剂中，一般浓度控制在12%~13%，并以二氧化碳在高温高压状态下饱和处理。由此，形成的纺丝溶液从刀口状纺丝孔挤出，形成一束1 000~1 200 μm的长丝，并以极高的速度（10×10^4~11×10^4 m/min）喷出。在丝束喷出过程中，由于聚合物的沸点高于溶剂的沸点，纺丝液经挤压通过喷丝口而达到常压，由于压力突降，二氯甲烷溶剂瞬间挥发，利用速度梯度的变化，对纤维束进行牵伸，使纤维变细，从而形成超细旦（0.1~0.15旦）的单根纤维（超细纤维）。由此得到的超细纤维强度高，具有异型断面，同时采用静电分丝法，使纤维彼此保持单纤状态，仅靠静电装置的集聚作用使纤维凝聚成网，凝网帘的速度一般为90~110 m/min。此纤网经过热轧便得到闪蒸法非织造布。图3-6是闪蒸法纺丝成网工艺示意图。

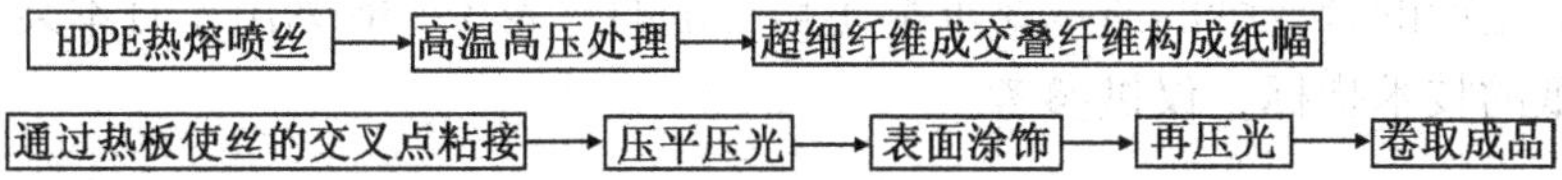

HDPE热熔喷丝 → 高温高压处理 → 超细纤维成交叠纤维构成纸幅

通过热板使丝的交叉点粘接 → 压平压光 → 表面涂饰 → 再压光 → 卷取成品

图3-6 纤维合成纸（闪蒸法）的生产工艺流程

③合成纸浆法合成纸的生产。合成纸浆法的生产工艺首先是制备合成纸浆，防止原料在水中纤结，一般用5~10 mm的短纤维，主要原料为专用的短人造纤维、合成纤维，通常还掺入部分天然纤维纸浆。然后用传统的造纸机抄造。

这种方法的成膜类似于纸浆造纸。用分散剂将纤维状聚烯烃产品分散，然后在膨胀状态靠外力展开，使相邻部分交缠粘接，聚集成2~3维的初级产品，除去分散剂后，在一定的温度范围内、一定的压力下处理后得到薄膜。

例如，三菱公司将30份等规聚丙烯、70份CH_2C_{12}投入压力小于2.84×10^6Pa（29 kg/cm^2），温度100 ℃的密封高压釜中加热，通过复合结构纺丝头挤出聚丙烯溶液得到长3 cm、直径1 mm的纤维，切成1 cm后，再用含CH_2C_{12}混合溶液处理，使纤维剥离成几个微米的微纤，投入造纸机中形成聚丙烯薄膜。美国杜邦公司的产品TYPER是以PP为原料，采用的是纤维成型法，将合成纤维用纸机抄造，制得的产品与一般的纸没有什么差别，强度、耐水性、耐药品性很好。但这类方法工艺复杂，较少采用。

④内部纸化/表面加工组合合成纸。内部纸化/表面加工组合合成纸的制法为：将填充材料与PE混合进行双向拉伸制成含有小空隙的薄膜，在其表面涂布白色颜料以改良其印刷性和书写性。它的表面粗糙度为0.8 μm。缺点是表面涂布层有可能剥落或变色。

⑤其他合成纸。目前已经开发的合成纸还有采用新复合技术获得的厚合成纸（厚度400~950 μm）、纤维化合成纸，由含填充材料的PP双向拉伸薄膜制成的合成纸；在PET薄膜上进行特殊涂布的合成纸；在PET双向拉伸薄膜内部形成微细气泡的合成纸；以掺混填充材料的PE系薄膜为底材、经溶剂处理成多孔质的合成纸等。

近年来，合成纸的生产工艺向层压结构方向发展，是将不同填充剂含量、不同拉伸方向的聚烯烃薄膜层压，再拉伸。如 qiyuka 合成纸公司生产的二层、六层、七层等各种多层复合合成纸。其阻光性、不透水性、铅笔书写性、墨水吸附性、印刷性能等综合性能都更加优良。

⑥合成纸的生产技术指标。目前，全世界的合成纸生产厂还很少，各生产厂家生产的合成纸的质量要求都还是自定的。表 3－36 列出了日本某公司合成纸的技术指标，仅供参考。

表 3－36　日本某公司合成纸的技术指标

指标名称	单　位	规　格					
定量	$g \cdot m^{-2}$	47	62	85	100	154	193
厚度	m	60	80	110	130	200	250
密度	$g \cdot cm^{-3}$	0.79	0.77	0.77	0.77	0.77	0.77
白度	%	95	95	95	95	95	95
不透明度	%	87	90	94	95	98	99
光泽度	%	15	15	16	16	15	14
拉伸强度 MD/CD	kg/15 mm	4/11	6/15	9/12	10/26	14/40	16/49
伸缩率 MD/CD	%	90/25	100/25	120/25	120/25	120/25	140/30
拉裂度 MD/CD	g	21/13	27/17	42/26	57/32	122/52	168/65
硬度 MD/CD	S 值	15/28	22/41	39/76	51/108	130/260	235/441
破裂强度	$kg \cdot cm^{-2}$	5	7	10	11	16	18
耐折度　≥	104 次	1	1	1	1	1	1
表面电阻　≥	1011 Ω	9	9	9	9	9	9

3.6.2.5　合成纸的发展现状及前景展望

(1)　合成纸的发展现状

合成纸已成为国外众多国家竞相开发的一种多用途、多功能的新型纸品。关于合成纸的最早文献是 1947 年 Osborne 首先用乙酸乙烯和氯乙烯纤维素制造的茶叶袋纸。从 20 世纪 50 年代起，世界上已有多家公司研制合成纸；50 年代末，日本首先研制了用薄膜法制造合成纸，这期间日本发明了许多薄膜法制造合成纸的专利；60 年代中期，由于纸浆资源枯竭和石油化学工业的发展，合成纸已成为一种闻名于世的产业，英国、日本、美国等利用薄膜法、纤维法等不同的制造技术，对树脂薄膜施以涂布、充填、延伸等不同的加工，制造出了各种仿传统纸张效果的合成纸，以替代传统纸张。在日本、美国等，合成纸的研究已有数十年之久，合成纸的性能得到不断改进，工艺已日趋成熟。同时，为满足各行业的特殊需要，合成纸的生产方法和类型也呈现多样化。

目前，世界上主要的合成纸生产厂家有日本王子油化、日清纺织、积水化工、日本合成纸（株）、大日化、大亚东轮等公司。其中，王子油化的双向拉伸 3 层复合薄膜法合成纸技术于 1973 年向美国 Kenberly 公司输出，显示出日本王子油化合成纸技术在世界上的领先地位。PP 合成纸作为合成纸的主要品种，目前拥有该种合成纸生产技术及生产装备制造技术的国家和地区仅有日本、美国、德国、法国和中国的台湾。另外，美国杜邦公司在 1976 年就生产了名为 Tyvek 的无纺布，用于包装、封皮和工业防护衣等；日本三井石油公司和美亘 CROWN - ZELLERBACH 公司联合开发出“SWP”合成纸浆，它以木浆、胶黏剂等混合后用普通的抄纸机生产。近年来，一些新的合成纸类型又不断涌现，如 DYNICK 公司的 ALINDA 合成纸是在 PET 薄膜上进行特殊涂布生产的；Diahoil 公司的 Diahoil W900 是采用在双向拉伸的 PET 薄膜内部形成微细气泡生产的；美国 PPG 公司的 TESLIN 是以掺混填充材料的聚乙烯系薄膜为底材，经溶剂处理成多孔物质而具有纸的性能的；英国的 Shorko 公司的 Shorkopal 是由含填充材料的聚乙烯双向拉伸薄膜制成的。另外，还有德国 Hoechse 公司的 Tolespafan 及日本东洋纺织公司的 Toyopnal、日本 Dopoue 公司的纤维化合成纸 Tybeck 等。

在我国，由于种种原因，合成纸没有得到足够的重视，发展缓慢。我国的合成纸技术，由于相关行业如塑料、化工、制浆造纸等工业的技术水平较落后，其研究、开发的能力也较低，因此其发展还处于起步阶段。据了解，近期国内还没有上规模的生产厂家，仅有利用进口 PP 合成纸再加工成制品（如名片纸之类）的小规模厂家。我国使用的合成纸主要来源于我国台湾南亚塑胶工业股份有限公司和日本王子公司。

我国最早研制的合成纸叫钙塑纸，是在合成树脂中添加钙基填料而成。1973 年，丹东轻工研究所成立合成纸研究室，1975 年其研究的压延法合成纸通过鉴定，成为国内最早生产的合成纸，这种合成纸还不具备良好的印刷性能，大多是用于制作钙塑瓦楞箱；后来又研制出涂布法合成纸，于 1986 年 3 月 20 日通过鉴定，并从西欧引进了流延膜生产线以生产基材，这种合成纸的性能有了较大的提高，能印刷精美的挂历。1978 年，上海华丽造纸厂曾生产过类似无纺布的合成纸供印制军用地图，应用效果较好。20 世纪 80 年代，上海石化总厂研制的合成纸，以 PE，PP 为原料经压延拉伸而成，其产品用于挂历、包装袋等。80 年代中期，中国制浆造纸工业研究所、上海造纸研究所、西安绝缘材料厂及大连造纸厂等单位先后研制成功原料分别为聚砜酐胺、聚醚、聚噁唑树脂的电器绝缘用纸。常州绝缘材料厂采用气流成型热压法生产了聚酯合成泡沫纸；济南塑料三厂研制成功高密度拟纸膜，适用于食品包装；上海石化总厂塑料厂研制成塑料合成纸，是以 PE，PP 等为原料加入填料经四辊压延再拉伸而成，印刷的产品有挂历、包装袋等，效果尚好。1995 年，江苏盐城市化工厂与中国台湾合资创办盐城飞瑞特种纸业有限公司，研制生产塑料合成纸，称其质量完全达到国际同类产品标准，这可能是国内正式批量生产一定档次合成纸的首例。在合成纸的研究方面，国家“八五”新材料科技攻关项目中的新型聚丙烯合成纸的研究与开发专题，对邮政特快专递信袋用纸的树脂配方进行了研究；华南理工大学纸浆造纸工程国家重点实验室承担了广东省第一批高新技术产业发展资金项目——特种合成纸新技术系列产品开发，已较好地解决了油墨在纸面的无规则扩散问题，同时开发出了适合广告、美术画制作的电脑喷画纸及工艺品行业的人造花叶纸等产品；华南理工大学造纸与环境工程学院开发了以植物纤维和化学纤维为原料，辅以各种有机或无机颜料，用湿法抄造合成纸的新技术；大庆石化分公司化工三厂研制成功一种 PD50P 树脂，该产品填补了国内合成纸专用料的生产空白。另据报道，黑龙江省齐齐哈尔塑料二厂研制成功聚丙烯合成纸，于 2001 年 3 月通过黑龙江省的专家鉴定。

合成纸的开发虽然日本起步较早，但近几年来，我国台湾地区也在积极从事合成纸的研制和生产工作。如台湾的南亚塑胶工业股份有限公司自行开发出使用大型压延机生产技术，突破了一般采用 T 模压出设备的生产方式，从而使合成纸的生产速度更快，厚度可以薄到 0.085 mm，降低了合成纸的生产成本。我国台湾地区作为目前世界上生产合成纸的主要基地之一，1996 年其南亚塑胶工业股份有限公司就开发成功了 PP 合成纸，在合成纸生产上取得了关键性的技术突破，比天然纸张具有更多的优越性能。该项技术已获得美国、日本等国的专利。这种合成纸是以大型压延设备来生产薄膜，能精确控制薄膜的厚度，采用特殊的配方改善了合成纸的印刷性、干燥性、抗静电性和折叠加工性等，使合成纸具有天然纸张的品质。这种合成纸极适合代替传统纸张，可应用于书籍、杂志、海报、月历等文书用纸或包装用纸。印刷速度可达 9 000 张/h 以上，干燥速度也与一般铜版纸相近，从而改善了传统合成纸印刷后必须等到隔日才可再印刷的缺点。

目前，合成纸正在被用来替代普通纸作特殊用途，但尚未达到预期的数量。据有关报道，世界生产合成纸的生产企业有近 20 家，估计产量为 20 万 ~30万 t，其中美国用于商业印刷领域的用量达 3 万 t 左右。各国生产的合成纸的应用情况因国情不同差异较大。例如，美国等是天然纸浆纤维较多的国家，不太重视合成纸的市场，而天然造纸纤维原料短缺的日本，对合成纸的发展较重视。合成纸目前在国内还主要用于制作名片，并在集成电路的生产厂房及包装中有少量应用。世界各国合成纸的生产情况如表3－37所示。

表3－37 世界各国合成纸的生产情况

国 名	生产厂商	种 类	生产能力/（$t \cdot a^{-1}$）
日本	王子油化合成纸	薄膜法合成纸	6 000
	日清纺织	薄膜法合成纸	1 800
	东洋タフハヘ	薄膜法合成纸	3 000
	ミ井ケテブック	合成纸浆	10 000
美国	DUPONT	纺黏型法	8 000
	Kinlmbery－Clark	薄膜法合成纸	
	Crown Zellerbach	合成纸浆	
英国	Wiggins Teape	薄膜法合成纸	1 500
	Bake Lite Xylonite	薄膜法合成纸	
比利时	Solvary	合成纸浆	5 000
意大利	Monledison	合成纸浆	5 000

（2）合成纸的发展前景

在合成纸发展之初，人们对合成纸的发展前景曾产生过奢望，认为合成纸兼有纸和塑料的特长，应用范围广阔，同时还解决了森林采伐、用水资源、“三废”污染等问题，势必成为纸的主体，值得大力推广。但20世纪70年代中期的世界石油危机又使人们对合成纸的发展前景产生了疑虑。从合成纸目前在世界发展的总体看，应当说还不能算是一个成熟的工业品种，产量也未能达到预期数值。迄今为止，合成纸产品的市场规模仅仅是普通植物纤维纸或塑料产品市场规模的0.2%～0.3%。

与此同时，我们也必须充分认识到，合成纸在具有传统纸一般性质的同时，更具有传统纸不可比拟的物理性能，这为其发展奠定了基础。合成纸作为一种环境协调型材料，它是一种对资源和能源消耗最少、对生态环境影响最小、再生利用率高的新型材料。与传统的纸张相比，它不仅具有更多优异的使用性能，而且也为减少森林砍伐、保护生态环境起着积极的作用。因此，对于合成纸的发展，一方面，应树立正确的意识，从石油危机、资源合理利用的角度，充分认识合成纸不应该局限于代替普通纸的问题，而在于追求合成纸所特有的功能；另一面，进行一些技术性的研究和突破，作为一种新材料尤为重要的是进行再加工的研究，把它应用在如航天、深海探测、生物工程和特殊包装等方面。由此，笔者认为，合成纸的某些特长是普通纸所不及的，作为特种纸之一，适当生产和应用很有必要。为此，为进一步推动合成纸的发展应着力解决好以下一些问题。

①价格问题。合成纸要进一步再发展，必须降低其成本，使其价格与普通纸及塑料薄膜相比处于合适的水平。充分考虑合成纸的实际用途，开发独特的制造技术，降低成本。应当成为合成纸赢得市场的主要途径。据报道，国外不少厂家都在积极扩大规模，降低合成纸的成本。

②性能问题。合成纸在性能方面还有待进一步改进和提高，特别是在废弃或再生性能方面需要改善。由于绝大多数的合成纸均以合成高分子材料为主要原料，其遗弃物的环保性能已引起人们的关注。在达到合成纸特定使用特性要求的前提下，使之更接近传统纸张的基本特性（可回收性、优良的印刷性），应是今后合成纸研究开发的一大趋势。另外，合成纸阻光度、防水性、耐光性方面的性能都比较优良，但在油墨亲和性能方面还有待进一步改进。

③应用问题。要进一步发展合成纸，必须充分发挥合成纸的特性，开发新型的合成纸技术，扩大合成纸的应用范围。例如，合成纸用于激打时，易造成合成纸收缩，尺寸发生变化；合成纸易带静电，同时涂布层采用荧光增白剂在阳光照射下易产生裂纹等。这些问题都是发展合成纸应进一步解决的技术问题。

总之，不断完善合成纸现有产品的质量，研究开发遗弃物的再生技术，节约资源和能源，开发研制合成纸的新型制造工艺，降低成本，使产品更贴近市场需求应是合成纸的发展方向。毫无疑问，随着世界环保意识的提高，森林资源的不断减少，以及人口的不断增加与生活水平的提高，合成纸的开发和生产必将更加受到世界各国的重视。作为具有特殊用途的、高性能的功能材料将会获得更大的发展。我国是人口大国，相对又是资源小国。改革开放以来，特别是随着文化生活水平的不断提高，对纸张的消费有增无减。据有关统计资料显示，2000 年我国人均消费纸量为 27.8 kg，但这还仅是世界人均消费量的一半，是美国 1999 年人均年消费量 347 kg 的 8.01%。因此，随着我国全面建设小康社会的推进，人们的文化生活必将进入一个全面提高的时期，对纸张的需求将会更大，加之我国每年还要有大量的纸、纸浆品出口。由此，鉴于我国天然纸浆资源的匮乏，合理、科学地组织发展合成纸的开发与生产意义重大。当前，我国造纸工业相对落后于发达国家，尤其合成纸的生产技术及设备还处于开发研究阶段，因此引进吸收国外的先进技术及设备，开发创新我国新一代合成纸生产技术和设备，实现传统造纸业和新兴合成纸业并举应是我国造纸工业的发展战略。

3.6.3 塑木复合材料

塑木复合材料是国际上近年来才兴起的一种新型环境协调型材料，它属于天然纤维塑料。所谓天然纤维塑料，泛指由合成树脂和各种天然纤维复合而成的新型复合材料。其中，用聚乙烯（PE）、聚丙烯（PP）树脂和木粉共混生产的塑木复合材料，具有天然木材的性能，可广泛用于制成包装箱，用于炸药包装、弹药包装、配件及机电产品包装，可在多种场合替代木材使用，因而其发展尤为迅速。

塑木复合材料技术的特点是把两类差别较大的材料相互混合在一起，即木材、塑料合二为一。通过合理的工艺、设备将木材、塑料相互混合并加工成制品。该技术利用了传统塑料制品的挤出、注塑、模压等加工手段，同时在此基础上，又发展了诸如专用挤出螺杆、成型模具等方面的新技术，生产出具有良好性能的塑木产品。这种产品在某些领域完全可以替代木材制品，甚至在某些方面有着木材不可替代的优越性，如抗化学腐蚀性、耐水性、安全性等。因此，用塑料挤出机等加工塑料制品的设备加工塑木制品，可以说是发展了一种全新的挤出概念——挤出“木材”制品，塑木复合材料技术的问世将极大地推进新材料产业的发展。

与此同时，塑木复合材料的重大意义还在于它作为绿色环保产品体现了资源的循环利用。塑木复合材料是“以废代木”的材料，它将废木循环利用的优点与创新概念有机地结合起来。塑木复合材料通常是将废旧塑料和废旧木质纤维按一定比例与特制的黏合剂混合，经高温、高压混炼，使用专用机器挤出、压制或注塑成型而制成的。塑木复合材料使用的塑料为通习塑料，其原料来源广泛，供应充足，既可以利用新树脂，又可以利用回收再生的废旧塑料。从这个角度来看，塑木复合材料技术的推广应用就有了更大的意义。我国每年都有大量的废塑料要回收利用，这些废旧塑料都是可以多次利用的资源。就目前来看，处理废旧塑料的主要途径是回收再加工，制成与原有制品相类似的制品，用这种方法加工的产品将不可避免地出现材料性能下降的现象，使人们在使用中存在担忧；而将回收的废旧塑料与木粉或其他无机、有机材料进行复合，加工成为性能优良的塑木复合材料，大大提高了它们的使用范围，这样不仅有利于新材料的推广应用，也有利于环保事业的发展。同时，塑木复合材料生产中所用到的木粉（也可称之为木质纤维）

来源也极其广泛，利用废旧木粉和其他木质纤维加工生产塑木复合材料，也同样有益于环境保护，能节约林木资源。因此，在人们不断追求和向往新型环保材料、节约资源、保护环境的21世纪，塑木复合材料技术的开发和应用必将具有强大的生命力和发展前景。

3.6.3.1 塑木复合材料的组成配方与性能

(1) 塑木复合材料的组成配方

塑木复合材料的主要原料是木质纤维和热塑性塑料（包括废弃的回收塑料）。另外，塑木复合材料的制造还需要增容剂、活性树脂或助剂、热稳定剂和抗氧剂、润滑剂等辅助材料。

①木粉的选择。塑木复合材料中所用的木粉一般无严格要求，各类木材的木粉和各种植物纤维等都可以使用，主要有锯末、刨花、花生壳、木枝、稻壳、麦秆、玉米棒花、植物茎叶、树叶及其他农作物和植物纤维等。在塑木复合材料的制造中主要要求各种木粉的粒径一般在20～100目，同时要进行烘干处理，含水量应控制在3%以内。用双螺杆机加工塑木复合材料时，可以不进行特别的干燥，在日光下自然干燥即可。据报道，北京未来远景环保技术开发公司以农业废弃物秸秆与废旧塑料为原料，添加特定的功能性助剂，在特殊结构的加工设备中采用高分子改性技术开发了塑木复合材料；深圳绿之可实业发展有限公司则以塑料、木粉和零碎的废木等为原料，开发了新型环保的塑木复合材料——“绿可塑木”，并制成各种塑木制品。

②热塑性塑料的选择。塑木复合材料利用的热塑性塑料主要是垃圾中的白色污染物和废旧塑料包装，废旧的塑料包装通常是以PE，PP，PVC，PS等热塑性塑料为主体，这类塑料具有较好的再加工性，而且使用时间较短，性能保留率较高，是良好的再生原料。目前，一般使用PE，PP和PVC三种聚烯烃塑料，因为这三种塑料占有塑料的大部分市场，废旧的聚烯烃制品数量很大。

如果不采用废弃的回收塑料，而直接运用热塑性塑料生产塑木复合材料，则会因为PP加工温度高（180℃），混合的木粉易炭化，低密度聚乙烯（LDPE）拉伸强度和弯曲强度又较低，而难以满足实用要求。因此在实际生产中多采用高密度聚乙烯（HDPE）与木粉复合来生产塑木复合材料。

③配方问题。配方是决定复合材料性能的关键。塑木复合材料也不例外，其加工、使用性能与原料构成有密切的关系。木粉填充改性废旧塑料，其加工方法是一种物理改性再生方法。木粉作为塑料的一种有机填料，具有许多其他无机填料所无法比拟的优点，但它并没有像无机填料那样得到广泛运用，其主要原因是：与基体树脂的相容性差；在熔融的热塑性塑料中分散

效果差，造成流动性差，挤出成型、加工困难。由此，根据塑木复合材料使用的废旧塑料包装的性能和特点，考虑塑木复合材料作为代木材料的使用及其成型加工工艺要求，其配方设计应注意以下问题。

首先，基体树脂强度。使用废旧塑料生产塑木复合材料时，由于废旧塑料种类混杂，污染度和污染物种类不同，如果同采用单纯树脂那样用简单再生的方法，就需要进行严格的分选、洗涤、干燥、粉碎，才能达到简单再生的工艺要求，这样不仅难度很大，而且成本也高。因此，使用废旧塑料生产塑木复合材料通常采用复合再生工艺。废旧塑料复合再生的基本原理是：以未经严格分选的混合废旧塑料包装为原料，用锯末进行填充改性，熔融混炼制成复合再生材料，然后再成型为具有使用价值的再生制品。

在复合再生时，因为不同种类塑料间的相容性有限，加之未处理的锯末在体系中不易均匀分散，两相界面结合力较小，导致复合材料受力时应力集中，所以直接熔融混炼的塑木复合材料性能欠佳。实用的复合再生塑木复合材料加工技术是通过在体系中加入适量的增容剂，从而改善各种塑料间的相容性，提高基体树脂的强度。

其次，木粉与树脂的相容性。为提高锯末与树脂的结合力，减小固体填料填充对强度和韧性的损害，需要对木粉进行细化处理，并用活性树脂或助剂对锯末进行表面处理。据研究，塑木复合材料用木粉如采用20～80目的锯末类木粉，其综合使用性能（包括物料均匀性、下料流畅性及物理性能等）较好。

木质粉料的主要成分是纤维素，其中有大量的羟基，这些羟基形成分子间氢键和分子内氢键，使木质粉料具有较高的吸水性（吸率可达8%～12%）和很强的极性。但PVC等热塑性树脂多数为非极性的，具有疏水性，用木粉直接与PVC等非极性塑料填充复合时，二者极性相差太大，相容性较差，界面黏接力较小，为此，必须通过对锯末的细化、活化处理，改善锯末在塑料中的分散情况，利用锯末表层的活化剂分子与树脂间的化学交联和物理缠结，提高界面结合力，使锯末在复合材料受力时能吸收或分散其能量，发挥增强作用，从而使树脂和填料的性能得以充分发挥，制得性能良好的塑木复合材料。

由于木粉主要含有木质素和纤维素，可用物理和化学方法进行改性。如涂覆处理、动态交联和粉末胶增韧等进行改性，用黏合剂对木粉进行表面处理，从而改善木粉与塑料的相容性，提高二者界面的黏接性能。使用适当的添加剂改性聚合物和木粉表面，也可以达到增强复合材料强度的作用。目前，木粉与树脂的相容性问题主要依靠加入各种添加剂来解决，主要有偶联剂法和相容剂法。

偶联剂法。偶联剂可以提高无机填料及无机纤维与基体树脂之间的相容性，同时也可以改善木粉与聚合物之间的界面状况。硅烷偶联剂和钛酸酯偶联剂是运用最广泛的两类偶联剂。另据研究，偶联剂的用量在1%时，材料的拉伸强度和拉伸模量最好，因此添加剂的用量应适量。

相容剂法。加入相容剂是简单而有效的方法。据报道，合适的相容剂有马来酸酐等接枝的植物纤维或马来酸酐改性的聚烯烃树脂、丙烯酸酯共聚物、乙烯—丙烯酸共聚物（EAA)。这些相容剂中大部分含有羟基或酐基，能够与木粉中的羟基发生酯化反应，降低木粉的极性和吸湿性，与树脂有很好的相容性。

有人研究，乙烯—乙酸乙烯酯共聚物（EVA）可使复合材料力学性能略有提高。这是因为EVA中的乙酸乙烯（VA）极性基团一方面增加了与木粉的亲和力，另一方面使它与PP或PE的相容性变差，这两种互相矛盾、互相竞争的因素此消彼长。总的说来，EVA的加入对材料力学性能贡献不大。乙烯—丙烯酸共聚物（EAA）对改善复合材料拉伸性能和冲击性能的效果比EVA好得多。这是因为EAA具有三元结构特性，在塑料和木粉间形成了桥梁和纽带作用，其存在的羟酸官能团有利于改善韧性，同时使其具有突出的黏合性，可同时起到增韧和黏接作用。甲基丙烯酸酯—丁二烯—苯乙烯共聚物（MBS）是较好的高分子增韧改性剂，能改善和提高连续相的机械性能。MBS对复合材料的拉伸性能贡献较小，尤其是弯曲性能，但复合材料的冲击性能明显提高。由橡胶增韧塑料原理可知，在提高复合材料韧性的同时，会在一定程度上牺牲其拉伸强度和弯曲强度。研究结果表明：EAA较好，最佳用量为6份；如果用量太少，起不到改性效果；用量过多，由于集聚现象显著，EAA的增韧和增容效果此消彼长，将导致复合材料力学性能下降，同时由于价格关系，一般也不宜多加。

值得指出的是，针对塑木复合材料加工工艺而开发专用相容剂是塑木复合材料生产技术中的一个重要方面。比较适用的塑木复合材料用相容剂有氯化聚乙烯体系、丙烯酸酯体系EVA＋丙烯酸酯＋低分子乙烯聚合物体系、脂肪酸＋烯烃聚合物＋活性剂体系。

胶黏剂的选用。考虑到两相复合界面的相容性问题，要求胶黏剂对树脂要有一定的相容性，并含有一些可反应基团与木粉形成共价键。同时，与树脂的相容性又不能太好，否则胶黏剂可能趋向于在树脂中分散，而界面上相对较少，而起不到增容效果。最理想的胶黏剂应优先分布在两相界面上，其本身也应当是微观相分离的，不能与其他组分相容，这样才能把基体树脂和木粉很好地结合在一起。用蜜胺胶黏剂等热固性树脂处理木粉，可提高复合材料的力学性能。这是因为热固性树脂在木粉表面形成均匀的薄涂层，改善了木粉表面的结构特性，降低了木粉表面的极性，同时减少了木粉与塑料界面层的孔洞与缺陷，改善了相容性，所以强度提高。据研究，脲醛树脂黏合剂的作用效果较好，脲醛树脂黏合剂用量在小于8份时，复合材料的力学性能随黏合剂用量的增大而增大。大于8份时，尽管拉伸强度和弯曲强度略有增加，但冲击强度已明显下降，这是因为脲醛树脂黏合剂热固化后，既起强化黏接作用，降低缺陷的概率，又可作为刚性粒子吸收能量，利于应力传递，有利于提高复合材料的强度。但脲醛树脂黏合剂用量过多，脲醛树脂本身的脆性会起主导作用，最终导致复合材料韧性降低。

从上可知：适量EAA和脲醛树脂黏合剂并用效果更佳，是因为EAA和脲醙树脂黏合剂对复合体系起到了协同作用。木粉中加入蜜胺胶黏剂、酚醛树脂黏合剂和脲醛树脂黏合剂或EAA，MBS等改性剂，可改善木粉与塑料的相容性，增强二者界面的黏接性，有助于提高塑木复合材料的力学性能，但脲醛树脂黏合剂或EAA的效果更显著。

再次，木粉含量及其含水量。

木粉含量。塑木复合材料中木粉添加量与塑木复合材料的力学性能是有直接关系的，木粉含量不同，其性能也有一定的差别。表3－38是对于木粉含量分别为30%，40%，50%的第三等级的“绿可塑木”，按照英国标准对其各项性能进行测试的结果。可以看出，木粉含量为40%的“绿可塑木”的综合性能较好。

表3－38 不同木粉含量的“绿可塑木”的性能测试结果

测试项目	不同木粉含量性能			测试标准
	30%	40%	50%	
抗压强度/MPa	11.03	12.20	12.01	BS EN789；1995
抗拉强度/MPa	3.758	4.248	3.826	BS EN205；1991
弯曲强度/MPa	23.42	28.68	23.91	BS EN310；1993
钉拉拨强度（钉）/N	36.09	48.36	37.74	BS69 准8；1989
钉拉拨强度(螺丝)/N	227.2	332.1	297.2	BS6948；1989

含水量。由于水分的存在会造成材料收缩率增大，内部缺陷增多，从而严重降低复合材料的性能。木粉是易吸湿、受潮的材料，尤其是回收的废旧木粉或多或少含有水分，故木粉在与塑料混炼前，必须烘干除去水分。

表3-39是干燥处理和未经干燥处理的木粉分别与PP，HDPE，LDPE制成塑木复合材料的性能对比（按GB/T1040—1992，GB/T1043—1993，GB9341—1988测试塑木复合材料的拉伸强度、简支梁冲击强度和弯曲强度。烘干条件为80 ℃ ×1 h）。从表3-39中可以看出，充分烘干去除水分后，复合材料性能会大幅提高。

表3-39 水分对塑木复合材料性能的影响

项目	木粉未经干燥处理			木粉已烘干处理（水质量分数小于3%）		
	PP	HDPE	LDPE	PP	HDPE	LDPE
拉伸强度/MPa	8.70	10.25	6.83	19.56	17.98	9.60
弯曲强度/MPa	14.18	17.40	12.15	32.10	30.42	18.43
冲击强度/kJ·m^{-2}	2.69	3.41	3.15	4.04	5.15	5.48

最后，加工流动性。对于挤出成型加工来说，要求所加工的物料要有一定的流动性。大多数情况下，填充塑料都需要经过熔融、受力、变形后，经冷却定型成为各种制品，因此木粉的加入最重要的就是对熔体黏度的影响。特别是挤出成型时，控制复合材料的熔体黏度对提高其加工流动性特别重要。这是因为塑木复合材料在挤出特点上与普通塑料材料有着很大的不同，由于木粉的存在，木质粉料一般以团聚状态分布在树脂中，使物料的挤出性能大大降低；随着木质粉料含量的增加，复合材料的熔体黏度升高，加工流动性下降，成型难度加大。为提高体系的分散性和物料的流动性，降低复合材料的熔体黏度，可加入适量的润滑剂，从而改善木质粉料在树脂中的分散状态，提高流动性。

另外，为减缓废旧塑料和锯末在加工过程中的降解和焦烧，还应加入适量的热稳定剂和抗氧剂。

④配方举例。木粉和塑料的配方是塑木复合材料的一个核心技术，直接影响塑木产品的加工工艺和产品质量。国外公司对配方的技术一般不予介绍和转让，通常只转让、销售设备。在实际配方中，各组分的具体品种和用量应根据混合塑料组成情况、塑木复合材料的使用要求及生产工艺决定。同时，还应注意成本的高低，不用或少用昂贵的助剂，以获取较高的性能价格比。

以废旧膜袋类塑料包装（PE，PP）为主要原料，利用挤出法生产的机电产品包装用垫木、滑木等型材，以及废旧塑容器（PE，PP，PVC）为主要原料，层压生产塑木箱板或用褒压法生产整体塑木箱、框的原料配方如表3－40所示。

表3－40 塑木型材、板材配方

组 分	树 脂	填 料	抗氧剂	稳定剂	润滑剂	助溶剂
型材品种份数	废旧膜袋破碎料100	用5%的M－St处理的锯末20～30	防老剂D0.5～1	DLTP 1～5	H－St 0.1～0.5	APP 10
板材品种份数	废旧塑料产品破碎料100	用10份UP树脂处理的锯末30～50	防老剂D0.5～1	DLTP 1～5	Cd－St，Ba－St各1～2	CPF5～10

（2）塑木复合材料的性能特点

从前述可知，塑木复合材料的性能因配方及加工过程不同而有所不同。但总体上看，塑木复合材料与其他包装材料相比，具有以下性能特点。

①优良的环境性能。塑木复合材料是通过科技创新，为废木再生利用而开发的可替代木材的新型材料。它的主要原料取材于废旧塑料和农业废弃物，可变废为宝，减少对环境的污染。同时，作为代木材料节约了大量木材，保护了森林资源。另外，在节省天然资源的同时，还可回收利用废物，具有很高的环保价值。塑木复合材料在环保方面的特性已引起业内的广泛关注。据报道，目前北京燕郊和诚塑木产品可以100%地回收利用，可作为原料全部用来生产新产品。

②成本低、原料来源广泛。废旧塑料来源广泛，废旧木质纤维成本低廉、资源丰富，同时其整个生产和处理程序与原木的处理方式完全不同，可以大大节省制品的生产时间、原料储藏费、原料损耗费及后期加工费用。

③有良好的二次加工性。塑木复合材料既可以像木材一样锯、刨、钻、镗、钉，加工方便，又可像塑料那样塑化、熔融后再成型，重复使用。例如，深圳绿之可实业发展有限公司生产的“绿可塑木”与原木一样，可钉、可钻、可刨、可粘，而且表面光滑细腻，无需砂光和油漆，同时“绿可塑木”的油漆附着性也好。

④塑木复合材料综合性能优于木材。虽然塑木复合材料的物理机械性能受基体树脂，木质纤维种类、处理方法、加工工艺等多方面的影响而有所不同，但总体上其综合性能都十分优良，介于合成树脂和天然木材之间，是一种理想的以塑代木材料。它不但拥有天然木材的材质感和木纹，而且材质均

匀，各向同性、机械性能好，强度高，不易劈裂；更具有耐水、耐老化、耐腐蚀、防火、防霉、不被虫蛀、无污染、阻燃的特性。它还克服了天然木材固有的龟裂、翘曲、色斑、霉斑等自然缺陷。

表 3－41 是用农业废弃物和白色污染作为工业原料，如秸秆和废塑料以 5∶5 或 6∶4 的比例作为产品的主要原料，加入≤5%的改性剂制成的塑木复合线型材的物理性能指标。用这种材料制成的周转用堆垒托盘、悬空堆垒托盘和一次性托盘，因其优异的性能、广泛的适用性和相当于木质托盘的价格受到了人们的广泛关注。

表 3－41　塑木复合材料的物理性能指标

特　性	ASTM	低	高	特　性	ASTM	低	高
延长度/%	D790	3.6	4.2	压缩系数/GPa	D695	1.2	1.8
弯曲系数/GPa	D790	3.1	4.2	压缩强度/MPa	D695	30.00	40.00
弯曲强度/MPa	D790	48.8	52.6				

⑤主要缺点。由于混合塑料自身色泽和污染物的存在，加之加工过程中锯末可能少量的分解，因而色泽较暗，只能做深色制品；有的材料涂饰加工也有一定难度。

3.6.3.2 塑木复合材料的生产

（1）生产工艺流程及设备

塑木复合材料的复合再生技术是一种以废弃的塑料包装和锯末（或其他有机填料）为主要原料，通过增容、共混工艺来生产代木材料的实用技术。塑木复合材料的加工制造与传统的木材加工和塑料加工相比具有显著的技术特点。其生产工艺流程一般是将废旧塑料和经过选型、干燥等处理后的木粉，按照不同用途的配方要求，以一定比例进行混合、粉碎，同时添加部分增黏剂及改性剂，通过高温、高压处理，经挤出、压制、注塑等成型工艺加工成板材（或成型产品）。

①原料准备。对废旧塑料进行人工分拣，去除杂质和异物，然后破碎备用。对于锯末中的大粒木屑及杂质也应先行剔除，然后在 120 ℃以下烘干，排除水分和低分子挥发物，烘干后视使用要求进行粉碎，锯末越细所制成复合材料的性能越好。

②配料。根据原料性能和制品要求，在破碎好的混合塑料中加入适量的增容剂、稳定剂、润滑剂等助剂进行混合，同时用脲醛树脂等活性树脂或偶联剂、活性剂等处理准备好的锯末，制成活性填料，然后用高速混合机或捏

合机共混制成初混料。

③混炼。将冷混后的初混料用开炼机、密炼机（间隙式混合设备）或挤出机（单、双螺杆，连续式混合设备）等塑炼设备进行熔融混炼，使各组分尽可能均匀分散，成为性能均一的复合物，并将其制成片材或粒料供成型使用。

④成型。塑炼好的混合料具有较好的可塑性，可以成型加工成塑木制品。塑木制品的成型包括挤出成型、压延成型、注射成型、压制成型等形式。目前，生产塑木复合板材（成型）较成熟的主要有以下三种工艺路线。

挤出成型工艺。挤出成型是高分子材料加工领域中变化众多、生产率高、适应性强、用途广泛、所占比例最大的成型加工方法。其成型方式和设备与塑料加工中常用的型材、板材加工类似，将混合好的物料放入挤出机，通过模具挤出不同形状的型材或板材。该工艺是用单或双螺杆挤出机挤出成型，可连续挤出任意长度的板材。单螺杆挤出机是聚合物加工中应用最广泛的设备之一，主要用来挤出造粒、成型板、管、丝、膜、中空制品、异型材等，也用来完成某些混合任务；双螺杆挤出机是极有效的混合设备，可用于粉料的熔融混合、填充改性、纤维增强、共混改性等，其作用主要是将聚合物及各种添加剂熔融、混合、塑化、定量、定压、定温地由口模挤出，双杆挤出机由于其优异的加工性能和较大的产量越来越受到欢迎。

该工艺又可分为单机挤出和双机复合挤出两种形式，复合挤出的目的是在塑木板材的外表面挤出一层纯塑料表层，成为可在特殊场合使用的塑木板材。各种塑木制品的挤出成型工艺大体相同。

另外，在实际生产中，以 PP 为基材的塑木制品挤出工艺条件为：

$$\text{加料段温度}\xrightarrow{140\ ℃,\ 180\ ℃,\ 190\ ℃,\ 210\ ℃,\ 210\ ℃}\text{挤出段温度}$$

以 PE 为基材的塑木制品生产工艺条件为：

$$\text{加热段温度}\xrightarrow{140\ ℃,\ 150\ ℃,\ 160\ ℃,\ 160\ ℃,\ 160\ ℃}\text{挤出段温度}$$

该工艺条件是用于木粉含量为 50% 的材料体系，如木粉含量不同，相应的加工温度也要进行适当的调节。

热压成型工艺。塑木原料可以很容易地经热压制成各种工业、农业、交通、民用等产品，热压的设备一般要求能加热和冷却，具有时间控制性能，此类设备在国内较通用、常见。该工艺可成型一定规格的不连续板材，加工工艺类似于密度板成型工艺。

挤压成型工艺。即挤出机和挤压机联用的一种边挤出边压制的工艺。该工艺成型的制品综合性能要好于挤出工艺。

在上述三种成型工艺中，综合力学性能和制品相对密度以压制工艺（热压和挤压）为最好。挤出成型的板材一般作为装饰板材，热压成型和挤压成型则主要作为装饰板材和受力板材。另外，也可用模压法直接成型箱、框等形状简单的制品。

在塑木加工中还需要粉碎机、空压机、制冷机和其他一些辅助性设备。

(2) 生产方法（一步法和两步法）

在塑木复合材料的生产中，实现上述工艺流程又有一步法和两步法之分。两步法是先进行共混造粒（拉片），然后再进行成品挤出。从目前国内外普遍采用的塑木复合生产工艺来看，基本上采用两步法。但也有报道，有研究所用回收的废旧热塑性塑料，采用糠壳、麦秆、花生壳和锯末等材料，采用一步法，即直接使用同向平行双螺杆挤出机进行塑木复合材料的混合与成型，省去混合造粒工序。这样，可大幅度降低生产成本、节约能源、节省投资、减少操作人员，从而提高了产品的环保效果与市场价值。

下面以深圳绿之可实业发展有限公司直接用 PVC 新料生产的“绿可塑木”为例，谈谈两步法的生产方法。

①造粒。“绿可塑木”使用的原料是 PVC 塑料、木粉和零碎的废木等。将木粉、PVC 树脂、增塑剂、发泡剂、润滑剂、抗老化剂、颜料等各种原料按专利配方混合后，利用高速捏合机和刮粒机把混合后的原料加工成各种规格、等级的“绿可塑木”胶粒。

该工序的关键技术是保证木质粉料的高填充量，以达到制品有较低的生产成本和较高的使用性能，为此要求木质粉料含水率控制在 2% 以下，粒径控制在 20 ~ 30 目，同时还需要对木粉进行表面处理，使其能被 PVC 树脂很好地润湿。

深圳绿之可实业发展有限公司“绿可塑木”胶粒的生产是委托新加坡泉顺发工业集团有限公司完成的。

②成型（制品）。“绿可塑木”采用的是挤出成型法成型，由深圳绿之可实业发展有限公司完成，其生产工艺过程如下。

进料。将各种“绿可塑木”胶粒按特定的配方加入异型材挤出机的料斗。

发泡。“绿可塑木”胶粒在高温下开始熔化，当接近异型材挤出机模口时，原料便开始发泡膨胀。不同配方的产品发泡温度略有不同，一般情况下，发泡温度为 170 ℃左右。

真空定型。挤出、发泡后，进入真空定型模。

冷却型材。经真空定型后，即刻进入 5 ℃左右的冷却槽。

牵引、切割、包装。不同配方型材的牵引速度略有不同；切割机各有尺寸衡量感应器，能够按设定的尺寸将半成品切割成各种规格的产品。

另外，深圳绿之可实业发展有限公司还根据产品的规格需要，调整配方，生产出不同等级的“绿可塑木”。不同等级的“绿可塑木”的使用范围各不相同。第一等级的“绿可塑木”适用于室外装修，防紫外线能力很强；第二等级的“绿可塑木”适用于室内各种要求较高的装修，综合性能好；第三等级的“绿可塑木”适用于室内普通装修。表3－42是第三等级“绿可塑木”的基本物理性能测试结果。

表3－42 第三等级“绿可塑木”的基本物理性能测试结果（英国标准）

测试项目	测试结果	测试标准	测试项目	测试结果	测试标准
密度/($kg \cdot m^{-3}$)	669.38	BS EN232；1993	弯曲强度/MPa	28.68	BS EN310；1993
含水率/%	2.0	BS EN322；1993	抗压强度/MPa	12.20	BS EN789；1995
吸水率/%	2.38	BS5669；1979	抗拉强度/MPa	4.248	BS EN205；1991
热变形温度/C	78.3	BS2782Part1；1990	钉拉拔强度/N	48.36	BS6948；1989

由表3－42中可以看出，第三等级“绿可塑木”具有极佳的防水性能，其含水率不超过2.0%，吸水率不超过2.38%，而一般原木的含水量却高达12%～13%。“绿可塑木”的密度与原木（密度为670 $kg \cdot m^{-3}$）十分接近，弹性优于原木，弯曲弹性特强，这使其在较高弧度的装潢项目中有特别重要的意义。同时，钉拉拔强度、抗压强度、抗拉强度等也均达到一般室内装修的基本要求。

(3) 工艺控制问题

塑木复合材料加工控制的关键是防止混炼和成型加工过程中塑料及锯末热降解和焦烧。锯末作为有机物热，稳定性较差，其中的木质素等易分解，有氧存在时温度在200 ℃左右就会发烟变色。因此，在塑炼及塑化成型时，一般应将温度控制在200 ℃以下。另外，由于锯末的加入有损体系的流动性，加工时剪切速率也不可过高，过度剪切会产生大量摩擦热而导致锯末烧焦。由此，填充量超过20份的塑木填充体系难以适应注射成型等剪切速率较高的成型工艺。

为使“绿可塑木”有较低的生产成本和较高的使用性能，关键是保证木质粉料的高填充量。因此，在高木粉填充量的前提下，为了确保PVC有较高的流动性和渗透性，促使二者充分黏接，达到共同复合的目的，应解决好以下几个关键问题。

①选择合适种类的木质粉料，确保产品具有足够的机械强度。采用含脂

性较高的木质材料时，应进行皂化处理，可采用 NaOH 溶液浸泡，然后水洗，综合后再进行干燥。

②控制木质粉料的粒径。为保证能在木质塑料中紧密配合，一般情况下，木质粉料的粒径应控制在 20～80 目。同时，为保证产品不产生气泡，导致制品的机械性能下降，所有的原料含水率应控制在 2.0% 以下，这样有利于 PVC 的流动性和润浸性，促使其挤出成型的均匀性，提高产品的性能。

③保证木质粉料与 PVC 的相容性。偶联剂是近年来出现的一类新型助剂，它在黏合材料和复合材料中获得了广泛的应用，已成为合成材料中的重要助剂之一。在塑木复合材料加工中，可加入木质粉料质量的1% ～10% 的酞酸酯偶联剂或聚丙烯酸酯偶联剂，以增加相容性。可通过喷雾搅拌的方法将偶联剂加入到木质粉料中，均匀分布在木质粉料的表面，干燥到含水率 2% 以下，再与 PVC 混合，这样可大大提高界面结合力。

④如果使用废旧 PVC 树脂，必须进行严格分拣，使之符合工艺要求。

⑤保证体系的分散性和流动性。“绿可塑木”制品是通过挤出法成型的，因此复合材料的熔体黏度对制品质量好坏有着至关重要的影响。可加入适量的硬脂酸来降低木质粉料颗粒的集聚数量，从而改善其在 PVC 树脂中的分散状态，有效地降低复合材料的熔体黏度，改善其加工流动性能，使其适合挤出成型加工。

⑥控制好加工温度。温度过高时，木质粉料会发生炭化，从而影响材料的表面色彩和性能。

3.6.3.3　塑木复合材料的应用

因为塑木复合材料所具有的性能特点，塑本复合材料具有广阔的市场前景。目前，已经开发的用途及使用场合主要是作为代木包装材料用于箱板、护柜、搬运垫块等，或者直接成型为托盘、底盘、支架等包装用品。除包装领域外，还可作为其他行业或领域的代木材料，如露天桌椅、建筑材料、标牌、广告牌、地板、家具、家庭围墙、花箱、篱笆、牧场围栏等。

目前塑木制品在国外的应用已非常广泛，在美国正逐步用塑木箱取代木箱广泛地用作信号弹、导弹的外包装箱，塑木弹药托盘已成为工厂向各弹药补给站运送弹药的主要方式。在我国，塑木托盘和由塑木复合材料制成的一些其他民用产品的研制生产技术已达到工业化生产的水平，专门用于海岛弹药包装的塑木包装箱已研制成功，经过试验，各项性能指标均满足要求，正在逐步推广使用。

下面就塑木复合材料在弹药包装和托盘上的应用情况进行简要介绍。

(1) 在弹药包装上的应用

木材具有质轻、有弹性、缓冲性好、易于加工等特点，因此长期以来广泛应用于弹药包装领域。但木包装箱在耗费大量木材的同时，还存在强度低、易霉腐、易虫蛀、密封性变差等缺点，因此不符合保护森林资源及弹药包装的发展要求。为此，塑木复合材料包装箱便应运而生，塑木复合材料包装箱与木箱和钢质包装箱相比有许多优点（见表3－43），符合弹药包装发展的要求。

表3－43　三种包装箱的性能对比

性能项目	木质包装箱	钢质包装箱	塑木复合材料包装箱
强度	有限	高	高
结构尺寸稳定性	有限	局	高
生产成本	较高	低	高
吸水性	高	不吸水	不吸水
耐酸碱性	差	好	差
耐污染性	较差	好	较好
可回收性	差	100%回收	较差
堆垛稳定性	较好	较好	较差

目前，塑木复合材料应用于弹药包装，技术上已经比较成熟，主要有以下两种方式。

①塑木板拼接技术。用塑木复合材料制成的板材代替木板，拼接成包装箱。这种制作方式不需要开模具，生产工艺简单，生产成本较低。由于塑木板不变形、不开裂，制成的包装箱比木包装箱密封性好。

②铝塑木共挤技术。包装箱为框架结构，用铝塑木共挤材料制成。铝塑木共挤材料是一种靠挤出成型技术生产的一种型材，是在塑木复合材料内加铝衬共挤成型，以提高强度。

（2）塑木复合托盘

由于木质托盘广泛的适用性，因而目前全世界范围内，主要使用木质托盘，托盘行业所用的木材量仅次于建房。我国目前使用的托盘基本上是木质托盘和塑料托盘两种。但近年来，由于开展绿色贸易的原因，为了防止病虫害的传播，美国、加拿大、欧盟和其他一些国家要求中国木质包装的产品必须经过熏蒸或消毒处理才能入境。由于这一附加的要求，我国使用木质包装的企业要为此付出巨大代价。

①塑木托盘的配方。目前，国内外均有多种类型的塑木托盘配方出现，但一般保密。表3－44是国内获专利的可以生产塑木托盘的配方（质量分数,%），仅供参考。

表3－44 国内一生产塑木托盘的专利配方 %

原料	质量分数	原料	质量分数
高密度聚乙烯	2.0～8.0	废旧聚乙烯	37.0～47.0
木质纤维素	30.0～40.0	工业废渣红泥	1.5～4.5
轻质活性碳酸钙	0.5～3.5	季戊四醇酯	0.25～0.35
亚磷酸三苯酯	0.3	2，6－二叔丁基对甲苯	0.4
双水杨酸双酚A酯	0.4	八溴联苯	2.0～4.0
三氧化锑	1.0	氯化聚乙烯	0.4
聚丙烯酸酯	0.3	硬脂酸钙	0.2
硬脂酸	0.2	聚乙烯蜡	2.0～4.0
胶合剂	1.5～5.0		

②塑木托盘的特点、性能。先进环保的塑木复合材料是一种与硬木相当、经济合算又能保护环境的新材料，是木材和塑料的理想替代材料，特别适用于出口产品的外包装和托盘等。塑木复合托盘兼备木材与塑料的双重优点，各项性能指标可与硬木产品媲美。同时，还提高了产品的刚度和韧性，其价格性能明显优于其他塑料或木质制品。它既不像铁制托盘易生锈、易腐蚀、自重大，又克服了塑料托盘易变形、易老化、高温蠕变、冷脆性、易腐烂变质、耐用性差、不耐酸碱等缺点，还避免了木质托盘熏蒸消毒处理的弊端，解决了出口木质包装问题。另外，塑木复合托盘的推广使用对森林资源的保护，减少目前严重的“白色污染”具有重大的社会意义。

表3－45是三河市燕郊和诚环保材料有限公司的主导产品塑木托盘与木制托盘、塑料托盘的性能对比；表3－46是塑木复合托盘的性能指标。

表 3－45　三种材料托盘的性能对比

性　能	塑木托盘	木制托盘	塑料托盘
每次使用费用	最低（出口免检）	高	较低
结构尺寸稳定性	高	有限	高
回收处理	可回收，循环使用	不可回收	可回收（循环使用）
耐用性（重复使用率）	高（10 倍于木托盘）	有限	高
强度	高	高	低
可货架储存性	高	高	不适用
吸水性	0.2%（基本不吸水）	高	不吸水
被污染性	无	高（霉变、炭化）	无
安全性	高	低	高
维护（寿命周期内）	不经常	经常	无法维修
制品组装灵活性	容易	容易	不容易（固定尺寸）
与运输设备的相容性	无问题	无问题	很难

表 3－46　塑木复合托盘的性能指标

性能	数值	托盘指标
密度/（$g \cdot cm^{-3}$）	1.1	原料：废旧 HDPE、锯末、花生壳、特殊黏结剂等 现有型材尺寸：宽 6～14cm；高 1.5～10cm；长度无限制 托盘质量/kg：17～35 托盘规格/m：1.0×0.8，1.0×1.0，1.0×1.1，1.0×1.2，1.0×1.4，1.1×1.0，1.2×1.0，3.0×3.0
吸水率/%24 h，水中	小于 0.2	
抗弯、抗压模量强度	与硬木相当	
冲击强度	能经受各种托盘搬运过程所受的冲击	
工作温度/℃	－25～45	
结构尺寸	公差小、稳定性高	
标准托盘承载/t	2～5	
货架承载/t	1～2	
可回收性/%	100	

③塑木复合托盘的生产工艺流程。塑木复合托盘的生产工艺流程如图 3－7 所示。

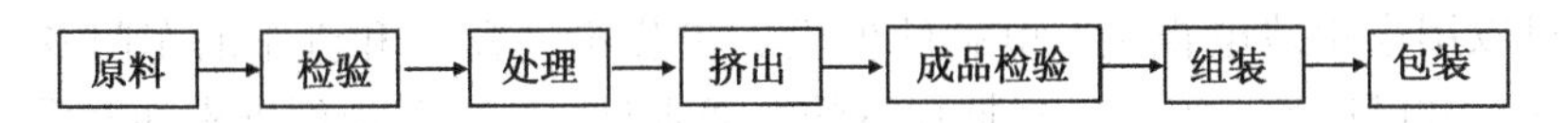

图 3－7　塑木复合托盘的生产工艺流程

3.6.3.4　塑木复合材料的发展动态

全球经济发展，使得近 20 多年来塑料的用量急速上升，废旧塑料垃圾对环境造成的污染日益严重。为此，世界各国都对包括“白色污染”在内的各种废旧塑料污染加大了治理和综合利用力度，同时为了不使生态环境进一步恶化，加强了对森林等资源的保护工作。在这种形势下，用木粉或其他天然植物纤维来填充的塑料再生料或新料，经专用设备制成的天然纤维塑料及制品应运而生，并逐渐成为关注和开发的热点。目前，在国内外已出现了许多塑木复合材料技术的专利。

对于植物纤维与合成树脂的复合研究，最初主要是将木纤维以粉状的形式加到热固性塑料中，这一阶段由于高分子科学的发展水平与技术条件的限制，应用的纤维主要是长度较大的韧皮类纤维，如亚麻、黄麻等。树脂也多为热固性塑料，如酚醛树脂、不饱和聚酯等，工艺较简单。

20 世纪 80 年代后，人们开始对热塑性塑料和植物纤维复合材料进行研究。许多学者对聚丙烯和木纤维复合材料做了大量的研究，尝试使用偶联剂、分散剂等方法来改善聚丙烯对木纤维的相容性，取得了较好的实验效果，并开始对不同植物纤维对热塑性塑料（PP，PE 等）的增强进行实验。许多国家开始将植物纤维、热塑性塑料复合材料从实验室发展为商品，在德国出现了 45% 植物纤维增强的聚丙烯板造的汽车制件等产品。在这一阶段，研究的主要方向是植物纤维对塑料的增强作用。进入 90 年代，一方面随着世界各国对环境保护的进一步加强，对天然森林的砍伐开始进行限制；另一方面，随着人们生活水平的提高，对木材的需用量大大增加。在这种情况下，植物纤维、热塑性塑料的塑木复合材料便成为首选的木材替代品。这一阶段，塑木复合材料开始作为商品在市场上得到较大规模的推广应用。在国外，美国 Mobil 公司利用废旧塑料膜回收料与锯末共混制作挤出型材，具有对紫外光稳定、着色性良好、有木质感等特点。加拿大 Dura 公司利用废旧再生塑料与废旧木制纤维，包括锯末、枝杈木材、农业纤维如糠壳、花生壳等制造塑木复合材料，并应用于外运木质包装和铺垫材料，以及门、窗框、建筑模板、汽车配件等方面。据报道，设在德国卡尔斯鲁厄附近的弗朗霍夫化工技术研究所的霍尔莫特·尼哥勒及其领导的研究小组，开发出了一种像塑料模制成型的塑木复合材料，可以用来模制地板、门窗、家具等木制品，还可以用来制造电视机、电脑的外壳、包装箱（盒）和汽车的车门及挡泥板等，并已申请了专利。根据现有的普通木材，主要是由纤维素和木质素构成，纤维素使其具有一定的强度，而木质素与纤维素结合在一起，使其具有韧性的原理，该研究将天然的纤维素与造纸厂废弃的木质素混合到一起，使其形成颗粒状物，将它置于普通注塑机的模腔内，在高温高压的条件下，这种由纤维素和木质素组成的塑木材料就会紧密地结合在一起，被加工成所需要的形状。在国内，北京福田建材公司研制的塑木复合材料，是由废旧塑料

(HDPE）和废旧木材、锯末、木材枝杈、稻草秆、麦秆、玉米秆、芦苇秆、糠壳、谷壳等以一定比例添加特制的胶黏剂、助剂、抗老化剂、阻燃剂等，经高温、高压挤出成型为结构型材、板材，再装配成包装箱或托盘。这种塑木复合材料不仅可以替代外运货物木质包装箱和铺垫材料，而且还能广泛用于门、窗框、建材模板、地板、汽车拖拉机配件的生产。北京未来远景环保技术开发有限公司推出了一种通过高分子改性技术研制出的新型环保型塑木复合材料，以废旧塑料和农作物秸秆为主要原料，添加特定的功能性助剂，采用特殊的加工工艺条件，经过特殊设备填充改性后制成，产品具有完全可回收性、无污染、无毒害等优点，可用于包装产品生产，还可用于建筑和装饰行业中作为木材的替代材料。沈阳沃而得复合材料科贸有限公司开发生产出一种新型绿色环保材料、代木产品——塑木复合托盘，该产品用废弃的塑料和锯木、花生壳、谷壳等农业纤维为原料，经过特殊的工艺加工而成。既可以采用挤压工艺加工比硬木性能强 10 倍的型材，也可以采用模压工艺生产出比塑料更好的各种塑料的替代品。其中，塑木复合托盘就是主要产品之一，该产品已通过中国包装科研测试中心检验，其检验项目完全合格。

近年来，国内外对塑木复合材料的应用开发和研究也方兴未艾。特别是在高份额的木粉填充技术方面有了较大发展。加拿大的协德公司已开发出类似的塑木制品（采用挤出或热压工艺）；奥地利辛辛那提公司及 PPT 模具公司开发出各种塑木板材制品（采用挤出工艺）；韩国的大山株式会社（利用挤压联用工艺）开发出了塑木板材制品。在国内，唐山塑料研究所、国防科技大学、广东工业大学等对低份额木粉改性填充树脂体系进行过一些研究；北京化工大学和北汽福田公司进行了塑木产品专用设备的开发；无锡、杭州及安徽等地也有企业和个人进行这方面的研究；中国石化北京化工研究院在 1998 年就着手进行木粉填充塑料挤出成型的工艺研究，在配方、专用设备、制品模具设计等方面已取得较大突破，并已具有工业化生产的技术成果；中国林业科学院木材研究所在压制工艺的塑木板材制品的开发方面已取得可喜进展；燕郊和诚环保材料有限公司与加拿大欧尼克公司合作，扩大塑木复合材料生产利用废旧塑料的范围，使用二层或三层复合技术，使产品升级换代已取得一定的成果。

总之，资源综合利用技术已成为各个国家重点发展的技术之一，天然植物纤维作为增强材料的潜在优势越来越引起人们的注意。塑木复合材料对保护森林资源和生态环境，充分回收利用废旧材料，化废为宝，消除“白色污染”，有着显著的经济和社会效益，具有良好的发展前景。塑木复合材料的开发应用，开辟了废旧塑料包装的应用领域，使之由污染变为再生资源。

塑木复合材料不仅是一种可以突破绿色壁垒，促进绿色贸易的绿色产品，而且由于塑木材料的原料来源为污染环境的农业秸秆和垃圾中的白色污染物，因此它的生产过程是保护生态环境、消除污染的过程。

3.6.4 钙塑瓦楞箱

钙塑瓦楞箱是以塑料片材来代替纸板制作包装箱的一种包装容器，又称钙塑箱，是仿照瓦楞纸箱的形式制成的一种折叠箱。它是以聚丙烯、高密度聚乙烯等树脂为基料，碳酸钙等为填料，再加入适当助剂，先加工成瓦楞板，再按一定箱型、规格制成的包装箱。钙塑瓦楞箱以瓦楞层数计有单瓦楞和双瓦楞、多瓦楞箱，层数越多，强度越高。

钙塑箱作为一种很有前途的包装容器，可广泛用于电子仪表、精密仪器、纺织品类、瓶装商品和包裹邮件的外包装，尤其适于水果、糕点、冷冻食品等的外包装。

3.6.4.1 钙塑瓦楞箱的原料组成与特性

（1）钙塑瓦楞箱的组成配方

钙塑瓦楞纸板是由3层钙塑合成纸组成的，上、下两层称为表面纸，中间层称为瓦楞纸，各层纸在配方上有一定的差异。钙塑合成纸是我国最早研制的合成纸，简称钙塑纸。该种纸不具备印刷性能，主要用于生产钙塑瓦楞纸箱。它是以碳酸钙、硫酸钙和亚硫酸钙等无机填料与合成树脂为基体组合的复合材料。其应用的树脂主要有高压乙烯，低压聚乙烯、聚氯乙烯和聚丙烯等；填料的种类很多，如轻（重）质碳酸钙、亚硫酸钙、滑石粉、二氧化铁等，其中轻质碳酸钙用得较普遍；助剂包括抗氧剂、润滑剂、紫外线剂和阻燃剂等。

在生产钙塑合成纸所添加的各种助剂中，加入抗氧剂是为了在较长时间内阻止聚乙烯的热氧老化，使之保持较好的机械性能，如不加入抗氧剂，在一定的时间内会发生链断裂，机械性能会大幅度下降；加之润滑剂的主要作用是改善钙塑材料熔体的流动性，增加产品的表面光泽；加入紫外线吸收剂是为了提高产品的耐候性，防止紫外光的氧化作用，常用的有2-羟-4-正辛氧基-二苯酮（UV-531 紫外线吸收剂）等。另外，用于军工或出口包装的钙塑楞纸板，为了防止其燃烧，还应加入阻燃剂，常用的阻燃剂有氢氧化铝、磷酸三酯等。

钙塑合成纸的原料配方如表3-47所示；表3-48是用挤出成型法生产的钙塑瓦楞纸板的原料配方，仅供参考。

表 3-47 钙塑合成纸的原料配方

组 分	表面纸/kg		瓦楞纸/kg	
HDPE	5	23	5	18
LDPE	55		45	
聚丙烯（J330）		37		32
轻质 $CaCO_3$	40	40	50	50
硬脂酸钠（润滑剂）	0.5			
硬脂酸锌（润滑剂）	0.5			
1,1,3,三(2-甲基-4-羟基-5-叔丁基苯基)丁烷(CA)(抗氧剂)	0.25			
硫化二丙酸二月桂酯（DLTP）（抗氧剂）	0.05			

表 3-48 用挤出成型法生产的钙塑瓦楞纸板的原料配方

树脂名称	表面纸/kg	瓦楞纸/kg	树脂名称	表面纸/kg	瓦楞纸/kg
HDPE	60	50	DLTP（抗氧剂）	0.075	0.075
$CaCO_3$	40	50	BaSt（润滑剂）	0.5	0.5
CA（抗氧剂）	0.075	0.075	ZnSt（润滑剂）	0.5	0.5

（2）钙塑瓦楞箱的特性

钙塑瓦楞箱作为一种环保产品、绿色包装，除了具有强度高、质量轻、防潮、无毒、耐腐蚀等特点，兼有纸箱和木箱的优点外，还具有良好的环境特性。

①机械强度大。钙塑箱的抗压强度比同规格的瓦楞纸箱要高 1 倍多。

②化学性能稳定。耐酸碱、耐腐蚀、耐油、防水、防潮。

③使用方便。钙塑箱体积小，质量轻，空箱可折叠，占用空间小，运输储存方便，开启简单。

④美观大方。钙塑箱用机械成型，外形美观，尺寸准确，适于印刷、装潢。

⑤节约木材。钙塑箱可替代木箱包装，每 100 m^2 钙塑板可节约木材 2 m^3。

⑥生产过程无污染、无公害。钙塑箱的生产是以聚乙烯和碳酸钙为主要原料，在加工过程中加入少量助剂经压延、热黏而成型的产品，生产工艺比较简单，基本上完全是一个物理机械加工过程，不产生任何排放物，不产生污染和公害，不像传统纸的生产过程会造成严重的污染和公害。

⑦可重复使用。钙塑箱是一种高填充的热塑性塑料制品，用过的旧箱易于回收利用，并且可以反复回收，反复利用，不仅使用户和生产企业都能降低成本，同时又节约了能源和资源。据报道，山东科力达塑胶有限公司等很多企业已经做到了百分之百的回收利用。

⑧易处理。钙塑瓦楞箱材料的最大特点是在加工过程中加入了大量的碳酸钙。当钙塑箱使用后即使被废弃在自然界里，经过风吹雨打、日晒雨淋后，3 个月的时间即可分解为碎片、粉末而融进土壤中。

如果废弃的钙塑箱混入到生活垃圾中而无法回收利用，也可进行焚烧处理。焚烧处理到目前为止仍然是全球处理垃圾的主要方法之一。由于钙塑箱材料中碳酸钙的含量很高，一般都在 30% 以上，在焚烧时不会产生流滴现象，也不会产生聚乙烯重新集聚成块的现象。同时，钙塑箱在焚烧时发烟量极少，焚烧后仅产生 CO_2，H_2O 和不燃填充物，不会产生有害气体和有害物质，不会对大气环境造成严重污染。

目前，钙塑瓦楞箱的不足之处是高堆滑垛和不能包装大型与超重物品。

3.6.4.2 钙塑瓦楞箱的生产

钙塑瓦楞箱的生产可分为钙塑合成纸的成型、钙塑瓦楞纸板的成型、制箱三个工艺过程。

(1) 钙塑合成纸的成型

钙塑瓦楞纸属于非植物纤维纸，其生产过程和原理与湿法植物纤维纸完全不同，其生产方法有压延法和挤出法两种。

①压延法成型工艺。压延法成型工艺主要由配料、捏合、密炼、压延和冷却等几个工艺过程组成。首先按照配比将原料加入高速捏合机中，使钙塑材料迅速混合均匀，然后进入密炼机，通过加热、加压，并在转子的强力搅拌和剪切作用下初步塑化和混炼使其均匀，再进入二辊机进一步塑化和混炼，最后送入三辊或四辊机挤压延展，制成钙塑纸。

②挤出法成型工艺。挤出成型与压延成型工艺相比，生产同样幅宽的钙塑瓦楞纸板，挤出成型设备比压延成型设备投资成本低得多；同时，采用挤出成型工艺生产瓦楞纸板，其幅宽、工艺流程简单、工作环境好、劳动强度低；另外，挤出成型工艺可连续生产，能够提高经济效益。挤出成型生产工艺可以说是钙塑瓦楞纸板生产领域的一次革新。

挤出成型生产工艺是采用粉料造粒，然后挤出压光成纸，最后复合成钙塑瓦楞纸板的加工工艺。

挤出造粒。造粒用 TE－65 双螺杆挤出机。挤出的料条通过冷却水槽、风干机，然后送入切粒机。冷却水槽的水温应保持在 80～90 ℃，水温不宜过低，急冷会造成料粒含气泡。料条出水后带有的余热可蒸发掉残留水分，保证料粒干燥。TE－65 双螺杆挤出机各段的设定温度如表 3－49 所示（该工艺条件适合表 3－47 的瓦楞纸板配方）。

表 3－49 TE－65 双螺杆挤出机各段的设定温度 ℃

区号	一	二	三	四	五	六
设定温度	200	200	205	205	200	190

挤出压光成纸。采用 JWM150/30－C 挤出机，将造好的粒料通过挤出机挤出软片，根据片材厚度要求，调整挤出机机头口模间隙。这种挤出机的卧式减速箱选用硬齿面齿轮传动，精度高，噪声小，使用寿命长。螺杆采用了 LTM 低温混合元件，有助于提高熔体质量，并可以根据具体情况改变螺杆组装形式，以满足不同物料的要求。挤出机和机头的工作温度如表 3－50 所示。

表 3－50 JWM150/30－C 挤出机和机头的工作温度 ℃

挤出机	设定温度	机头	温度计	挤出机	设定温度	机头	温度计/℃
一区	180	一区	260	六区	270	六区	210
二区	220	二区	250	七区	270	七区	220
三区	240	三区	240	八区	250	八区	230
四区	250	四区	230	九区	250	九区	240
五区	260	五区	220	十区	250	十区	250

采用 QDYG2150 三辊机压光，挤出的软片通过三辊压光、牵引、切边和收卷，成为塑瓦楞纸。三辊机的工作条件是上、中、下辊速度为 5～7 m/min；上、下辊温度为 60～80 ℃，中辊温度为 90～110 ℃。

（2）钙塑瓦楞复合纸板的成型

钙塑合成纸成型后，经过复合成板工艺制成钙塑瓦楞纸板。复合成板工艺是将瓦楞原纸起瓦楞后在一面或两面复合上箱板纸而制成钙塑瓦楞纸板的生产工艺，其黏合方法有胶黏剂黏合和热熔直接黏合两种，因热熔黏合具有工艺简单、无毒、无臭、成本低和黏接强度高等优点，在我国用钙塑合成纸制造瓦楞纸板时主要采用热熔直接黏合方法。

需要说明的是，目前 PE 钙塑瓦楞箱执行 GB/T690—1995 标准；另外，钙塑瓦楞箱的国家标准还有《农药用钙塑瓦楞箱》（GB5736—85），其他用途的钙塑瓦楞箱也可参照执行。

3. 制箱

钙塑瓦楞箱的制箱过程与硬纸板的成箱过程是一样的，这里不再详述。

3.6.4.3 钙塑瓦楞箱行业的现状与发展动态

近年来，随着工业技术的进步，钙塑材料在包装应用领域日益扩展，用钙塑瓦楞纸板替代部分木材等传统包装材料是一种发展趋势。钙塑包装箱是根据我国的国情和生产发展需要创新开发出来的新产品，是唯一没有引进设备和技术的产品。它不用传统包装箱材料，兼有纸箱与木箱的优点，具有质轻、强度高、防潮防湿、封存性好、美观、耐酸碱、无臭无味、防霉防蛀、可回收和多次重复使用等优点，受到产品生产、运输和流通部门的欢迎。钙塑瓦楞箱在我国开发、生产和应用已经20余年，产品已用于食品、农药、化工、军品、电子仪器仪表、五金等行业，目前重用于农药产品的包装。另外，在自行车和摩托车配件、农业机械和汽车小型配件等方面也有潜在市场。随着木材供应的日趋紧张，产品或商品包装需求的进一步增加，钙塑箱的生产将得到进一步发展。

同任何一种新型包装产品一样，钙塑瓦楞箱已走过了它的开发期，进入发展成熟期。生产设备定型，产品有国家标准。作为我国包装制品中一种以塑代木的新型包装材料，目前全国生产钙塑瓦楞纸箱的企业达60余家，年产量近10万t，主要分布在长江中下江地区。就企业的生产能力看，一般拥有一条或数条“1 120”“1 730”“2 500”压延生产线年产量在2 000 t以下的小型厂家居多，占总数60%以上；年产量在3 000t以上的中型企业占1/3。行业年产能力最大的为上海钙塑箱厂，年产量达6 000 t。

与此同时，20世纪90年代以来，我国钙塑瓦楞箱行业面临的形势日趋严峻，部分厂家了出现关、停、并、转等现象。其主要原因如下。

①需求量不够大。钙塑瓦楞箱虽然兼具纸、木箱的优点，但由于具有高堆滑垛和包装长大，超重商品受限制等不足，特别是人们对塑料制品所谓“易老化”“有毒”的偏见，目前并未得到应有的重视与支持；同时，钙塑箱作为一种绿色环保包装，社会对此还认识不够，导致需求量不够大。

②全行业产大于销、供大于求的矛盾极为突出。

③钙塑瓦楞箱行业外部经济环境欠佳，导致企业生产成本提高。

④钙塑瓦楞箱行业设备处于老化状态，技改资金难以筹到。

⑤作为钙塑瓦楞箱的大头用户——农药行业，因供求矛盾突出，受进口农药冲击较大，导致对钙塑瓦楞箱需求减少和拖欠贷款现象增加。

但我们也应该看到，时至今日，钙塑瓦楞箱这一包装产品的一系列优势并未消失，也没有出现比其具有更佳性能的类似取代品，在包装领域内，它是适合我国国情的非淘汰塑料制品。同时，由于我国森林紧缺，在包装发展的今天，为适应加入 WTO 的要求，我们必须努力提高绿色包装水平。因此，作为钙塑箱生产企业应进一步努力，提高钙塑箱的降解质量和使用性能，作为上级有关部门也应重视钙塑箱生产企业的发展，共同促进钙塑瓦楞箱的推广使用。要从以下几个方面着手，使钙塑瓦楞箱更具实用性。

①完善加工工艺。塑料制品研究部门、塑料机械制造厂家与塑料制品生产企业应紧密配合，在配方、成型、印刷、检测诸多方面，不断攻关改进与提高，使钙塑瓦楞箱真正成为我国定型的包装材料。

②采取加强管理、革新挖潜、节能降耗等措施，有效降低产品成本，提高市场竞争力。

③开拓钙塑瓦楞箱的市场领域，扭转单纯依靠农药行业包装的局面。

④搞好钙塑瓦楞箱的回收利用。

⑤按不同需求的用户，供应不同品种和规格的箱型，这不仅是提高企业经济效益的办法之一，也是减少废旧塑料对环境污染的有益之举。

⑥应开发细瓦楞、梯形瓦楞和双瓦楞箱，特别是开发重型包装箱。

3.6.5 代木包装材料的发展动态

3.6.5.1 国外代木包装材料的发展现状

国外在代木包装方面主要是“以纸代木”，具体来看，主要是发展以下一些“以纸代木”的包装技术。

①用高强多层瓦楞纸板箱制作重型包装。对中小型代木纸箱，一般用三层瓦楞纸板（一般为七层），可通过自动生产线做成重载包装箱，与木质托盘在箱底固定连接。近年来又逐渐改用纸质托盘和非全木组合托盘代替木质托盘。美国早在20世纪50年代就发明了组合式重型纸箱的结构，并使用八角卡子垫与大方头自紧螺丝钉固定箱底与坐台（托盘）的专利（USPAT. No. 246710）等。80年代初、中期，该专利传入日本，构成特耐冠（Tri – Wall）包装箱，可包装特长、特扁宽的沉重铸件、机电产品等。

对于超重大型代木包装，可用超强多层瓦楞纸板的复合或组合结构。例如，美国里格扎姆（Rexam）公司用两个三瓦七层瓦楞纸板粘在一起，制作并构成14层的超重瓦楞纸板箱，可承受大型福特载重汽车，承重7.5 t以上。

在重型包装纸箱中，还有的做成八角棱柱体形状的大型纸箱箱体，另外制成八角浅盘状的底和盖，在包装作业完成后用胶黏结而构成重型包装容器，这就避免了造成多层超厚纸板在压线折叠成箱构成直角时发生断裂。日本采用这种大型集装纸箱装塑料粒状材料，重达 3.45 t（箱的尺寸为直径 2.5 m，高 2.3 m）。还有的在瓦楞的垂直方向进行交错黏合，形成超刚性高强度多层瓦楞纸板，克服了综合强度指标在方向上的差异，有相位强度互补的优点，用作重型包装箱与托盘底板。

②用蜂窝纸板作为重型包装箱中的衬垫、隔板，与箱子内壁贴合作为承重补强的壁板材料，以及制作全纸质托盘等。美国田纳柯公司、依克斯卡利伯尔托盘集团公司都有经防水处理的蜂窝纸板全纸质托盘和用作箱角、箱底的有缓冲性能的防护包装材料的生产和服务业务。

在国外，蜂窝纸板制成包装纸箱的并不多见。以色列用厚 8 ~ 10 mm 的蜂窝纸板做成包装香烟或玉器、瓷器的包装箱，其成箱设备和工艺与瓦楞纸箱的加工设备和工艺相同。厚蜂窝纸板的加工成箱不便利，它同蜂窝纸板的生产一样，有的环节不便于连成自动线，而且不能进行高速生产。

尽管如此，国外蜂窝纸板生产线的速度、性能和产品质量还是高于国产设备，因而售价很高。以色列 IMA 工程公司蜂窝纸板生产线售价 110 万美元（924 万元人民币）；美国 OMS 公司报价 120 万美元（1 040 万元人民币）；荷兰荷力胜公司报价为 2 000 万元人民币。

还有其他外国公司也有这种生产线可供使用，如日本、英国、芬兰以及美国的蜂窝纸品技术公司。

③用蜂窝纸板托盘、纸浆模塑托盘、纸质加填充料的托盘、塑料托盘、金属托盘等代替木托盘。它们同包装箱一起作为运输包装的整体，参加流通过程，这在国外已有 20 多年的历史。

④用纸型材作为护边、护角、护顶、护底的防护包装新材料，开辟了包装极度减量化的所谓“无容器包装”的新途径，是绿色包装的典范之一。各种大宗货品，凡只需要保护其棱角、不必整体包容的商品均大受其益。工业发达国家如美国、德国、法国、日本等国均已开发该生产线并已使用 20 多年。

用于厚重纸板成箱加固的金属护角、箱口卡子、箱底与托盘的固定附件和五金件在国外早已开发并历经改进，有三四十年的使用历史。美国于 20 世纪 50 年代获得专利的八角卡子垫片和大方头自紧螺丝钉，有的地方仍在使用。

此外，还有纸浆模塑托盘用于代木包装的座台、“纸模”制品作缓冲衬垫、无污染包装用纸及玉米淀粉发泡颗粒作缓冲填料等，均有高技术的设备在多个国家运行使用。

3.6.5.2 我国代木包装的发展方向

早在20世纪70年代，我国就出现了以菱镁混凝土（菱苦土混凝土）壁板制作机床包装箱来替代大木箱。90年代初，我国包装行业开始了一系列研究开发，主要有“以纸代木”“以竹代木”“以塑代木”“以土代木”“以钢代木”五大类“代本包装”产品，在运输包装和销售包装应用上都取得了很大成效。例如，以重型瓦楞纸板箱、蜂窝纸板箱、钙塑瓦楞箱替代木箱；以塑料桶、纸板桶替代木桶；以蜂窝夹心板替代木材生产托盘或作铺垫材料；以钢制支架或底盘替代木材包装较重的大型包装件。另外，对一些有特殊要求的商品包装，还采用了几种材料复合或结合使用。如在平板玻璃的出口中，传统上以花格木箱包装，现在已研究成功采用瓦楞纸板套住12块大玻璃四边，下垫蜂窝纸板衬垫，直立固定于钢架上，且可用吊车或叉车装卸。

1998年9月，美国提出从1998年12月17日起禁止我国未经处理的实心木板包装的商品进入，只有经过杀虫处理的木质包装才能被允许进口。为此，针对外国对我国木包装的限制，同时为保护森林资源和生态环境，结合我国国情，今后还应大力发展以下一些代木包装技术。

①高强度多层瓦楞纸板。以纸代木、以纸代塑符合国家环保要求，而且纸质包装箱的生产成本仅是同规格木制包装箱的20%左右，包装费用比木箱低30%，质量减轻65%以上，可减少搬运中的劳动强度。据估算，1 t瓦楞纸板可代替15～20 m^3 的木材。因此瓦楞纸板箱是很好的节木代木包装材料，应继续大力发展，特别是在高强度多层瓦楞纸板方面应进一步加强技术研究及推广应用。

相同结构和瓦楞数目下，采用双层瓦楞原纸纵向间隔涂胶后一起进入同一单面机，从而构成双拱瓦楞，其成品纸板厚度比同样层数瓦楞纸板减少，但刚性和强度大大增加，双拱高强瓦楞纸板箱目前较普遍地用以代替小木箱，我国由于缺乏试验依据和相关标准，替代大木箱还用得较少，目前重庆华亚纸业公司具有该种高强纸板的生产能力；由“3A”瓦楞构成，取代木箱的日本特耐冠的重型包装箱，与木质包装相比具有容量大、体积小、质量轻（箱重仅为同容积木箱质量的20%～30%）、强度高、耐水性好、密封性强、缓冲效果好、节省储藏空间、适于折叠堆放、搬运方便等优点。“3A”是代木包装的理想材料，用“3A”型瓦楞纸板制成的纸箱和托盘目前已被普遍采用，特别适合机械、机电等重型产品等的运输包装；X－PLY超强瓦楞纸板（由3层瓦楞芯纸和4层薄纸板交替黏合而成，3层瓦楞芯相互垂直）和“3B”型瓦楞纸板制成的包装容器，其强度更高，在特重型瓦楞包装中具有很好的发展前景。目前，这些“代木包装”所用的多层高强瓦楞纸板在我国都已具备生产能力，生产质量也完全能够满足国内市场的需要，但在“成箱”组合结构的设计、使用等诸多技术方面还缺乏经验和高层次水平，配套的组合件与相关辅料方面还应加强研究。

②纸质型材实现包装减量化。在“以纸代木”方面，还应加大发展纸质型材减量化包装技术的力度。国外在绿色包装浪潮的推动下，不单实行包装减量化，还出现了所谓“无容器”包装的新型纸品包装材料的应用和相关技术的开发。其中，当首推纸角型材和纸质空心矩形断面的方管状型材的应用。现在国内已有常州永盛、上海双飞、深圳波尔兴等厂家，经引进、仿制、改进，生产出了我国自己的纸角型材生产线，尽管速度效率和技术尚需提高，但生产出的纸型材产品质量与国外设备生产出的产品相差无几，而且价格趋于合理，有推广应用的前景，如果通过进一步的开发，降低成本，必将在“代木包装”的组合应用中发挥巨大的作用。

③蜂窝纸板。早在20世纪80年代初，我国就已开始蜂窝纸板的研制，迄今已有200余家厂（所）研制该种设备或生产该种纸品。蜂窝纸板具有包装材料的良好性质（承重大、弹性好、强度高、质量轻、成本低），可节约大量的木材资源，有利于环境保护，是一种机电产品理想的包装材料。它不仅可制成包装箱，还可制成托盘。用蜂窝纸板制成的包装箱或托盘强度高、质量轻、结构稳定、用途广，同时符合环保的要求。

目前，蜂窝纸板制作的代木托盘在我国的十多个中心城市中已得到较普遍的推广应用。另外，还开发了用蜂窝纸板制作大包装箱中的隔板、衬垫板等，但用蜂窝纸板制作重载代木包装箱其技术还不足，组合应用研究试验不够。总的来看，蜂窝纸板在我国的应用研究还很不够，我国在蜂窝纸板的制箱工艺与技术、组合化结构方面的研究还不能达到商业化应用的要求，在现有国产设备的设计原理、工艺程序、生产质量、技术服务方面也还存在大量的问题。蜂窝纸板以其自身独特的结构优势和诸多优点应运而生，因此大力推广和使用蜂窝纸板应成为我国代木包装材料发展的一个重点。

④代木托盘。各种代木托盘在1998年前后就得到了较广泛的推广应用，其产品有蜂窝纸板托盘、瓦楞纸板托盘、纸浆模塑托盘等。另外，目前塑木复合材料作为一种新型的环境协调型材料，具有良好的机械性能，是木材和塑料的理想替代品，目前市场上已有少量的塑木托盘在应用，已经日益引起人们的关注。发展和运用塑木托盘既是生态资源可持续利用的要求，也是适应绿色贸易的必由之路。

⑤用竹胶板作节木代木材料。我国竹材年产量极大，年产量在20亿根

以上，近年来发展竹材工业，以竹代木、以竹代钢已成为我国林业发展的一个热点。用竹材制成的竹胶合板是我国开发的一种比较好的以竹代木的包装材料。目前，全国各类竹胶合板企业已达190多家，年产各类竹胶合板约10万 m^3。竹胶板具有良好的物理、化学性能，用它制成各类包装箱，多用于机电类产品的包装，可代替大量木材，节省资金，成本比木材包装低一半左右。竹胶板作为一种新型的结构材料，与钢材和木材相比，在一些领域具有独特的优势。现在竹材人造板已在建筑、包装、车辆、室内装饰、家具等领域广泛地替代了木材和木材胶合板。

目前，我国的竹胶板生产技术已比较成熟，已能生产出多个品种的竹胶板，作为不同领域的代木材料，竹编胶合板可用于包装箱板、室内顶板、侧壁板等；竹席竹帘胶合板主要用作建筑模板；少量脲醛胶制的竹胶板用作包装箱板；竹材层压板主要用做火车车厢底板、载重汽车的车厢底板，也用作包装箱底板；竹材胶合板现主要用作汽车车厢底板和中型机电产品的运输包装箱板，近年来也作为建筑模板的基板使用。作为一种20世纪90年代以来开发的新产品，高强覆膜竹胶板已得到建筑行业的普遍认同。竹地板主要用作地板，也可生产大幅面板用作包装装饰材料、家具面料等。由于生产竹地板需成套工艺设备，技术要求也十分严格，竹材利用率低（仅为16%左右），所以价格较高，目前主要出口日本、欧美等国家；竹材碎料板可广泛应用于家具制造、建筑、包装、交通运输及装修等领域，尤其是用酚醛胶压制的竹材碎料板经二次加工后制作建筑模板和车厢底板，具有广阔的应用前景；竹材复合板主要用作建筑模板、车厢底板、包装箱板等，目前竹材复合板问世的产品很多，但大多数仍停留在研究试验水平上，形成较大生产规模的只有覆膜竹胶板。

另外，近年来已开始利用竹胶板替代大型木包装箱，竹胶板作大、重型设备包装箱壁板的应用已取得良好的效果，而作为大、重型设备包装箱承重用包装板材的应用还在进一步的开发实验中。

⑥胶合板。利用木材顺纹方向强度高这个特点，把两块相邻的薄板按相互垂直的纹理方向胶合起来，使胶合板各方向强度相近。胶合板的层数均采用奇数层，只有这样，胶合板的结构才能平衡。用胶合板制成的包装容器质轻、坚固、不易变形和开裂，具有良好的防腐、防潮性能。用它代替部分木包装可节省大量木材。

⑦纤维板。是利用各种木材的纤维和棉秆、稻草、芦苇等植物纤维制成的人造板。它不需要用原木，凡是木材的边角料、刨花等都能利用。纤维板的性能与胶合板类似，板面宽大、构造均匀、无木材的天然缺陷、耐磨、耐

腐蚀、不易胀缩、翘裂，还具有绝缘性能等优点；经过油浸或特殊加工后，还能耐水、耐火和耐酸。纤维板制成包装容器后可代替部分木包装。

⑧复合材料。以各种有机物和无机物复合，制成人造复合木材，代替天然木材使用。这种材料的特点是大量利用无机纤维如玻璃纤维、矿棉纤维等和无机填充料以及部分合成树脂作为胶黏剂来制成。无机纤维强度高，所以复合制成的人造木材其强度可近似天然木材或超过天然木材。由于这种生产工艺复杂，工艺技术还不够成熟，所以成本较高，正式投入生产的还不多，各国都在进行研究，以改进其生产工艺，完善生产技术，它将是一种很有前途的木材代用材料。

⑨菱镁混凝土。菱镁包装箱是一种经过长期使用行之有效的节木代木产品，它不仅社会效益显著，而且经济效益可观，与木包装箱价格相比低20%～25%。菱镁混凝土代替木材是节约木材、弥补木材资源不足的重要途径。由于菱镁混凝土具有许多优点和近似木材的性质，目前在我国越来越多地应用于各类机电产品的包装，以代替木包装。

⑩钙塑瓦楞箱。目前，钙塑瓦楞箱虽然面临严峻的发展形势，但在包装领域它仍然是适合我国国情的，我们应在完善工艺、降低成本、开拓市场、搞好回收利用等方面进一步努力，加大投入，积极发展我国的钙塑瓦楞箱行业。

4 包装废弃物的回收利用

“同样都是装饮料的易拉罐，因为设计上的一小点不同，我国每年就会因此比欧美国家多消耗大量的优质铝材。”在中国包装联合会循环经济专业委员会成立大会暨2005包装废弃物循环经济国际论坛上，中科院生态环境研究中心杨建新研究员的一席话让与会代表颇感惊讶。来自国家环保局的统计数据表明，在我国每年产生的庞大包装废弃物中，除纸箱、啤酒瓶和塑料周转箱回收情况较好外，其他产品的回收率相当低，而整个包装产品的回收率还达不到总产量的20%。全世界包装废弃物所形成的固体垃圾占城市垃圾的1/3，在我国这个比例超过了10%，但是回收和综合资源利用率极低，例如，纸包装回收率仅为20%~25%，塑料包装回收率只有15%。实现包装废弃物的正确流向可以带来不可估量的经济效益和社会效益，这对于经济实力仍有待提高，人均资源严重匮乏的我国尤为重要。

由于废弃物处理不当引发安全事故的情况很多，典型的有美国的密苏里州事件，20世纪70年代，美国的密苏里州，将混有2，3，7，8-TCDD（2，3，7，8-四氯二苯-对二噁英）有机有毒化学污泥废渣的沥青铺路，造成土壤中深达60 cm的污染，致使大批牲畜死亡，居民身患各种怪疾，后美国环保局花3 300万美元，买下该城镇的全部地产，居民搬迁，并赔偿。美国的罗芙运河（Love Canal）事件，1930~1953年，美国胡克化学工业公司在纽约州尼亚加拉瀑布附近的罗芙运河废河谷填埋了2 800多t桶装有害固废，1953年填平覆土，在上面兴建了学校和住宅。1978年，由于大雨和融化的冰雪造成有害废物外溢，以后，陆续发现该地区井水变臭，婴儿畸形，居民身患怪疾。检测结果发现，该地区大气中有害物浓度超标500多倍，有毒物质82种，致癌物质11种。总统颁布紧急法令，封闭住宅，关闭学校，居民全部迁居，拨款2 700万元补救治理。印尼万隆事件，2005年2月22日报道，印尼万隆一垃圾填埋场高10 m，崩塌，造成10人死亡。我国的铁合金厂事件，一家铁合金厂的铬（Cr chrome）渣堆场缺乏防渗措施，六价铬污染了20多km^2的地下水，致使7个村1 800多眼井无法饮用，工厂先后花费7 000万元用于赔款和补救。锡矿事件，我国某锡矿，含砷废渣长期堆放（As arsenic），渗滤污染水井，曾一次造成308人中毒，6人死亡。

4.1 包装材料回收的定义

包装材料回收，就是将使用后包装或用后包装材料，即将或已进入废物箱或垃圾场时对其收集起来的活动。这些包装与包装材料收集后送往专门的地方进行有价值的处理与加工。

包装材料回收有很多积极的意义，如减少污染、节约能源。包装的回收可节约能源，其节约的能源量依其生产所耗的能量及所要回收的材料类别而定；还可节省资源，包装材料的回收可节省宝贵的资源，许多包装材料的回收再利用制造的包装与用原材料所生产的包装价值差异不大，或加入少量的原材料即可以提高其性能（如强度和韧性等）。

4.2 包装材料成功回收的衡量标准

包装材料的回收体制分为两种：政府行为的回收体制和市场行为的回收体制。

政府行为的回收体制是由政府出面设立的相应机构，由该机构对包装废弃物进行回收专营。像我国的环卫机构和废弃物回收公司。

市场行为的回收体制是完全由市场规律决定其运作，主要以价值与效益为目的。回收品种具有选择性的特点，主要受市场价格的变动所影响。如自发形成的废品回收企业和废物回收个体经营者。

政府行为受到很多因素的制约，表现为突击性和被动性；市场行为的回收体制最具有生命力，但是需要管理部门建立健全的回收管理法规。

包装废物回收是否成功的衡量标准有四点。首先有连续不断的包装废料来源；还要有可行的回收和再处理设备；另外用废料再生产出来的产品有用途，并有市场；最后要具有良好的经济效益。以上标准缺一不可。影响经济效益方面的因素包括收集的方便性和处理方法的成本。废料加工的产品的销售价格受市场左右，由于回收的废料和再加工产品价格的下跌，可能会使回收的经济性从获益转向亏损。

4.3 包装材料的回收方式

包装材料回收分别可从管理和技术角度加以分类。

包装材料的管理回收方式有组织回收，（是指由专门的组织机构或企业团体所进行的回收)；政府组织团体回收方式；社会团体回收式；相关活动回收式；企业回收方式；自发回收（自发回收指那些以回收包装废物为主业所进行的经常性或临时性的回收)；被动回收（是指受到相关政策的制约，或受到某些法规的限制而必须进行的包装废物回收方式)。相关政策的制约包括税收制约、回收指标制约、污染指标制约、押金制约。税收制约是指某些包装的生产、销售通过加大税金来限制生产，而对其回收再生产则降低税金；回收指标制约是指有关执法部门对某些包装或某些地区所消费的包装确定回收量，或限制环境中的废弃包装总量；污染指标制约是指环境中的污染物、有关执法或管理机构对其制定出严格的指标，限制其废弃物的总量，并作为一个评定或者处罚标准；押金制约包装回收，又称保证金回收方式。它是按回收的百分比退还消费时所押的保证金，然后将回收的包装返回产品制造商。这种方法又称为“强制保证金法”。具体回收方式包括：主动回收（是指那种给消费者带来某些好处和利益的回收措施)；集中分类收集回收（由相关的部门与消费者形成某种契约而进行的回收)；废物流动回收（是从消费者那里收购包装废弃物，而不是要求他们把包装废弃物送到收集点)。

包装材料的技术回收方式包括定点容器式回收和可移定点容器式。

另外，包装按照包装的级数回收方式可以分为一级回收、二级回收、三级回收和四级回收。一级回收是指按相同使用或类似于原来用途的方式利用回收包装。包装材料不降级使用。二级回收是指按回收后的包装改作与原包装用途不同的产品回收方式。包装材料降级使用。三级回收是指将回收的包装制成原料，而这种原料用作生产什么尚未确定的回收方式。

四级回收是指将回收的包装焚烧掉作能源使用的回收。

按照包装的回路式回收方式可以分为“闭合回路”回收和“非闭合回路”回收。“闭合回路”回收是回收的材料仍旧发挥其原来用途，不考虑得到的过程。“非闭合回路”回收指的是材料回收之后重新利用不同于原来的用途。

4.4　包装材料收集系统分析

包装材料系统就是包装废物回收系统的简称。包装废物回收系统类似于生活垃圾的回收系统；因为包装废物主要来源于商业废物和家庭与日常消费产生的废物，所以包装材料的收集系统也可借助于生活垃圾的回收。本包装材料收集系统是从设备装置上定义的。

生活垃圾的收集系统有两种方式：一是拖曳容器系统；二是固定容器系统。

拖曳容器系统（Hauled container system）如图4－1所示。

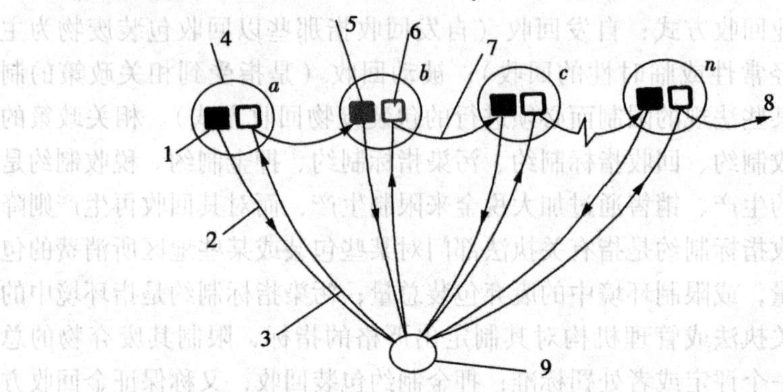

图4－1　拖曳容器系统

1. 牵引车从调度站出发到此收集线路开始一天的工作；2. 拖曳装满垃圾的垃圾桶；3. 空垃圾桶返回原放置点；4. 垃圾桶放置点；5. 提起装了垃圾的垃圾桶；6. 放回空垃圾桶；7. 开车至下一个垃圾桶放置点；8. 牵引车回调度站；9. 垃圾处理场或转运站加工场

固定容器系统（Stationary container system）工作模式是垃圾桶放在固定的收集点，垃圾车从调度站出来将垃圾桶中垃圾出空，垃圾桶放回原处，车子开到第二个收集点重复操作，直至垃圾车装满或工作日结束，将车子开到处置场出空垃圾车，垃圾车开回调度站。图4－2是固定容器系统示意图。

4.4.1　回收系统收集回收时间分析

4.4.1.1　拖曳容器系统

在拖曳容器系统中，每收集一桶垃圾所需时间用下式表示：

$$T_{hcs}=(P_{hcs}+S+h)/(1-\omega) \tag{4-1}$$

式中：T_{hcs}——拖曳垃圾桶每个双程所需时间，h；

P_{hcs}——每个双程拾取花费的时间，h；

h——每个双程运输花费的时间，h；

S——在处置场花费的时间，h；

ω——非生产性时间因子，%。

当拾取时间与在处置场的时间相对稳定时，运输时间决定车辆速度和运输距离。从不同的收集车辆得到的数据，用下式可近似的求得运输时间：

$$h=a+bx \tag{4-2}$$

式中：h——每个双程运输的时间，h；

a——经验常数，h；

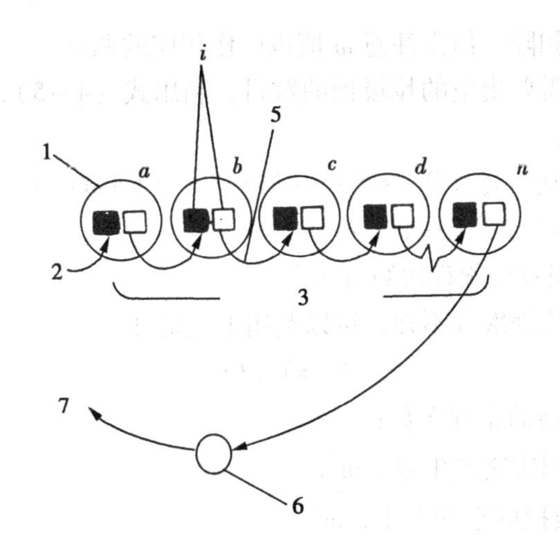

图4－2 固定容器系统示意图

1. 垃圾桶放置点；2. 垃圾车辆从调度站来，开始收集垃圾；3. 收集线路；
4. 放置点中垃圾桶中的垃圾放到垃圾车上；5. 垃圾车驶往下一个收集点；
6. 处置场或中继站、加工场；7. 垃圾车回调度站

b——经验常数，h/km；

x——每个双程的运输距离，km。

a，b 两个数值是由经验取得，称为车辆速度常数，它们的数值与车辆速度极限有关。

$$T_{hcs} = (P_{hcs} + S + a + bx) / (1 - \omega) \tag{4-3}$$

在拖曳容器系统，每个双程的拾取时间按定义为

$$P_{hcs} = pc + uc + dbc \tag{4-4}$$

式中：pc———提起装满垃圾的垃圾桶需要的时间，h；

uc——放下空垃圾桶需要的时间，h；

dbc——牵引车驶于垃圾桶放置点之间需要的时间，h。

在计算每个双程拾取时间时，如果牵引车驶于垃圾桶放置点之间需要的平均时间不知道，可利用式（4－2）估计出时间，式中垃圾桶之间距离代替双程旅程的运输距离。

拖曳容器系统每日每辆车的双程旅程次数可由下式决定：

$$Nd = (1 - \omega) H / (P_{hcs} + S + a + bx) \tag{4-5}$$

式中：Nd——每日每辆车的双程旅程次数；

H——每个工作日的时间，h/d。

其他符号与前面相同。ω 数值在0.1～0.25变化，一般操作取0.15，在某些情况，特别是长距离，如从调度站出发及回调度站花费时间较长，应从

工作日的时间中扣除。但需注意 ω 值也应作相应的调整。

若已知每周需要出空的垃圾桶的数目，利用式（4－5），可以计算出每辆车每周工作日：

$$D_w = t_w \ (P_{hcs} + S + a + bx) \ / \ [\ (1 - \omega) \ H] \tag{4-6}$$

式中：D_w——每周需要工作日，d；

t_w——每周双程旅程次数（整数）。

如果一周的旅程次数不知，可以利用下式估计：

$$N_w = V_w / Cf \tag{4-7}$$

式中：N_w——一周的旅程次数；

V_w——一周废物产生量，m^3；

C——垃圾桶的平均大小，m^3；

f——加权平均垃圾桶利用因子。

垃圾桶的利用因子被定义为垃圾桶体积被垃圾占据的分数。因为这个分数是随垃圾桶的大小而变化的，所以应用了加权平均垃圾桶利用因子。各种尺寸的垃圾桶数目乘以种垃圾桶的利用因子的和被垃圾桶的总数去除即得加权平均垃圾桶利用因子。

求得 N_w 不一定是整数，如舍去小数取低的整数，则意味着有一个或多个的容器比平时满，如将小数四舍五入取较高整数，则有一个或多于 1 个的垃圾桶不及平时满。

每周需要的劳动量可由每周工作日乘以收集人员数而得出。需要的收集车辆数可由下列方法决定：用每周工作天数除每周需要的次数（D_w），其整数即为需要的收集车辆数，如 $D_w/5 = 0.7$，1.2，3.7，圆整的结果分别为 1，2，4。

4.4.1.2 固定容器系统

对于固定容器系统，“拾取”花费的时间是指在收集线路上将一个空垃圾车收集满垃圾所需要的时间，包括收集过程中将所有垃圾桶中的垃圾出空到垃圾车上所花费的时间和垃圾车在收集点之间运行的时间两部分。

运输时间是指垃圾车装满后从收集线路的最后一个放置点开车到处置场，倒空垃圾后再从处置场开车到下一个收集路线的第一个放置点所需要的时间。

在处置场所花费的时间、非生产性时间同上。

与拖曳容器系统相似，在固定容器系统中，每个双程旅程所需的时间用下式表示：

$$T_{scs} = \frac{(P_{scs} + S + a + bx)}{(1 - W)} \qquad (4-8)$$

式中：T_{scs}——每个双程旅程需要的时间，h；

P_{scs}——每个双程旅程拾取所需时间，h；

S——在处置场的时间，h；

a，b——经验常数；

x——每个双程旅程运输距离，km；

W——非生产性时间因子。

固定容器收集的“拾取”时间 P_{scs} 与拖曳容器系统的“拾取”时间 P_{hcs} 内容不同，其中的出空垃圾桶所需时间受装卸方式影响较大，计算方法也有所差别。

对固定容器系统拾取时间由下式得到：

$$P_{scs} = Ct(uc) + (np-1)(dbc) \qquad (4-9)$$

式中：P_{scs}——每个双程旅程拾取时间，h；

Ct——每个双程旅程出空垃圾桶的数目；

uc——每个垃圾桶出空垃圾所需时间，h；

np——每个双程旅程垃圾桶放置点的数目；

dbc——车辆驶于垃圾桶放置点之间所花费的平均时间，h。

每个双程旅程倒空垃圾桶的数目与车辆的容积和能达到的压缩比有关。可利用下列关系式求得：

$$Ct = V \cdot r / (C \cdot f) \qquad (4-10)$$

式中：Ct——每个双程旅程出空的垃圾桶的数目；

V——垃圾车的容积，m^3；

r——压缩比；

C——垃圾桶的体积，m^3；

f——加权垃圾桶利用因子。

每周需要双程旅程次数由每周需要收集的垃圾量决定：

$$N_w = V_w / (V \cdot r) \qquad (4-11)$$

式中：N_w——每周双程旅程次数；

V_w——每周垃圾产生量，m^3；

V——垃圾车的容积，m^3；

r——压缩比。

每周需要工作的时间可用下式计算：

$$D_w = [(N_w) P_{scs} + t_w (S + a + bx)] / [(1-w) H] \qquad (4-12)$$

式中：D_w——每周工作的日数，d；

N_w——每周双程旅程次数；

t_w——N。圆整后的整数；

H——工作日的时数，h/d。

其余符号与前面相同。

4.4.2 劳动量

无论哪种收集系统，其每周的劳动量均可由每周需要的工作日 D_w 乘以收集人员数而得。需要的收集车辆，可由每周需要工作日除以每周工作天数，将所得的商进位取整得到，如每周工作 5 d，$D_w/5=0.7$，1.2，3.7，则需要的垃圾收集车辆数分别为：1，2，4。

4.5 包装回收处理

包装材料回收处理方式：分选、清洗、材料分离、干燥、破碎、压实。以下简要介绍一些处理方式。

分选，主要指将回收来的包装及包装材料按其品质类别所进行的挑选，具体的分选方式按其重复使用要求进行。

温度分离技术，根据不同塑料具有不同的温度特性而进行包装废物分离的技术叫做温度分离技术。各种塑料材料具有不同的玻璃化温度。利用塑料材料不同的脆化温度，将废旧塑料材料混合物分阶段逐级冷却而达到分离效果。

干燥，为便于贮存、运输、加工和使用，需要将生产的产品或半成品进行除湿的操作叫做干燥。

破碎过程中涉及很多问题。固体废物的机械强度是指固体废物抗破碎的阻力。通常用静载下测定的抗压强度、抗拉强度、抗剪强度和抗弯强度来表示。其中抗压强度最大，抗剪强度次之，抗弯强度较小，抗拉强度最小。一般以固体废物的抗压强度为标准衡量。抗压强度大于 250 MPa 者为坚硬固体废物；40～250 MPa 者为中硬固体废物；小于 40 MPa 者为软固体废物。

固体废物的机械强度与废物颗粒的粒度有关，粒度小的废物颗粒，其宏观和微观裂缝比大粒度颗粒要少，因而机械强度较高。在实际工程中，鉴于固体废物的硬度在一定程度上反应废物破碎的难易程度，因而可以用废物的硬度表示其可碎性。在需要破碎的废物中，大多数呈现脆性，废物在断裂之前的塑性变形很小。但有一些需要破碎的废物在常温下呈现较高的韧性和塑性，这些废物用传统的破碎机难以破碎，需要采取特殊的措施。如废橡胶在压力作用下能产生较大的塑性变形而不断裂，但可利用其低温变脆的特性而有效地破碎。又如破碎金属切削下来的金属屑，压力只能使其压实成团，不能碎成小片或小条、粉末，必须采用特制的金属切削破碎机进行有效地破碎。

在破碎过程中，原废物粒度与破碎产物粒度的比值称为破碎比，表示废物粒度在破碎过程中减小的倍数，即表征废物被破碎的程度。破碎机的能量消耗和处理能力都与破碎比有关。破碎比的计算方法如下：

用废物破碎前的最大粒度（D_{max}）与破碎后最大粒度（d_{max}）的比值来确定破碎比（i）：

$$i = D_{max}/d_{max}$$

用该法确定的破碎比称为极限破碎比，在工程设计中常被采用。根据最大块直径来选择破碎机给料口宽度。

用废物破碎前的平均粒度（Dcp）与破碎后平均粒度（dcp）的比值确定破碎比（i）：

$$i = Dcp/dcp$$

该法确定的破碎比称为真实破碎比，能较真实地反映破碎程度，所以，在科研及理论研究中常被采用。

一般破碎机的平均破碎比为3～30；磨碎机破碎比可达40～400。

固体废物每经过一次破碎机或磨碎机称为一个破碎段。若要求的破碎比不大，一段破碎即可满足。但对固体废物的分选，例如，浮选、磁选、电选等工艺来说，由于要求的入选粒度很细，破碎比很大，往往需要把几台破碎机依次串联，或根据需要把破碎机和磨碎机依次串联组成破碎和磨碎流程。对固体废物进行多次（段）破碎，其总破碎比等于各段破碎比（i_1，i_2，…，i_n）的乘积，即：

$$i = i_1 \times i_2 \times i_3 \times \cdots \times i_n$$

破碎段数是决定破碎工艺流程的基本指标，它主要决定破碎废物的原始粒度和最终粒度。破碎段数越多，破碎流程就越复杂，工程投资相应增加，因此，在可能的条件下，应尽量采用一段或两段破碎流程。

根据固体废物的性质、粒度大小，要求的破碎比和破碎机的类型，每段破碎流程可以有不同的组合方式。破碎机常和筛子配用组成破碎流程。

①单纯的破碎流程。具有流程和破碎机组合简单、操作控制方便、占地面积少等优点，但只适用于对破碎产品粒度要求不高的场合。

②带有预先筛分的破碎流程。其特点是预先筛除废物中不需要破碎的细

粒，相对地减少了进入破碎机的总给料量，同时有利于节能。

③带有检查筛分的后两种破碎流程。其特点是能够将破碎产物中一部分大于所要求的产品粒度颗粒分离出来，送回破碎机进行再破碎，因此，可获得全部符合粒度要求的产品。

湿式破碎是利用特制的破碎机将投入机内的含纸垃圾和大量水流一起剧烈搅拌和破碎成为浆液的过程，从而可以回收垃圾中的纸纤维。这种使含纸垃圾浆液化的特制破碎机称为湿式破碎机。

在该机原形槽底设有多孔筛，靠筛上安装的切割回转器的旋转使投入的含纸垃圾随大量水流一起在水槽中剧烈回旋搅拌和破碎成为浆液。浆液由底部筛孔排出，经固液分离将其中残渣分离出来，纸浆送至纸浆纤维回收工序进行洗涤、过筛脱水。难以破碎的筛上物质（如金属等）从破碎机侧口排出，再用斗式脱水提升机送至装有磁选器的皮带运输机，将铁与非铁物质分离。

半湿式选择性破碎分选是利用城市垃圾中各种不同物质的强度和脆性的差异，在一定湿度下破碎成不同粒度的碎块，然后通过不同筛孔加以分离的过程。该过程是在半湿（加少量水）状态下，通过兼有选择性破碎和筛分两种功能的装置中实现的，因此，把这种装置称为半湿式选择性破碎分选机。

半湿式选择性破碎分选的优点很多，如能使各种废弃物在一台设备中同时进行破碎和分选作业。可有效地回收废弃物中的有用物质。从第一组产物中可得到纯度为80%的堆肥原料——厨房垃圾；从第二组产物中可回收纯度为85%~95%的纸类；从第三组产物中可得纯度为95%的塑料类，回收非铁纯度达98%。对进料的适应性好，易破碎的废物首先破碎并及时排出，不会产生度过粉碎现象。

对于在常温下难以破碎的固体废物（如汽车轮胎、包覆电线、废家用电器等），可利用其低温变脆的性能而有效地破碎；亦可利用不同的物质脆化温度的差异进行选择性破碎，即所谓低温破碎技术。

低温破碎通常采用液氮作制冷剂。液氮具有制冷温度低、无毒、无爆炸危险等优点，但制备液氮需耗用大量能源，故低温破碎的对象仅限于常温难破碎的废物，如橡胶和塑料。

低温破碎时，将固体废物如钢丝胶管、汽车轮胎、塑料或橡胶包覆电线电缆、废家用电器等复合制品，先投入预冷装置，再进入浸没冷却装置，橡胶、塑料等易冷脆物质迅速脆化，送入高速冲击破碎机破碎，使易碎物质脱落粉碎，破碎产物再进入各种分选设备进行分选。

低温破碎与常温破碎相比，动力消耗可减至1/4以下，噪声降低4 dB，振动减轻1/5～1/4。

①塑料低温破碎。对塑料低温破碎的结果表明：a. 各种塑料的脆化点聚氯乙烯为-20～-5 ℃、聚乙烯为-135～-95 ℃、聚丙烯为-20～0 ℃。②将塑料放在4 m长皮带运输机上，在装有300 mm厚隔热板的冷却槽内移动。从槽顶喷入液氮，4 min后温度降至-75 ℃；62 min后温度降至-167 ℃。③采用仅具有拉伸、弯曲、压缩作用力的破碎机时，所需动力大于常温破碎。采用冲击式破碎时，则低温破碎所需动力比常温破碎要小得多。

②从有色金属混合物、废轮胎、包覆电线等废物中回收铜、铝及锌的低温破碎。研究结果表明，对25～75 mm大小的混合金属用锤碎机低温破碎（-72 ℃，1 min）25 mm以下产物中可回收97%的铜，100%的铝（不含锌）；25 mm以上产物中可回收2.8%的铜，100%的锌（不含铝），说明能进行选择性破碎分选。

③汽车轮胎的低温破碎。经皮带运输机送来的废轮胎采用穿孔机穿孔后，经喷洒式冷却装置预冷，再送浸没冷却装置冷却；通过辊式破碎机破碎分离成“橡胶和夹丝布”与“车轮圆缘”两部分；然后送至安有磁选机的皮带运输机进行磁选；前者经锤碎机二次破碎后送筛选机分离成不同粒度的产品，送至再生利用工序。

压实分为三个阶段，分别是：低压下颗粒的重排，密度稍有增加；在颗粒的屈服强度以上，颗粒间的结构孔因为颗粒破碎或变形而减少；颗粒间的结构孔大多数得到消除，颗粒内的粒子重排引起高压下的密度增长。

4.6　各种包装材料回收利用

4.6.1　纸包装材料及其回收利用

4.6.1.1　纸包装回收利用现状

随着文明的进步和发展，纸制品的用量越来越大。然而用于造纸的森林资源却越来越少，所以对废弃纸制品的回收、处理、再利用已引起了世界性的高度重视，各国已经开始以先进的措施和科技手段进一步提高处理回收技术，加大纸制品的回收量。

1998年全世界生产纸和纸板22 736.2万t，消耗回收废纸占造纸工业用纤维的1/3。从1970年到1988年，回收废纸需求量增加速度是原木浆增长的两倍，回收废纸每年增长5%，原木浆为2.5%；到1996年底回收废纸消耗突破了1亿t；到2001年达到1.3亿t。

目前美国每年的包装废旧纸的回收达6 000万t以上；日本早在20世纪80年代初，包装废弃纸制品的回收率就达到50%，而东京的废旧纸品回收率竟高达80%；法国每年回收废弃纸品2 500万t，占造纸业原料的40%；我国1988年废纸制品回收率为20.4%，2001年达24.1%，到2005年达到38%。

我国造纸原料中，废纸占了较大比例，若依靠进口，我国需要花费大量外汇买进口废纸；同时，我国每年产生的大约1 400万t废纸，回收利用率却很低。2005年，我国废纸的年进口量达到1 100万t。目前全世界可供出口的废纸总量约为2 500万t，我国废纸进口量目前已占1/3。若今后数年，国内对进口废纸的需求量继续大幅上升，一旦世界废纸价格暴涨到企业难以承受或世界发生突发事件影响废纸的正常运输，对中国造纸工业所产生的后果将十分严重。

中国造纸工业“十五”计划提出，要求废纸利用比重从2000年的24%提高到2010年的48%，2015年达到55%。其中，国产废纸利用比重达到43%。目前中国废纸回收利用发展不平衡，沿海地区发展较快。2001年，全国废纸浆用量占造纸用浆总量的44%，扣除进口废纸，国内废纸回收率不到30%。近年废纸利用率的提高主要是依靠进口废纸解决的，应引起有关方面重视，需要加大措施，提高国内废纸回收率。

废纸回收率低，造纸厂经常收到掺沙喷水的废纸，需要晾干除沙。认为回收企业与其这样，还不如直接从国外进口，因此，有关部门对造纸企业，强制要求使用一定数量的废纸作为生产原料；对回收企业，政府须给予一定的补贴，保证它们正常运行，能获得合理的经济效益；对消费者，行政执法部门会随时抽查，对于不按要求把废纸分类送交到指定的回收处的，进行罚款。

我国对废纸回收的法律规范和政策支持还不够具体，不够到位。而废纸回收做得比较成熟的国家，大多有一整套对各方面的利益考虑周到、操作性强、细节量化严格的回收法律体系。

人们在论及环保和资源循环利用时，总是喜欢强调中外国民存在观念上的落差，可实际上，法律定规矩，规矩养习惯，习惯成自然，自然化观念，这是一个过程。给回收利用的一个个具体环节以合理的规范，包括废纸利用在内的“循环经济”才能真正成长起来。

4.6.1.2 纸包装材料回收途径与方法

用废纸或废纸板做原料，可以制作农用育苗盒，采用生物技术生产乳酸等化工产品，还可以生产各种功能材料如包装材料、隔热隔离材料、除油材料，亦可用于制作纸质家具等。

制作农用育苗盒以及改善土壤土质，利用废纸纤维特别是一些低档次的废纸纤维与玄武岩纤维或矿渣纤维育苗盒。产品可自然降解，降解后即成为土壤的母质，因此，不对环境造成二次污染。由于加入了玄武岩纤维或矿渣纤维，使得产品的挺度高。既便于使用，又可节约部分植物纤维。此技术的优势还在于所使用的废纸纤维不必经过脱墨等处理，避免由此产生大量废液，有利于节约宝贵的水资源并保护生态环境。在美国阿拉巴马州的部分牧场，有的地方土壤板结，寸草不生。该州土壤专家詹姆斯根据废纸在土壤中不会很快腐烂变质的特性，采用碎废纸屑加鸡粪和原土壤拌和来改善牧场的土质。其比例为：碎纸屑40%，鸡粪10%，原土壤50%。这样，废纸在鸡粪中的基肥细菌的作用下，可以迅速腐烂变质，使土壤在3个月内，即变得松软异常，不仅适合生产牧草，使牧草生长旺盛，而且可种植大豆、棉花和蔬菜等多种作物，且产量颇高。同时，对牧场的土地也不会产生任何副作用。如果在两年后，对这些土地再补充新的碎废纸屑和鸡粪，土壤就会变得更加肥沃、更加疏松。

采用生物技术生产乳酸，以旧报纸为原料生产乳酸属于一种低成本的生产方法，乳酸可用于发酵、饮料、食品和药物生产中，它作为可生物降解塑料的原料也具有很大的吸引力。生产乳酸的方法是：首先用磷酸把旧报纸处理一下，然后在纤维素酶的存在下制成葡萄糖。该工艺比通用方法使用的纤维素酶用量少且时间短，由此得到的低成本葡萄糖可通过普通发酵方法制得L－乳酸。

生产隔热、隔音材料。利用废纸或纸板生产密度小，隔热、隔音性能好，价格低廉的材料，是一种节约资源、变废为宝的有效途径。其生产方法大致为两大类：不使用黏合剂和使用黏合剂的生产方法。不使用黏合剂的生产方法，将废纸或纸板湿法疏解成纸浆，在纸浆中加入无机多泡材料如珍珠岩，然后在不使用黏合剂的情况下将其注入板状、圆柱体或其他形状的模具内，经脱水、干燥，则得到所需形状的隔热、隔音材料。使用黏合剂的生产方法，该方法与前述不使用黏合剂的方法类似，将废纸或纸板干法分散成纤维状。不同之处是掺入黏合剂之后再经过冷压或热压挤实成型。

生产除油材料。在水中将废纸分离成纤维，加入硫酸铝，经过碎解、干燥等处理后，将其作为除油材料，可移走固体或水表面的油。该材料价格便宜、安全，制造工艺简单，不必用特殊的介质如合成树脂来浸渍；原料来源广泛，且使用后可燃烧废弃。

废纸发电。英国废物处理局近年来推出了一种高效、廉价的废纸处理方法——废纸发电。将大批包装废纸用烘干压缩机压制成固体燃料，在中压锅炉内燃烧，产生2.5 MPa以上的蒸汽，推动汽轮发电机发电，产生的乏气用于供热。燃烧固体废纸燃料放出的二氧化碳比烧煤少20%，有益于环境保护。

制造复合材料。美国的研究人员研究出利用废纸制造复合材料的方法：将旧报纸研磨成粉末，再与聚乙丙烯、高密度聚乙烯树脂、乙丙橡胶、2,6-二丁基-4-甲基苯酚等按一定比例混合，预热到75～80℃，用搅拌机以100 r/min的转速搅拌25 min；当温度达到162 ℃时，混合料中热塑性物质开始熔融，同时废纸进一步破碎；温度达到225 ℃时降低搅拌速度，使混合料颗粒化，并注入成型机中成型。这种利用废纸生产的复合材料的热稳定性及防火性均优于一般树脂。并且成型性好，收缩少，在空气中不吸潮，稳定性好，适合于制造汽车零件。

制造新型建筑和装饰材料。日本《读者新闻》和两家公司合作，利用旧报纸制造新型建筑和装饰材料。其制作过程是：先将旧报纸与废木材一同粉碎成粉末，再加入由农用膜等原料制造的特殊树脂并加工成型。将成型后的材料表面磨光，并印刷上各种木纹后，外形就和真木材一模一样了。该材料的优点是具有木材的清香，强度可与某些合金相媲美，同时防潮能力强，最适合于作建筑外部平台的铺装材料。

印度中央建筑研究院的科技人员利用废纸、棉纱头、椰子纤维和沥青等为原料，模压出新型建筑材料沥青瓦楞板。用这种沥青瓦楞板盖房屋，隔热性能好，不透水，轻便，成本低，还具有不易燃烧和耐腐蚀的特点。

制作纸质家具，近年来，国外已悄然兴起用纸板制作家具热。纸制家具质量轻，组装拆卸非常方便，省时省力，且造价低，又易回收，便于家具更新换代。其制作工艺简单，只需将各种废纸收集起来，经压缩处理制成一定形状的硬纸板，即可像拼积木一样组装成各种家具。在家具表面涂上保护漆，可解决“忌负重”和“怕水忌潮”的问题，很适合我国目前的住房状况，且可以节约木材资源，保护生态环境。

生产酚醛树脂。日本王子造纸公司研究成功的是将废纸溶于苯酚中，用来生产酚醛树脂的新技术。因苯酚与低分子量的纤维素和半纤维素相结合，故制成的酚醛树脂强度比用苯酚和乙醛为原料所制成的产品强度高，热变形温度比以往的酚醛树脂高10 ℃，在生产中，旧报纸及办公用废纸均可作原料，但使用办公用废纸为原料成本低，仅为使用旧报纸的一半。

回收甲烷。瑞典伦道大学的专家，将废纸打成浆，再向浆液中添加能分解有机物的厌氧微生物的水溶液；然后，移入反应炉，炉中废纸浆液里的纤维素、甲醇和碳水化合物等转变为甲烷；再用酶将木材抽出物除掉，即可得到燃料甲烷。

当然，以上回收包装纸方法和用途所占比例较少。废弃包装纸被回收后，主要用于生产纸浆制品。

废纸加工的过程主要是指废纸浆系统，纸浆制备完成后，其余工序与常规的造纸工艺完全相同，此处不再赘述。废纸制浆流程概括地包括碎解、净化、筛选、浓缩等几个阶段。

废弃包装纸的回收处理工艺的前期过程的工艺程序大致为：废纸的初步清理与分类筛选；废纸的碎解（包括初级净化）；废纸的脱墨（包括去热熔物）；油墨的清洗与分离。

由于废纸中含有各种性质不同的杂质需要除去，故废纸制浆的关键问题是筛选净化，整个废纸制浆流程实际可归纳为碎解与净化。由于塑料及其他合成材料在造纸工业中的应用，使得废纸制浆筛选、净化复杂化，并相应地需要采用新的方法与设备。对于经过印刷而涂染上各种染料和油墨的废纸的脱墨问题，也变得复杂。

废纸的碎解实际上就是将废纸借助机械力粉碎成纤维悬浮液，同时去除废纸中的各类轻、重杂质，为下一段废纸的脱墨做好准备。

废纸碎解是废纸制浆流程的第一步。目前广泛采用水力碎浆机碎解废纸。它具有良好的疏散作用而无切断作用，在处理含有砂石、金属硬物等杂质的废纸时，不致损坏设备，所以是一种可靠和有效的碎解设备。碎解后还要进一步通过疏解机将小纸片充分疏解分散，才能转入下面的净化、筛选和浓缩等过程。

水力碎浆机有立式和卧式、单转盘和双转盘、间歇操作和连续操作等不同形式。通常使用的立式单转盘水力碎浆机。可以间歇操作，也可以连续操作。它的主要构件是槽体、转盘（或转子）和底刀环。一般转盘的圆周速度为1 000 m/min，槽体直径为1 ~6 m，容量为0. 34 ~57 m^3，生产能力为4 ~200 t/d。我国目前水力碎浆机立式的容积有1 m^3，2 m^3，5 m^3，9 m^3（分别配用22 kW，40 kW，55 kW，75 kW 电动机）等几种型号；卧式有容积2. 5 m^3，5 m^3 两种。典型水力碎浆机的工作原理是利用转盘转动时带动水产生涡流，使废旧纸在水的回转和回转刀刃的切断下碎解成为纤维的悬浮液。

间歇式水力碎浆机直径为0. 6 ~0. 7 m，最大的一次可装料14. 5 t。碎浆浓度为6% ~8%，筛板孔眼范围较大，为6~8 mm。它的优点是对浆料碎解比较稳定，能正确掌握下料、加水量和时间。为保证化学药品同油墨的充分接触，需要脱墨的浆料以采用间歇式为宜。

间歇式碎浆大多用于废纸的疏解，特别适用于废纸脱墨、旧箱纸板、旧双挂面牛皮卡的疏解。间歇式碎浆要求纤维100%疏解并给予加入化学品或加热的充裕时间，加料时通过控制料重和加水量，以保证所要求的疏解浓度，直至充分混合。

连续式碎浆大部分用于产量高的工厂，它不要求纤维的完全疏解，纤维抽出后做进一步的处理。转子叶片的设计保证了孔板不会堵塞，扁平向下的叶片强化浆流从孔板通过，而有后缘的叶片则将任何残留于底板孔内未疏解的纸浆或污染物从孔内脱出。根据废纸所含杂质程度的不同，底板开孔分为两种：一种是开大孔，孔径为9.5~25 mm（一般为16 mm），其主要目的是将一些轻重杂质保持较大的原状通过孔板，以便在下一个工序中除去，获得较清洁、较高质量的废纸浆；另一种底板则是开小孔，孔径为4.5~6.4 mm，适用于较清洁的废纸原料如纸盒和瓦楞纸切边等。小孔底板可根据需要十分容易地更换为大孔底板。连续式碎浆机配套有自动绞绳装置、废物井和去除轻、重杂质的抓斗，抓斗既可抓起沉于废物井底的重杂质，也可除去浮在废物表面的轻杂质。为了使后续工序能够有序地进行，连续式水力碎浆机的纸浆浓度必须得到有效的控制。

废纸的疏解是将尚未解离的小纸片碎解成单根纤维的过程。在废纸回收的过程中，各种尺寸、各种涂布、各种湿强度等级的废纸都有，但在破碎过程中，高湿强纸需要进一步地离解才能满足要求。疏解机是常用的疏解设备；圆筒筛在一定范围内也具有疏解效果，它们处理浆料的浓度都在3% ~6%。

疏解是碎解的继续，其目的是将纤维全部离解而不切断损伤纤维，降低纤维强度。对于较难处理的废纸，保持高碎片含量的非连续式碎浆之后使用疏解机疏解是比较经济合理的做法。有资料证明，当离解率达60%时，离解效果最高，动力消耗不多；但当离解率达到75%时，动力消耗剧增，而离解率却提高不快。使用水力碎浆机将废纸达到完全碎解所消耗的动力太大，故废纸后期的碎解任务由疏解机继续去完成，借以节约电耗。不宜采用水力碎浆机高比率离解，否则将严重损伤纤维，降低纤维强度。故应采用疏解机等疏解设备来完成后期的离解任务，这对提高离解效果、保证废纸纤维的强度、降低动力消耗都有好处。

与碎浆机相似，疏解机破碎废纸碎片的原理也是靠力的作用，包括机械力、黏性力、加速力或者它们的合力，这些力比碎浆机的力更大，碎片破碎的可能性也更大。因为它们既受到剪切力，又受到疏解机压区压力。但疏解力毕竟是有限的，对于高湿强度纸，需要更高的疏解力，故通常采用高温和添加化学药品的方法来实现这一目的。碎浆机和疏解机中不同处理条件下，所消耗的动力和碎片含量之间的关系，包括单纯的机械力，机械力加温，机械力加升温加化学药剂三条曲线。其中所用的化学药剂为碱性或酸性的化学药剂。

疏解机不仅在几何形状上与碎装机相似，而且流动特征也相似。因为筛板上有更细小的筛孔，在这些地方会有很高的能量强度，因此与碎装机相比，疏解机的疏解效果和动力消耗更加有效。圆筒筛远不如疏解机的效率高，因为不是所有的碎片都能受到高碎解力。

对疏解机来讲，其效率很大程度上取决于废纸浆料中的污染物。因为疏解机对于碎纸片有更强的破碎力，粗渣容易阻塞筛孔，因此，前面需要更有效的净化和筛选系统。因此，从技术角度讲，圆筒筛是更经济的设备。

在得到洁净的悬浮液前提下，节约动力的一个方法是疏解后再经过后面的筛选以除去大片的废纸。特别难处理的浆料通常还采用较高温度下化学药品处理的方法，以降低纤维间结合力，从而使离解更容易。处理过程中使用分散剂也是一种有效的降低碎片含量的方法。

废纸的脱墨是废纸制浆重新再生的关键环节，因为原废纸是经过印刷成有各种痕迹或颜色的，如不在碎解时将颜色彻底脱除，造出的纸浆将无法使用。脱墨过程应当与碎解过程同时进行。其原理是：印刷油墨主要是以炭黑、颜料以及一些填充剂等粒子分散在有连接料的溶剂中（聚合物树脂、植物油、矿物油、松香等）。这些颜料等粒子包裹于具有黏性的连接料中经印刷而黏附于纸张的纤维上。而脱墨则恰恰是与之相反，要破坏这些粒子与纤维的黏附力。

废纸脱墨的最终效果有赖于机械动力、热力、化学药剂和脱墨设备。在碎浆机动力作用下，废纸上的油墨被撕裂成碎块；在脱墨剂的化学作用下，墨粒被进一步分散变细甚至完全溶化，如有热力的配合，这种作用会大大加强；溶于水中以及分散得很细小的墨粒可以通过水洗去除，而剩下的较大墨粒则须通过脱墨剂的捕集和浮选作用，在后面工序中分离去除。

脱墨剂一般均由多种化学品组成。在脱墨过程中所起化学和物理作用各不相同，有些药剂也同时起着几种作用。因此，整个脱墨过程实际上是在多种脱墨组分的作用下，互相补充、互相完善下进行的。如皂化油墨粒子需要皂化剂；而分散剂的作用是分散和游离油墨粒子；为了不使油墨粒子重新聚集并覆盖在纤维表面上，就要加入吸附剂吸附油墨粒子；还有使废纸脱色的漂白剂；为润湿颜料粒子，使之乳化便于分离溶出，还应有清净剂等。因此，脱墨剂的配方应是使废纸上的油墨产生皂化、润湿、渗透、乳化、分散等多种作用的综合体。作为废纸的脱墨剂，应满足以下要求：①有助于废纸的疏解和脱墨，不产生脱墨后的再吸附现象，使被分离的墨粒容易除去；②降低纸料中含碳量，提高白度，浮选法去污时，碳粒能顺利地随气泡排走；③不影响制成纸浆的得率和纸机生产；④废水易治理。

要破坏这些粒子与纤维的黏附力，就要采用各种方法，或使用化学药品，或加热与机械的共同作用，使得连接料皂化并溶解，从而使油墨和颜料从纤维表层分离下来。具体的脱墨方法有浮选法法、洗涤法、超声波法、溶剂法、蒸汽爆破法、酶脱墨法、附聚脱墨法和酶-超声波协同脱墨法。目前广泛使用的就是浮选法和洗涤法。

洗涤法脱墨是最早使用的传统方法。洗涤法脱墨时，脱墨剂中必须加入分散剂和抗再沉积剂。洗涤法所选用的表面活性剂一般是浸透、乳化、分散等综合洗涤作用较强的醚型非离子型表面活性剂，为了避免高气泡利导致的洗涤效果差、废水处理难等问题，应尽量少使用高气泡性的明离子型表面活性剂。

洗涤法脱墨的简单流程为：回收废纸—碎解—加脱墨剂—疏解—洗涤—再生纸浆。

洗涤法脱墨浆比较干净，所得纸浆白度高，灰分含量低，操作方便，工艺稳定，电耗低，设备投资少。其缺点是用水量大，纤维流失大，得率低(一般为75%左右)。超声波脱墨法通常采用液体哨声超声波发生器，产生频率为20~60 kHz的声波，其周期性压力变化产生空穴作用，发生纵向振动，形成直径为0.1~0.2 mm的细小气泡，当气泡受到超声波的作用时，它可以不断吸收因超声波持续的压缩和膨胀周期而产生的能量，从而使其大小发生波动或直径增大。当气泡增大时，吸收最大能量，迅速增大，继而爆破。当这些气泡爆破时（时间在1 μs内），它内部温度达到5 500 ℃，由于气泡体积小，这种热能消失非常快，在任何时间内，液体仍保持与环境接近一致的温度，破裂的气泡将能量传递给它附近的二次纤维。这种能量产生两个作用：一是使油墨粒子松弛，并从纤维表面移开；二是使油墨粒子自行碎解，最终实现废纸的脱墨过程。

超声波脱墨法有很多优点，比如可以少用或不用化学药品，降低成本，减轻废水污染；对高光泽油墨去除率高，脱墨效果好；DIP的耐破因子、裂断长、白度等指标有明显的提高，而撕裂因子却不会减少。

溶剂脱墨法的主要特点是不用水或只用少量水。当脱除激光打印纸及静电复印纸油墨时，采用三氯乙烯和乙烷作溶剂，并用加热后的松节油溶解固定激光油墨的塑料结构，经冷却，这些固化物变硬，再经过筛选、除渣等工艺除去油墨，同时回收90%～99%的溶剂，这一方法可用于旧报纸、旧杂志、混合办公废纸的脱墨。

蒸汽爆破脱墨法近几年来由于开发了新蒸汽爆破技术，产能大大提高。经爆破蒸汽脱墨后，油墨粒子被碎至很小（<75 μm），再经净化、筛选、洗涤，制得脱墨浆。该工艺能有效回收低档废纸，并能解决在回收废纸中一些难以处理的问题，比如塑料热熔物、蜡、松香等都能得到有效处理。并对激光、静电复印油墨处理十分有效。该技术具有工艺简单、操作费用低、投资省、节能和环保等优点。

传统废纸脱墨采用化学法，需要大量碱、水玻璃及工业皂等，纸上的油墨在强碱和分散剂的作用下被乳化而得到分离。但随着国内外印刷技术的高速发展，废纸种类有了很大的变化，激光和复印废纸所占的比例越来越多，加上印刷油墨配方也在不断变化，许多工厂只好通过加强机械打碎的方法，使大颗粒油墨破碎变小，然后通过浮选除去。而使用酶脱墨法具有明显的优势：可以降低能耗，减轻环境污染，脱墨效率高于化学脱墨，酶脱墨浆物理强度好、白度高、尘埃低、残余油墨量少、滤水性好。

目前脱墨用的酶有：酯肪酶、酯酶、果胶酶、淀粉酶、半纤维素酶、纤维素酶和木素降解酶。而在实际使用中，以纤维素酶和半纤维素酶为主。与常规的碱性脱墨相比，酶脱墨法产生的废水中COD比碱性法低20%～30%。

附聚脱墨法，附聚脱墨法形式上类似于传统的化学处理，结合机械作用而使油墨与纤维分离，但方法不同。该法不是碎解、分散油墨，使其尺寸变小，而是将油墨颗粒聚集成400 μm以上密度较大的球形颗粒，增大油墨尺寸和相对密度，再通过离心清洗，结合筛选的方法除去。通常在疏解分离纤维时，加入1%的碳氢油附聚剂，使剥离的油墨集成粒径为1 mm～1 cm的颗粒，附聚剂通过液体桥将油墨颗粒吸附在其周围，过程中的温度及pH值对该法去除油墨的效果影响较小，且处理时间短，一般在15 min内，不需添加其他化学品，油墨去除率为95%～97%。但高施胶度及阳离子淀粉存在的废纸，脱墨效果较差。

酶处理可减少废纸脱墨过程中的化学品消耗，但由于受生化反应特点的限制，酶处理需要比较长的时间。超声波处理法能在液体中引起周期性的压缩和膨胀，使纤维产生强烈振动和相互摩擦，提高纤维素酶的活性，从而加速油墨粒子的脱除。酶－超声波协同作用对彩色胶印新闻纸脱墨效率有一定提高，脱墨浆白度提高5%。在一定程度上降低了纤维粗度及长度，但对纸张的强度影响很小。

影响废纸脱墨的四大因素，从工艺上分析，废纸的分选、离解、熟化、脱墨等工序及设备的合理性对废纸的脱墨都有较大的影响。

①脱墨方法的影响。目前国内脱墨方法主要为洗涤法及浮选法，这两种方法的前段离解、熟化工序基本一样，只是纸浆和油墨颗粒分离的方法不一样。洗涤法采用脱水处理的方法，使油墨、杂质与纸张纤维分离。由于清水轮流置换洗涤，洗净度高、纸浆白度高，但同时易将微细纤维及灰分洗去，影响得浆率，该法适用于生产薄页纸及灰分低的纸种。浮选法脱墨是利用矿业上浮选矿的原理，根据纤维、填料及油墨等组成的可湿性不同，用浮选机将油墨（可湿性差）浮到浆面上除去，纤维及填料仍留在浆中，从而达到分离的目的。浮选法是气—液—固表面共同参与的脱墨方法，该脱墨法，细小纤维损失小，灰分含量及得浆率高，适用于纸板类纸种。

②脱墨剂的影响。脱墨过程中脱墨剂起着关键性的作用，在脱墨工艺中，选用何种脱墨剂，脱墨剂的性能如何，直接影响脱墨的效果。阴离子型和非离子型表面活性剂是脱墨剂的主要成分，在浮选中采用非离子型表面活性剂，脱墨效果好、纸浆白度高；但在洗涤法脱墨中，则是采用乙醚型非离子型表面活性剂脱墨效果较好。

③脱墨温度、时间、脱墨剂用量的影响。在脱墨过程中，脱墨时间、温度、脱墨剂的用量是影响脱墨效果的重要因素。一般来说，时间越长、温度越高、用量越大其脱墨效果越好，但从成本、效率等综合因素来考虑，应合理选定最佳工艺条件及参数。

④印刷方法与油墨组成的影响。印刷技术的飞速发展和不同成分油墨的出现，使印刷品的颜色、光泽和牢固性都有了较大提高，但同时也加大了废纸脱墨的难度，因此，全面了解油墨组成、固化机理、印刷方法等，才能有效地脱除油墨。

下面就几种常见的印刷方法谈一下各自所采用的废纸脱墨方法。

凸版印刷，该法常用于报纸、杂志及牛皮纸袋的印刷，油墨主要是碳墨，分散在碳氢油料的载体中，借助于吸收、挥发和沉淀作用而干燥于纸面上。凸版印刷的废纸比较容易脱墨，只需加入1%～2%的活性脱墨剂，利用洗涤法即可将油墨除去。

胶版印刷，该法应用于表面光滑的杂志、书籍、艺术品的印刷。油墨中含有斥水性载色体的颜料，着色强，不溶于水及醇类，油墨含醇酸树脂及干性油。胶版印刷油墨的树脂难分散，但加硅酸盐及表面活性脱墨剂进行脱墨，同时采用浮选和洗涤相结合的办法脱墨能取得较好的效果。

柔性印刷，该法是凸版印刷的改进。柔性印刷的油墨为快干、低黏度油墨，以水基作载色体，用挥发及吸收使之干燥。可采用浮选法脱墨，先采用分散收集法，用二级洗涤能取得较好质量的脱墨浆。废纸脱墨制浆是一项复杂的系统工程，需进一步探讨和摸索整个过程的工艺特性，并设计和开发更新型的脱墨技术，使脱墨浆成为成本低、品质好的二次纤维原料，可以创造良好的社会效益及经济效益。

随着环保要求越来越严格，以往使用的一次性杯、盘、饭盒及包装材料等不可降解产品，现在已属于禁止使用之列。其有效的替代品即为纸浆模塑产品。在一些工业发达国家，纸浆模塑制品在工业产品包装领域所占比重已高达70%，其中绝大部分使用的原料为废纸纸浆模塑制品。这种模型制品是把纸浆做成商品形状后固化的，使用的原料为100%的废纸，容易回收利用。美国模压纤维技术公司把旧报纸粉碎，加水打浆并模压成型，代替泡沫塑料用作玩具、计算机驱动磁盘和外围设备等的包装填料。日本花王公司开发出用废纸生产纸瓶的模塑技术，这种纸瓶由3层组成，中间是纸浆，内侧和外侧为涂层，可以用螺旋、盖或金属薄片封口，纸瓶的强度与塑料瓶不相上下。利用模具可制造出形状各异的纸瓶。以废纸为原料可生产高强度埋纱包装纸袋。夹在纸中的是可在90 ℃水中溶解的水溶性纱线，可以实现完全回收利用，因而是一种双绿色包装材料。该包装纸可广泛用于水泥、粮食、饲料、茶叶以及日用购物袋、取款袋等生活领域。我国的纸浆模塑业起步较晚，但也取得了长足的进展，已由简单的果托、蛋托之类的低档产品发展到工业品包装和食品包装物上。目前，我国纸浆模塑制品在工业产品包装领域所占比重为5%。

4.6.2 塑料包装材料回收利用

4.6.2.1 塑料包装回收利用现状

近些年来，塑料以其自身质轻、价廉、来源丰富强度好、物理性能优良等优越性在包装领域发展迅速。目前，全球每年的塑料产量超过1亿t，塑料包装占塑料市场的30%左右，有的甚至高达50%。在我国，塑料包装材料的工业产值在包装工业总值中约占1/3，高居首位。我国塑料工业是国民经济的支柱产业之一，已步入世界塑料大国的行列。早在2001年，我国合成树脂已名列美国、德国、日本之后，居第四位，总产量达1 204万t，但远远满足不了社会消费的需求，进口合成树脂达1 426万t，进口废塑料223

万 t，创历史进口最高纪录。

各国塑料包装废弃物的回收状况：2000 年有 8 个国家回收了超过 50% 的包装用废塑料，即荷兰、瑞士、丹麦、挪威、德国、瑞典、奥地利和比利时。德国在包装废弃物回收方面是一个典范。其居民对塑料垃圾的分类既认真，又准确，加上拆卸机上的塑料分类也由手工完成，所以塑料制品回收超过了 60%（不包括焚烧获取能量等）。美国对塑料的回收率达 50%，仅新泽西州的塑料再生中心建立的热塑性废旧塑料处理装置，就具有年产3 500 t 再生塑料的能力。20 世纪 90 年代美国的塑料再生制品已达 23 万 t，20 世纪末达 130 万 t。日本在 90 年代初，塑料废弃物回收率为 7%；1995 年对塑料废弃物回收率达 28%；1997 年日本塑料废弃物回收率达到 40%，填埋占 34%，焚烧占 26%。意大利在 90 年代仅热塑性塑料回收就达 25% 以上。他们研制了从垃圾中分离塑料的机械系统，有效地将 PE 薄膜、袋类分离出来进行处理。欧盟在 2005 年以前回收率已达 90%。

我国《再生资源回收利用“十五”规划》中曾提出，到 2005 年国内要达到回收废旧塑料 500 万 ~600 万 t。而实际上，我国 2004 年回收的废旧塑料只有约 200 多万 t，当年可以回收的废旧塑料达到 1 400 万 t，大部分没有回收。目前我国每年产生的废塑料处理方法中，填埋占 93%，焚烧占 2%，回收率仅占 5%。与发达国家比较，塑料废弃物的资源化率极低。

根据国家中长期科学技术发展纲要，对再生资源领域里废塑料部分规划的战略目标是：到 2020 年，再生利用废塑料率达到 50%。研究废旧有机高分子材料再生利用技术，提出现行废塑料再生工艺的改进方法，在解决预处理技术的基础上，借鉴国外先进经验，研究推广适合我国国情的废塑料再生技术，以提高产品性能和质量。

4.6.2.2 塑料包装回收利用技术与工艺

用石油和煤为原料生产塑料来替代天然高分子材料，曾经历了一条艰难的历程，整整一代杰出的化学家为实现目前塑料所具有的优良理化特性和耐用性付出了辛勤的劳动。塑料以其质轻、耐用、美观、价廉等特点，取代了一大批传统的包装材料，促成了包装业的一场革命。但是出乎预料的，恰恰是塑料的这些优良性能性制造了大量耐久不腐的塑料垃圾。用后大量丢弃的塑料包装物已成为危害环境的一大祸害，其主要原因就是这些塑料垃圾难以处理，无法使其分解并化为尘土。在现有的城市固体废弃物中，塑料的比例已达到 15% ~20%，而其中大部分是一次性使用的各类塑料包装制品。塑料废弃物的处理已不仅是塑料工业的问题，现已成为公益问题，引起国际社会的广泛关注。

在城市塑料固体废弃物处理方面，目前主要采用填埋、焚烧和回收再利用三种方法。因国情不同，各国有异。美国以填埋为主，欧洲、日本以焚烧为主。采用填埋处理，因塑料制品质大体轻，且不易腐烂，会导致填埋地成为软质地基，今后很难利用；采用焚烧处理，因塑料发热量大，易损伤炉子，加上焚烧后产生的气体会促使地球暖化，有些塑料在焚烧时还会释放出有害气体而污染大气；采用回收再用的方法，由于耗费人工，回收成本高，且缺乏相应的回收渠道。目前世界回收再用仅占全部塑料消费量的15%左右。因世界石油资源有限，从节约地球资源的角度考虑，塑料的回收再用具有重大的意义。为此，目前世界各国都投入大量人力、物力，开发各种废旧塑料回收利用的关键技术，致力于降低塑料回收再用的成本的开发其合适的应用领域。

由于塑料在回收处理上有难度，所以带来了许多严重的社会问题及污染问题。因此研究、开发塑料包装废弃物的回收处理与再生技术，具有特别重大的意义。为了适应保护地球环境的需要，世界塑料加工业研究出许多环保新技术。

在节省资源方面：主要是提高产品耐老化性能、延长寿命、多功能化、产品适量设计；在资源再利用方面：主要是研究塑料废弃物的高效分选、分离技术、高效熔融再生利用技术、化学回收利用技术、完全生物降解材料、水溶性材料、可食薄膜；在减量化技术方面：主要是研究废弃塑料压缩减容技术、薄膜袋装容器技术，在确保应用性能的前提下，尽量采用制品薄型化技术；在CFC代用品的开发方面：主要是研究二氧化碳发泡技术（氯氟烃的英文名称Chloro - fluoron - carbon，取其字头组成缩写CFC）。在替代物的研究方面：主要是开发PVC和PVDC代用品。

（1）塑料回收具体方法

①回收热能法。回收热能法，大部分塑料以石油为原料，主要成分是碳氢化合物，可以燃烧，如聚苯乙烯燃烧的热量比染料油还高。有些专家认为，把塑料垃圾送入焚化炉燃烧，可以提供采暖或发电的热量，因为石油染料86%都直接被烧掉，其中只有4%制成了塑料制品，塑料用完以后再作为热能被烧掉是很正常的，热能使用是塑料回收的最后方法之一，不容轻视。但是许多环境保护团体反对焚烧塑料，他们认为，焚烧法把乱七八糟的化学品全部集中燃烧，会产生有毒气体。如PVC成分中一半是氯，燃烧时放出的氯气有强烈的侵蚀破坏力，而且是引起二恶英的元凶。

目前，德国每年有20万t的PVC垃圾，其中30%在焚化炉里燃烧，烧得人心惶惶，法律不得不对此拟定对策。德国联邦环境局已规定所有的焚化炉都必须符合每立方米废气值低于0.1 ng（纳克）的限量。德国的焚化炉空气污染标准虽然已经属于世界公认的高标准，但仍然没有人敢说燃烧方法不会因机械故障放出有害物质，所以，可以预见各国环保团体仍将大力反对焚化法回收热能。

②分类回收再生法。分类回收再生法，作为塑料回收，最重要的是进行分类。常见的塑料有聚苯乙烯、聚丙烯、低密度聚乙烯、高密度聚乙烯、聚碳酸酯、聚氯乙烯、聚酰胺、聚氨酯等，这些塑料的差别一般人很难分辨。现在的塑料分类工作大都由人工完成。国际上已有先进的分离设备可以系统地分选出不同的材料，但设备一次性投资较高。例如，德国一家化学科技协会发明以红外线来辨认类别，既迅速又准确，只是分拣成本较高。复合再生所用的废塑料是从不同渠道收集到的，杂质较多，具多样化、混杂性、污、脏等特点。由于各种塑料的物化特性差异大，而且多具有互不相容性，它们的混合物不适合直接加工，在再生之前必须进行不同种类的分离。一般来说，分类再生塑料的性质不稳定，易变脆，故常被用来制备较低档次的产品，如建筑填料、垃圾袋、雨鞋等。

③制取基本化学原料、单体。制取基本化学原料、单体，混合废塑料经热分解可制得液体碳氢化合物，超高温气化可制得水煤气，都可用作化学原料。德国Hoechst公司、Rule公司、BASF公司、日本关西电力、三菱重工近几年均开发了利用废塑料超高温气化制化学原料的技术，并已进行工业化生产。

近年来，废塑料单体回收技术也日益受到重视，并逐渐成为主流方向，其工业应用正在研究中。现在研究水平已达到单体回收率，聚烯烃为90%，聚丙烯酸酯为97%，氟塑料为92%，聚苯乙烯为75%，尼龙、合成橡胶为80%等。这些结果的工业应用也在研究中，它对环境及资源利用将会产生巨大效益。

美国Battelle Memorial研究所成功开发出从LDPE，HDPE，PS，PVC等混合废塑料中回收乙烯单体技术，回收率58%（质量分数），成本为3.3美元/kg。

④油化法。油化法，由于塑料是石油化工的产物，从化学结构上看，塑料为高分子碳氢化合物，而汽油、柴油则是低分子碳氢化合物，理论上讲，给废塑料一定的热能及催化剂，使塑料逆向反应，把塑料大分子断开，转化分子量小的气、液、固三相新物质是可行的。因此，将废塑料转化为燃油是完全可能的，也是当前研究的重点领域。将塑料内化学成分提炼出来以便再利用，所采用的工艺方法是通过加入化学元素促使相结合的碳原子化学裂

解，或是加入能源促成其热裂解。国内外在这方面均已取得一些可喜的成绩，如日本的富士回收技术公司，利用塑料油化技术，从1 kg废塑料中回收0.6 L汽油、0.21 L柴油和0.21 L煤油。他们还投入18亿日元建成再生利用废塑料油化厂，日处理10 t废塑料，再生出1万L燃料油。美国肯塔基大学发明了一种把废塑料转化为燃油的高技术，出油率高达86%。中国北京、海南、四川等地均有关于塑料转化为燃油研究成果的报道。

油化工艺的分类：按设备形式分类，主要有4种。

槽式。槽式法油化工艺有聚合浴法（川崎重工）、分解槽法（三菱重工）和热裂解法（三井、日欧）等。

下面介绍三菱重工的塑旧废弃物分解槽油化工艺。首先将废料破碎成一定尺寸，干燥后由料斗送入熔融槽（300～350 ℃）熔融，再送入400～500 ℃的分解槽进行缓慢热分解。各槽均靠热风加热。焦油状或蜡状高沸点物质在冷凝器冷凝分离后需返回分解槽内再经加热分解成低分子物质。低沸点成分的蒸汽在冷凝器中分离成冷凝渡和不凝性气体，冷凝液再经过油水分离器分离可回收油类。这种油黏度低，发热量高，凝固点在0 ℃以下，但沸点范围广，着火点极低，是一种优质燃烧油，使用时最好能去除低沸点成分。不凝性气态化合物经吸收塔除去氯化氢后可作燃料气使用。所回收油和气的一部分可用作各槽热风加热的能源。

管式。管式反应器的类型可分为管式蒸馏法、螺旋式、空管式和填料管式等。与槽式反应器一样，均为外热式，使用生成的油加热，燃料油用量大。管式法油化工艺的回收率为57%～78%。此法要求原料均匀单一，易于制成液状单体的聚苯乙烯和聚甲基丙烯酸甲酯。同时要求解决以下问题：固体废料与重质液压油的混合方法，析出炭的处理，如何从生成液中分离回收单体以及残渣和重液的处理等。

流化床。采用流化床法反应器进行废旧塑料油化的有住友重机和汉堡大学等单位，废塑料被破碎成5～20 mm加入流化床分解炉，同时使用0.3 mm砂子等固体物质作热载体，当温度升到450 ℃时热砂使废塑料熔化为液态，附着于砂子颗粒表面，接触加热面的部分塑料生成碳化物，与流化床下部进入的气体接触，燃烧发热，载体表面的塑料便分解，与上升的气体一起导出反应器，经冷却和精制，得到优质油品。在燃烧中生成的水和二氧化碳需要进行油水分离，生成的气体、水和残渣等在焚烧炉中燃烧，余热可以制成蒸汽或热水，加以回收。进入挤出机的塑料碎块加热到230～270 ℃，使其变成柔软团料并挤入原料混合槽中。聚氯乙烯中的氯在较低的温度（170 ℃）下会游离出来（达90%以上）。回收的氯通过碱中和或回收盐酸等方法进行处理。通常液态的热分解物从热分解槽（热解槽）循环返回到原料混合槽中，而由挤出机挤入的熔融料便在此处混入到热分解物内。当温度进一步升为280～300℃后，混合物料又由泵送入热分解槽中。另外，在原料混合槽的升温阶段，残留的氯也大多被气化除去。送入热分解槽内的熔融料，当被进一步加热到350～400℃时，便发生热分解、气化。气化状态的热分解物（通常含有大量烷烃）被再次返回原料混合槽。这样，在反复循环过程中，物料便慢慢发生热分解，最后以气态烃形态送往接触分解槽中。采用该工艺应当预先除去聚氯乙烯。其方法是将这种混合废塑料加入加热型异向旋转双螺杆挤出机中，加热至250～300℃，聚氯乙烯分解，产生的氯化氢可在水中捕集。如果仍混有少量的聚氯乙烯，挤出机、熔融炉可将游离的氯回收，未除去的微量氯还可在脱氯槽中除去。在物料快要进入接触分解槽之前，为除去在挤出机和原料混合槽阶段残余微量的氯而设置了脱氯槽。在这里，物料中的氯几乎被除尽。接触分解槽中填充有ZSM－5催化剂。由热分解槽送来的气态烃，由于催化剂的作用而催化分解，然后被送入冷凝器。

所生成的油，进入分馏塔进行简易分馏，得到汽油、煤油和气体等。所得到的油贮存于产品贮罐中，而气体被送去作油化装置的热源。

废塑料的螺杆式油化工艺，加氢油化工艺，很多专家认为，氢化作用可用于处理混合塑料制品。将混合的塑料碎片置入氢反应炉内，加以特定温度和压力，便能产生合成原油和瓦斯等原料。这种处理方法可用于处理聚氯乙烯废料，其优点是不会产生有毒的二恶英与氯气。采用这种方法处理混合塑料物品，根据不同的塑料成分，可将其中的60%～80%的成分炼成合成原油。德国巴斯夫等三家化学公司在共同的研究报告中指出，氢化作用为热裂解法的最优良方式，析解出的合成原油品质好，可用来炼油。德国Union燃料公司开发了废聚烯烃加氢油化还原装置。加氢条件为500℃，40 MPa，可得到汽油、燃料油。采用家庭垃圾中的废旧塑料为原料，其收率为65%；采用聚烯烃工业废料为原料，收率可达90%以上。

美国列克星敦肯塔基大学发明了一种废塑料变成优质塑料燃料油的工艺方法。用这种方法生产的燃料很像原油，甚至比原油更轻，更容易提炼成高辛烷值的燃料油。这种用废塑料生产的燃料油不含硫磺，杂质也极少。采用类似方法把塑料与煤一起液化也能生产出优质燃料油。研究人员在沐浴器中把各种塑料和沸石催化剂、四氢化萘等混合在一起，然后放进一种称之为“管道炸弹”的反应炉里，用氢加压并加热，促使大分子塑料分解成分子量较小的化合物，这一工艺过程类似于原油处理中的化合。废塑料经此处理后产油率很高，聚乙烯塑料瓶的出油率可达88%。当废塑料和煤以大致1∶1的比例混合和液化时，可以得到更为优质的燃料油。经过此工艺方法的经济效益进行评估后，预计采用废塑料生产燃料油会在5~10年内变得蜕变具有高炉效益。目前，德国已开始在博特普建立一座有希望日产200 t塑料燃油的反应炉。

美国伦塞理工学院研制出一种可分解塑料废弃物的溶液，将这种已申请了专利的溶液和6种混合在一起的不同类型的塑料一起加热。在不同的温度下可分别提取6种聚合物。实验中，将聚苯乙烯塑料碎片和有关溶液在室温条件下混合成溶解态，将其送入一个密封的容器中加热，再送入压力较低的“闪蒸室”中，溶液迅速蒸发（可回收再用），剩下的就是可再次利用的纯聚苯乙烯。据称，研究所用的提纯装置，每小时可提纯1 kg聚合物。纽约州政府与摩霍克电力公司正打算联手建造一座小规模试验性工厂。投资者声称，该厂建成后，每小时可回收4 t聚合物原料。其成本仅为生产原料的30%，具有十分显著的商业价值。

德国拜尔公司开发出一种水解式化学还原法来裂解PUC海绵垫。试验证明，化学还原法在技术上是可行的，但它只能用来处理清洁的塑料，例如，生产制造过程中产生的边角粉末和其他塑料废料。而家庭里使用过的沾染上其他污物的塑料就很难用化学分解法处理。

一些新的化学分解法还在研究过程中，美国福特汽车公司目前正在将酯解法运用于处理汽车废塑料件。

废塑料油化裂解产生很多物质。

气体：不能液化的石油尾气，主要成分是C_1~C_5以下的可燃气体。不排放，回收作裂解用热能，气体产生量大约占塑料的15%。

液体：废塑料再生燃料油及少量水，这种燃料油热值在41 868KJ以上，与石油、汽柴油热值相当，主要成分是C_6~C_{18}有机物，精加工后制成溶剂油、燃料油或汽柴油调配油，占45%~50%。

固体：主要成分炭黑及少量其他无机盐，经粉碎325目过筛，可做聚乙烯防水卷材及橡胶填充剂，占35%~40%，效益可观。

⑤生物降解法。生物降解法，在积极开发塑料回收再利用技术的同时，研究开发生物降解成为当今世界各国塑料加工业的研究热点。研究人员希望开发出一种能在微生物环境中降解的塑料，以处理大量一次性使用塑料，特别是地膜及多包装废弃物。研究目标是开发出一种在使用过程中可以保证其各项使用性能，而一旦用完废弃后，可被环境中的微生物分解，从而完全进入生态循环的塑料；同时，这种塑料的生产成本较低，具有相应的经济性。如果是这样的生物分解性塑料，在使用后就可与普通生物垃圾一起堆肥，而

不必花费很大代价进行收集、分类和再生处理，而且分解产物进入生态循环，不产生资源浪费问题。在生物降解塑料的研究开发方面，世界各国都投入了大量财力和人力，花费了很大的精力进行研究。塑料加工业普遍认为，生物降解塑料是21世纪的新技术课题。

20世纪80年代末，为了解决垃圾袋的降解问题，在美国玉米商的推动下，添加淀粉的聚乙烯塑料袋被作为生物降解塑料在欧美风靡一时。但由于其中的聚乙烯不能降解，故其应用研究已大大降温。只是由于淀粉的原料来源丰富，而价格便宜，目前仍有不少研究者在从事这方面的研究，希望通过各种配方技术，在降解性方面有所突破。

德国拜尔公司研究纤维制品的专家们经过数年研究，制成的一种可以完全分解为腐殖质的塑料。用这种塑料制成的包装薄膜可以在土壤中迅速分解——“分化瓦解”，10 d之内可以回归大自然。根据环保组织的鉴定，此种塑料及其分解后的中和物对环境和人类均是安全可靠的。该公司研制成功的这种新型塑料，是将坚硬而不易延伸的纤维素与聚氨酯混合制得，把这种新型塑料埋入土中后，可成为土壤中微生物的可口佳肴，迅速繁殖的微生物很快能将这种材料完全消化成为腐殖质。将这种材料制成的一种家用保鲜膜，14 d后可完全成为粉末，8周后会失去80%的质量。用这种材料制作培养物的营养钵，植入土中数周后均化为腐殖质，充当起堆肥的角色。由于这项新技术的生产成本太高，是普通塑料的数倍，因而目前很难实现商品化生产。

目前开发的技术路线主要有微生物发酵合成法、利用天然高分子（纤维素、木质素、甲壳质）合成法的化学合成法等，并已开发出一些生物降解塑料的水溶性树脂，但总的说来，其生产成本都未达到工业化批量生产的要求。

在应用实验方面，经过多年的努力，我国在生物降解聚乙烯地膜研究项目上已取得初步成功，开发出了生物降解地膜试样，并进行了小面积的试用，从其技术成熟性方面看来，尚未达到大面积推广的应用程度。以色列和加拿大对光降解地膜均有试用，但未见大面积应用的报道。美国将光降解塑料用于瓶装饮料的提环已有多年，我国对添加型光降解塑料领域尚未涉足。

据预测，如将生物降解塑料的工业化研究算作100的话，目前的开发研究只处于30的相对阶段。目前，美国对这项技术的开发研究处于领先地位，欧洲居次，日本第三。

总的来说，在生物降解塑料研究开发中还有许多有待攻克的难题。首先，对塑料降解的定义尚无统一的认识，即生物分解究竟意味着什么，也就是说生物降解塑料的分解时间究竟确定为多长。另外，分解的产物应是什么？最终产物究竟是二氧化碳和水，还是对实际应用无害的任何形态的残留物？

其次，对生物降解塑料的评价试验尚无世界公认的统一的方法。目前美国材料试验协会、日本工业标准协会和国际标准化组织都在积极开展这方面的工作。

⑥合成新材料。合成新材料，匈牙利科学家首先研究出将塑料垃圾转化成为工业原料并进行再利用的新技术。

据介绍，科学家们使用该项新技术能将塑料垃圾加工成一种新型合成材料。实验表明，这种合成材料与沥青按比例混合后可以用来铺路，增加路面的坚硬程度，减少碾压痕迹的出现，还可以制成隔热材料广泛用于建筑物上。专家认为，由于该技术是塑料垃圾转化为新的工业原料，不仅在环保方面意义重大，而且还能够减少石油、天然气等初级能源的使用，达到节约能源的效果。

各种废塑料都不同程度地粘有污垢，一般须加以清洗，否则会影响产品质量。利用废塑料和粉煤灰制造建筑用瓦对废塑料的清洗要求并不十分严格，有利于工业化应用中的实际操作。向塑料中加入适当的填料可降低成本，降低成型收缩率，提高强度和硬度，提高耐热性和尺寸稳定性。从经济和环境角度综合考虑，选择粉煤灰、石墨和碳酸钙作填料是较好的选择。粉煤炭表面积很大，塑料与其具有良好的结合力，可保证瓦片具有较高的强度和较长的使用寿命。

将消泡后的废聚苯乙烯泡沫塑料加入一定剂量的低沸点液体改性剂、发泡剂、催化剂、稳定剂等，经加热可使聚苯乙烯珠粒预发泡，然后在模具中加热制得具有微细密闭气孔的硬质聚苯乙烯泡沫塑料板，可用作建筑物密封材料，保温性能好。

⑦减类设计法。减类设计，研究开发部门在设计产品时就考虑到回收和拆卸处理的需要，考虑的重点不在于制作个别的零部件应采用哪一种塑料最为理想，而是考虑广泛动用的材质，这是在构思上的革命性转变。

为了有利于回收，设计人员开始在设计产品时避免使用多种塑料，美国宝马公司准备在其新车设计中减少40%的塑料种类，目的是方便废塑料的回收。汽车工业之所以降低塑料使用种类，并且在设计上考虑回收性，主要是期望赢得重视环保的优良形象，获得消费者的欣赏。目前，这种设计构思正逐渐感染整个塑料加工业。

各方面都在努力，但仍然无法使市场上通行的20种塑料中的任何一种绝迹。毕竟产品的多样性导致了塑料品种类别的千变万化，例如，生产电子计算机使用的塑料和生产汽车使用的塑料就不一样。

为此，专家建议制定有关回收标准，规定特种行业只能使用指定的材料，否则无法控制有效的回收，电子与汽车行业都已开始制定这样的标准。世界电子电气市场对废弃塑料回收利用已引起各国重视，国际商用机器公司（IBM）已开始将计算机和商用机器的塑料部件进行标码，正在开发可回收再用的塑料电子部件和简化拆卸设备的产品结构，同时还考虑取消元件的表面着色，控制塑料添加剂的外部黏合剂的用量，减少使用不利于回收的工艺部件及外加零件。废弃汽车零部件的回收工作也有了很大的进展，许多国家都以可回收、易回收的材料作为汽车塑料件原料作为选用和产品设计的前提。有些国家已制定了有效的汽车塑料件标准回收号码和回收计划，并在考虑制定有助于拆卸和分拣汽车塑料的统一标志体系。欧美等国还在研究化学解聚法回收汽车塑料。

（2）塑料的简易鉴别法

①外观鉴别。通过观察塑料的外观，可初步鉴别出塑料制品所属大类：热塑性塑料、热固性塑料和弹性体。

热塑性塑料有结晶和无定形两类。结晶性塑料外观呈半透明，乳浊状或不透明，只有在薄膜状态下呈透明状，硬度从柔软到角质；无定形一般为无色，在不加添加剂时为全透明，硬度从硬于角质橡胶状（此时常加有增塑剂等添加剂）。热固性塑料通常含有填料且不透明，如不含填料时为透明。弹性体具橡胶状手感，有一定的拉伸率。

②加热鉴别方法。上述三类塑料的加热特征各不相同，可以通过加热的方法鉴别。热塑性塑料加热时软化，易熔融，且熔融时变得透明，常能从熔体拉出丝来，通常易于热合；热固性塑料加热至材料化学分解前，保持其原有硬度不软化，尺寸较稳定，至分解温度炭化；弹性体加热时，直到化学分解温度前，不发生流动，至分解温度材料分解炭化。

③溶剂处理鉴别。热塑性塑料在溶剂中会发生溶胀，但一般不溶于冷溶剂，在热溶剂中，有些热塑性塑料会发生溶解，如聚乙烯溶于二甲苯中；热固性塑料在溶剂中不溶，一般也不发生溶胀或仅轻微溶胀；弹性体不溶于溶剂，但通常会发生溶胀。

④密度鉴别。密度鉴别，塑料的品种不同，其密度也不同，可利用测定密度的方法来鉴别塑料，但此时应将发泡制品分别挑选出来，因为泡沫塑料的密度不是材料的真正的密度。在实际工业上，也有利用塑料的密度不同来分选塑料的。

⑤热解试验鉴别。热解试验鉴别法是在热解管中加热塑料至热解温度，然后利用石蕊试纸或 pH 试纸测试逸出气体的 pH 值来鉴别的方法。

⑥燃烧试验鉴别。燃烧试验鉴别法是利用小火燃烧塑料试样，观察塑料在火中和火外时的燃烧性，同时注意熄火后通过熔融塑料的落滴形式及气味来鉴别塑料种类的方法。

PE（中文名：聚乙烯）

燃烧鉴别：可燃、离火后续燃，火焰及烟色底兰顶黄、燃时不断有熔融物下滴，易拉丝，发出石蜡气味。燃烧时无烟。

PP（聚丙烯）

燃烧鉴别：燃烧时火焰上黄下蓝，气味似石油，熔融滴落，燃烧时无黑烟。离火后续燃。

PET（聚酯）

燃烧鉴别：燃烧时有黑烟，火焰有跳火现象，燃烧后材料表面黑色炭化，手指揉搓燃烧后的黑色炭化物，碳化物呈粉末状。酸味。

PVC（聚氯乙烯）

燃烧鉴别：不易燃、离火即灭，燃烧时冒黑烟，底部呈绿色，尖部呈黄色，火灭后有盐酸气的刺激味。无熔融滴落现象。

聚苯乙烯塑料

燃烧鉴别：易燃、离火后续燃、火焰橙黄色冒黑烟有黑炭末飞向空中，有苯乙烯臭味。

PP + PET 共聚料

燃烧鉴别：燃烧时有黑烟，火焰有跳火现象，燃烧表面呈黑色炭化。

PE + PET 复合膜

燃烧鉴别：燃烧时似 PET，无熔融滴落现象，燃烧表面黑色炭化，有黑烟，有跳火现象，带有 PE 的石蜡气味。

⑦显色反应鉴别。a. 通过不同的指示剂可鉴别某些塑料，在 2 ml 热乙酸酐中溶解或悬浮几毫克试样，冷却后加入 3 滴 50% 的硫酸（由等体积的水和浓硫酸制成），立即观察显色反应，在试样放置 10 min 后再观察试样颜色，再在水浴中将试样加热至 100℃，观察试样颜色。用此法可鉴别下表中的塑料，此显色反应称为 Liebermann - Storch - Morawski 反应。b. 含氯塑料有聚氯乙烯、氯化聚氯乙烯、氯化橡胶、聚氯丁二烯、聚偏二氯乙烯、聚氯乙烯混配料等，它们可通过吡啶显色反应来鉴别。需要注意的是试验前，试料必须经乙醚萃取，以便除去增塑剂。试验方法：将经乙醚萃取过的试样溶于四氢呋喃中，滤去不溶成分，加入甲醇使之沉淀，萃取后在 75℃ 以下干

燥。将干燥过的少量试样用1 ml 吡啶与之反应，过几分钟后，加入2~3滴5%氢氧化钠的甲醇溶液（1 g 氢氧化钠溶解于是20 ml 甲醇中），立即观察颜色，5 min 和1 h 后再分别观察一次。根据颜色即可鉴别不同的含氯塑料。c. 尼龙也可通过对二甲基氨基苯甲醛显色反应来鉴别。此鉴别方法：在试管中加热0.1~0.2 g 试样，将热分解物置于小棉花塞上，在棉花上滴上浓度为14%的对二甲基氨基苯的甲醇溶液，再滴一滴浓盐酸，如为尼龙则显示枣红色。对二甲基氨基苯甲醛显色反应也可用来鉴别聚碳酸酯，当显示的颜色为深蓝色时，即可知材料为聚碳酸酯。d. 弹性体或橡胶可用 Burchfield 显色反应来鉴别其种类。鉴别方法：在试管中加热0.5 g 试样，将产生的热解气化物滴入1.5 ml 试剂（在100 ml 甲醇中加入1 g 对二甲基氨基苯甲醛和0.01 g 对苯二酚，缓慢加热溶解后，加入5 ml 浓盐和10 ml 乙二醇）中，观察其颜色，然后加入5 ml 甲醇稀释溶液，并使之沸腾3 min，再观察其颜色。⑧分子结构鉴别。塑料的分子结构中有的含有除碳、氢以外的杂原子。通过杂原子的试验也可鉴别不同的塑料。

（3）废塑料添加剂种类的选择

废旧塑料制品在使用过程中由于受到外界条件的影响及光和热的作用，已有不同程度的老化，其中所含各种添加剂均有不同程度的损失。例如，回收的废旧软质聚氯乙烯中增塑剂损失就较大，用它生产再生制品，其性能远比用新料生产的制品差。为尽可能提高再生制品的质量，在再制过程中有必要重新添加一定量的助剂，以改进废旧塑料的成型加工、机械、热和电等性能。

在用废旧塑料生产再生制品时需要添加的助剂有增塑剂、稳定剂、润滑剂、着色剂、发泡剂和填充剂等。

根据塑料的品种和老化程度等，在确定再制品配方时应当考虑到以下几点：添加剂种类的选择；添加剂加入量的确定；配方的调整。在配料时选用助剂的总原则是既保证再生制品具有一定的性能，符合使用要求，又不至于成本过高。一般说来，需要考虑如下几点：由于废旧塑料和再生制品的价格较低，因此所采用的添加剂的价格也要便宜；因为废旧塑料往往是各种颜色废料的混合物，在再生加工时一般添加深色着色剂，故对所选用助剂的外观色泽要求不高；添加剂应能满足再生制品的一定性能要求。

废旧塑料是使用后的塑料，性能上都有不同程度的下降，为改善回收料的质量，可在造粒时添加一些助剂，这个配料过程对聚氯乙烯尤为重要，而对聚烯烃塑料，一般不配料，即使需要，也很简单。聚烯烃新料在加工成型时一般只添加少量助剂，如抗氧剂、紫外线吸收剂等。其废料再生时，一般只需加入少量着色剂即可，因此配方不难确定。除非这类塑料严重老化，变硬发脆，则需要根据具体情况确定配料的组成。

聚氯乙烯塑料组成比较复杂，尤其是软质聚氯乙烯，所含添加剂的种类较多，有增塑剂、稳定剂、紫外线吸收剂、润滑剂和颜料等，其中以增塑剂为主，用量最多。其制品在使用过程中受到光、热等气候条件的影响，增塑剂逐渐渗出。制品硬化，尤其是其物理性能大大下降，逐渐老化，不能满足使用要求而成为废品。利用这类废旧制品进行再生时必须补充足够数量的增塑剂及其他助剂，最大限度地恢复其机械性能。增塑剂的加入量主要由再生聚氯乙烯制品要求的硬度而定，为此应考虑回收的聚氯乙烯废制品中硬质与软质的比例。聚氯乙烯薄膜、人造革和壁纸等软质制品与硬质的管材、异型材等的制品中增塑剂的残留量很不相同，因此，只要将硬质和软质回收料相互掺用，调节二者的掺混比例，即可制得要求硬度的再生制品，可减少增塑剂的用量，甚至不使用增塑剂。

(4) 废旧塑料和新料的性能差异

废旧塑料经再生加工后，性能有不同程度的下降，主要是由光老化、氧化和热老化引起的。性能下降程度的大小主要取决于使用年限和环境。成型加工厂生产时产生的废边、废品，其回收料的性能下降很小，几乎可以当新料使用；室内使用、使用年限短的产品，回收料性能变化也不大；而在室外使用，年限长、环境差（如受压力、电场、化学介质等作用）的产品性能就差，甚至无法回收。由于再生过程中的热老化，再生料颜色由浅变深。以下介绍几种常用塑料再生料的性能变化。

聚氯乙烯，再生后变色较明显，一次再生挤出后会带有浅褐色，三次则几乎变为不透明的褐色。比黏度在二次时不变，两次以上有下降倾向。无论是硬质还是软质聚氯乙烯，再生时都应加入稳定剂。为使再制品有光泽，再生利用时可添加掺混的用量一般为1%～3%。

聚乙烯，聚乙烯再生后所有性能都有所下降，颜色变黄，其中抗老化性能下降最大。经多次挤出后，高密度聚乙烯黏度下降，低密度聚乙烯黏度上升。再生利用时可添加掺混的用量一般为8%以下。

聚丙烯，一次再生时，颜色几乎不变，熔体指数上升。两次以上颜色加重，熔体指数仍上升。再生后，抗冲出和抗老化性能下降最大，断裂强度和伸长率有所下降。

聚苯乙烯，再生后颜色变黄，故再生聚苯乙烯一般进行着色。再生料各项性能的下降程度与再生次数成正比，断裂强度在掺入量小于60%无明显变化，极限黏度在掺入量为40%以下时，无明显变化。

其他塑料，ABS 再生后变色较显著，但使用掺入量不超过 20% ~30% 时，性能无明显变化。

尼龙，再生也存在变色及性能下降问题，掺入量以 20% 以下为宜。再生后伸长率下降，弹性却有增加趋向。

(5) 如何鉴别塑料再生料的等级和品质

塑料怎样区分再生颗粒的等级，主要根据使用不同的原料，以及加工出来的颗粒的特点来区分等级，一般分为一、二、三级料。

一级料是指所使用的原料为没有落地的边角料，或者称为下脚料，有些是水口料、胶头料等，质量也是比较好的。也就是没有使用过的，在加工新料的过程之中，剩余的小边角，或者是质量不过关的原料。以这些为毛料加工出来的颗粒，透明度较好，其质量可以与新料相比，故为一级料或者是特级料。

二级料是指原料已使用过一次，但是高压造粒除外，高压造粒中使用进口大件居多，进口大件如果为工业膜，没有经过风吹日晒，故其质量也非常好，加工出来的颗粒透明度好，这时根据颗粒的光亮度及表面是否粗糙来判断。

三级料是指原料已使用过两次或者多次，加工出来的颗粒，其弹性，韧性等各个方面均不是很好，只能用于注塑。而一、二级料可以用于吹膜、拉丝等用途。

鉴别塑料品质的指标为：a. 看表面的光亮度。表面光洁度是衡量各类再生料颗粒品质等级的重要指标。优质再生料的表面光洁润滑。b. 看白度，不光看表面的，更主要的是看切面的白度。c. 透明度是衡量中高档再生料颗粒品质等级的重要指标。有透明度的料，品质都不错。d. 颜色的均匀和一致是衡量有色再生料颗粒品质等级的重要指标。e. 颗粒密实度是检验再生工艺水平的重要方面，看是否有塑化不良、颗粒疏松现象。f. 看是否沉入溶剂。就是看石粉量，一般的再生料中或多或少会有石粉，如看再生颗粒是否浮沉于水用于检验 PP，PE 颗粒的填充料的含量。

现就 PVC 再生造粒的工艺路线介绍如下，主要包括以下 6 个步骤：a. 对 PVC 废料的预处理；b. 在混合溶剂中进行有选择的溶解；c. 分离不可溶解物质；d. 再生 PVC 的析出；e. 干燥处理；f. 回收及循环使用溶剂。

采用机械处理回收的 PET，回收再造后不能再用于食品的包装容器。因为聚酯在高温的注、拉、吹作用下，有的分子分解成为有毒的乙醛，而且聚酯回收循环成型的次数越多，生成的乙醛也就越多。所以废旧 PET 的回收只能用于装农药、机油、器具、模型等。加工方法也如同一般塑料一样先预处理：清洗→分离→干燥→破碎，然后造粒或直接成型。

可以将回收的废旧 PET 在适宜的工艺下制成聚酯纤维和生产服装的材料，或者在材料内加入醇、酚等原料制成油漆。

4.6.3 金属包装材料回收利用

4.6.3.1 金属包装材料回收利用现状

金属包装按品种可细分为印涂制品（听、盒）、饮料易拉罐（包括钢、铝二片罐、马口铁三片罐）、食品罐、气雾罐、各种瓶盖（包括皇冠盖、旋开盖、铝质防盗盖、指压保鲜盖），另有 1 ~ 18 L 马口铁化工罐、20 ~ 200 L 冷轧镀锌板制成的大桶。

据不完全统计，2005 年金属包装耗材 210 万 t，实现产值 250 亿元，约占总包装产值的近 1/10，其中产值列居前 5 位的品种有：三片饮料和食品罐 65 亿元（26%）、两片铝质饮料罐 55 亿元（22%）、各种出口内销杂罐 50 亿元（23%）、各类瓶盖和易拉盖 31 亿元（12%）、各种镀锌钢桶 20 亿元（8%）。

中国金属包装经过 20 世纪 80 年代末和 90 年代初的快速增长后，目前又恢复了稳定增长，金属包装的整体水平得到了较大的提高，缩小了与发达国家的差距。能够生产出国际上通用的马口铁、油墨、涂料、密封胶、铜线及通用制品，已经从分散落后的弱势行业发展成拥有一定现代化技术装备、门类比较齐全的完整工业体系。

（1）废弃金属包装制品的回收状况

目前，美国、日本、德国等对于金属包装物的回收像对待其他包装废弃物的回收一样重视，效果、效益均很好。美国铝制易拉罐的回收率达 75% 以上，年回收达 900 亿只，一年回收铝罐节省下来的电力可供纽约这样的大城市整整使用一年。日本铝罐的回收率达 40%。德国每年回收马口铁30 万 t 左右，占马口铁罐消耗总量的 60%。

我国由于金属制品回收网络混乱，所以回收率很低。如铝罐的回收不足 10%，远远低于美国和日本。至于其他的铁制品包装，如罐头盒、油铁桶、点心盒等根本无人问津。如铝管牙膏，每年全国的消耗为 15 亿支，约 1 万 t 铝有去无回。这些已经引起了国家有关部门的高度重视。因为 1t 铝易拉罐的重熔融再生与新冶炼铝相比，不仅节省 4t 铝土矿，而且重复使用降低能源消耗 50%，数字是惊人的。

（2）废弃金属包装制品的处理方法与工艺

废弃金屑包装制品的回收处理方法主要是循环重复使用回炉再造以及其

他利用。回收重复使用，将各种不同规格、不同用途的储罐钢桶先翻修整理，然后洗涤、烘干，喷漆再用；回炉再造，将回收的废旧空罐、铁盒等分别进行前期处理，即除漆等，铝罐进行去铁，然后打包送到冶炼炉里重熔铸锭，轧制成铝材或钢材；其他利用，包括将大型钢桶包装切开整形得到优质钢板；制作工艺品，如将铝质易拉罐用于制取室内装饰花盆；将铝质易拉罐剪切后冲裁成高压锅热容片等。

①现以废钢铁的回收利用为例，介绍回收利用的步骤：磁选→清洗→预热→回炉。

磁选是利用固体废物中各种物质的磁性差异，在不均匀磁声中进行分选的一种处理方法。磁选是分选铁基金属最有效的方法。将固体废物输入磁选机后，磁性颗粒在不均匀磁声作用下被磁化，从而受到磁场吸引力的作用，使磁性颗粒吸进圆筒上，并随圆筒进入排料端排出；非磁性颗粒由于所受的磁场作用力很小，仍留在废物中。磁选所采用的磁场源一般为电磁体或永磁体两种。

清洗是用各种不同的化学溶剂或热的表面活性剂，清除钢件表面的油污、铁锈、泥沙等。常用来大量处理受切削机油、润滑脂、油污或其他附着物污染的发动机、轴承、齿轮等。

预热、回炉。废钢经常粘有油和润滑脂之类的污染物，不能立刻蒸发的润滑脂和油会对熔融的金属造成污染；露天存放的废钢受潮后，由于夹杂的水分和其他润滑脂和油会对熔融的金属造成污染；由于夹杂的水分和其他润滑脂等易汽化物料，会因炸裂作用而迅速在炉内膨胀，也不宜加入炼钢炉。为此，许多钢厂采用预热废钢的方法，使用火焰直接烘烤废钢铁，烧去水分和油脂，再投入钢炉。

在金属预热系统中，主要需解决两个问题：第一，不完全燃烧的油脂能产生大量的碳氢化合物，会造成大气污染，必须设法解决；第二，由于输送带上的废钢大小不同，厚度不同，造成预热及燃烧不均匀，废钢上的污染物有时不能彻底清洗。

②废铝是目前世界上除钢铁外用量最大的金属。在有色金属中，铝无论在储量、产量、用量方面均属前位。1997 年世界铝的生产量和使用量分别达到 2 200 万 t 及 2 300 万 t。我国改革开放以来，铝工业得到了飞速发展。

铝的使用范围十分广泛，各行各业中铝合金属几乎无所不在。随着产量、使用量的增加，废弃铝制品量也越来越大。而且，许多铝制品都是一次性使用，从制成产品至产品丧失使用价值时间较短，因此，这些废弃杂料成了污染之源。如何利用再生问题十分迫切。铝从矿石到成金属，再到制成品成本极高、耗能巨大。仅电解一道工序生产 1 t 金属铝就需13 000 ~ 15 000 kW · h电。而由废弃金属铝再生、再用能使能耗、辅料消耗大大降低，节约资源、成本。因此，废弃铝的回收、再利用，无论从节约地球上资源、节约能耗、成本，缩短生产流程周期，还是从环境保护、改善人类生态环境等各方面都具有十分巨大的意义。

随着我国原铝消费的迅猛增长，原铝的积累量不断增加，仅仅从 1990 年开始计算，到 2004 年我国累计消费的原铝已经达到了近 4 000 万 t，说明我国废料回收有着巨大的发展潜力。目前，全世界回收的铝废料中，约有 1/5 来自包装行业，2/5 来自运输，1/3 来自建筑业。报废汽车中铝废料的回收和废铝饮料罐的回收是两个重要领域。目前全世界生产的铝合金，约有 80% 用于制造汽车用的铸件和锻件，因此汽车产量和用铝量的趋势直接影响到再生铝工业。据报道，目前报废汽车中铝废料的最高回收率已达 95%。废铝罐回收也有很大进展，全球平均回收率在 50% 以上。

废杂铝的再生加工，一般经过以下四道基本工序。

第一，废铝料的备制。对废铝进行初级分类，分级堆放，如纯铝、变形铝合金、铸造铝合金、混合料等。对于废铝制品，应进行拆解，去除与铝料连接的钢铁及其他有色金属件，再经清洗、破碎、磁选、烘干等工序制成废铝料；对于轻薄松散的片状废旧铝件，如汽车上的锁紧臂、速度齿轮轴套以及铝屑等，要用液压金属打包机打压成包；对于钢芯铝绞线，应先分离钢芯，然后将铝线绕成卷。

铁类杂质对于废铝的冶炼是十分有害的，铁质过多时会在铝中形成脆性的金属结晶体，从而降低其机械性能，并减弱其抗蚀能力。含铁量一般应控制在 1.2% 以下。对于含铁量在 1.5% 以上的废铝，可用于钢铁工业的脱氧剂，商业铝合金很少使用含铁量高的废铝熔炼。目前，铝工业中还没有很成功的方法能令人满意地除去废铝中过量铁，尤其是以不锈钢形式存在的铁。

废铝中经常含有油漆、油类、塑料、橡胶等有机非金属杂质。在回炉冶炼前，必须设法加以清除。对于导线类废铝，一般可采用机械研磨或剪切剥离、加热剥离、化学剥离等措施去除包皮。目前国内企业常用高温烧蚀的办法去除绝缘体，烧蚀过程中将产生大量的有害气体，严重地污染空气。如果采用低温烘烤与机械剥离相结合的办法，先通过热能使绝缘体软化，机械强度降低，然后通过机械揉搓剥离下来，这样既能达到净化目的，同时又能够回收绝缘体材料。废铝器皿表面的涂层、油污以及其他污染物，可采用丙酮等有机溶剂清洗，若仍不能清除，就应当采用脱漆炉脱漆。脱漆炉的最高温度不宜超过 566 ℃，只要废物料在炉内停留足够的时间，一般的油类和涂层均能够清除干净。

对于铝箔纸，用普通的废纸造浆设备很难把铝箔层和纸纤维层有效分离，有效的分离方法是将铝箔纸首先放在水溶液中加热、加压，然后迅速排至低压环境减压，并进行机械搅拌。这种分离方法既可以回收纤维纸浆，又可回收铝箔。废铝的液化分离是今后回收金属铝的发展方向，它将废铝杂料的预处理与重新熔铸相结合，既缩短了工艺流程，又可以最大限度地避免空气污染，而且使得金属的回收率大大提高。装置中有一个允许气体微粒通过的过滤器，在液化层，铝沉淀于底部，废铝中附着的油漆等有机物在450℃以上分解成气体、焦油和固体炭，再通过分离器内部的氧化装置完全燃烧。废料通过旋转鼓搅拌，与仓中的溶解液混合，砂石等杂质分离到砂石分离区，被废料带出的溶解液通过回收螺旋桨返回液化仓。废杂铝预处理技术的目的是实现废杂铝分选的机械化和自动化，最大限度地除去金属杂质和非金属杂质，并使废杂铝得到有效的分选。废杂铝最理想的分选办法是按合金成分把废铝分成几大类，如合金铝、铝镁合金、铝铜合金、铝锌合金、铝硅合金等。这样可以减轻熔炼过程中的除杂技术和调整成分的难度，并可综合利用废铝中的合金成分，尤其是含锌、铜、镁高的废铝，都要单独存放，可作为熔炼铝合金调整成分的原料。

a. 风选法，风选法可以分离废纸、废塑料和尘土。各种废铝中或多或少地含有废纸、废塑料薄膜和尘土，较为理想的工艺是风选法。风选法的工艺很简单，能够高效率地分离出大部分轻质废料，但要配备较好的收尘系统，避免灰尘对环境的污染。分选出的废纸、废塑料薄膜一般不宜再继续分选，可作燃料用。

b. 磁选法，采用磁选设备可以分选出废钢铁等磁性废料。铁及其合金是铝及其合金中的有害杂质，对铝及其合金性能的影响也最大，因此应在预处理工序中最大限度地分选出夹杂的废钢铁。对废铝切片和低档次的废铝料，分选废钢铁的较为理想的技术是磁选法。这种方法在国外已被大量采用。

磁选法的设备比较简单，磁源来自电磁铁或永磁铁，工艺的设计有多种多样，比较容易实现的是传送带的十字交叉法。传送带上的废铝沿横向运动，当进入磁场之后废钢铁被吸起而离开横向皮带后，立即被纵向皮带带走，运转的纵向皮带离开磁场之后，废钢铁失去了引力而自动落地并被集中起来。磁选法的工艺简单，投资少，很容易被采用。磁选法处理的废铝料的体积不宜过大，比较适合一般的切片和碎铝废料。

磁选法分选出的废钢铁还要进一步处理，因有一些废钢铁器件中有机械结合的以铝为主的有色金属零部件，很难分开，如废铝件上的螺母、电线、键、水暖件、小齿轮等，对这部分的分选是非常必要的，因为分选出的有色金属可以提高产值并提高废钢铁的档次，但分选难度较大，一般采用手工拆解和分选，效率很低。为提高生产效率，对于分选出的难拆解的铝和钢铁的结合件，最有效的处理方法是在专用的熔化炉中加热，使铝熔化后捞出废钢铁。

c. 浮选法，废杂铝中夹杂的废塑料、废木头、废橡胶等轻质物料，可以采用以水为介质的浮选法。废铝中的轻质废料在水中被浮起，在水流的作用下被冲走，废铝则在水池的另一端被螺旋推进器推出。在整个过程中，风选过程中剩余的泥土和灰尘等易溶物质大量溶于水中，并被水冲走，进入沉降池。污水在经过多道沉降澄清之后，返回循环使用，污泥定时清除。此种方法可以全部分离比重小于水的轻质材料，是一种简便易行的方法。

第二，根据废铝料的备制及质量状况，按照再生产品的技术要求，选用搭配并计算出各类料的用量。配料应考虑金属的氧化烧损程度，硅、镁的氧化烧损较其他合金元素要大，各种合金元素的烧损率应事先通过实验确定之。废铝料的物理规格及表面洁净度将直接影响到再生成品质量及金属实收率，除油不干净的废铝，最高将有20%的有效成分进入熔渣。

第三，再生变形铝合金，用废铝合金可生产的变形铝合金品种很多。为保证合金材料的化学成分符合技术要求及压力加工的工艺需要，必要时应配加一部分原生铝锭。

第四，再生铸造铝合金，废铝料只有一小部分再生为变形铝合金，大部分用于再生铸造用铝合金。美国、日国等广泛应用的压铸铝合金基本上是用废铝再生的，再生铝的主要设备是熔炼炉和精炼净化炉，一般采用燃油或燃气的专用静置炉。我国最大的再生铝企业是位于上海市郊的上海新格有色金属有限公司，该公司有两组50 t的熔炼静置炉，一组40 t燃油熔炼静置炉；一台12 t的燃油回转炉。小型企业可采用池窑、坩埚窑等冶炼。

近年来，发达国家在生产中不断推出了一系列新的技术创新举措，如低成本的连续熔炼和处理工艺，可使低品位的废杂铝升级，用于制造供铸造、压铸、轧制及作母合金用的再生铝锭。最大的铸锭重13.5 t，其中，重熔的二次合金锭可用于制造易拉罐专用薄板，薄板的质量已使每支易拉罐的质量下降到只有14 g左右；某些再生铝，甚至用于制造计算机软盘驱动器的框架。

③废铜的再生有较高的价值。例如，清洁的1级废铜的价格可以达到新精炼铜价格的90%以上；黄铜新废料的价格也可达到相应黄铜价格的80%

以上。再生工艺很简单，首先把收集的废铜进行分拣。没有受污染的废铜或成分相同的铜合金，可以回炉熔化后直接利用；被严重污染的废铜要进一步精炼处理去除杂质；对于相互混杂的铜合金废料，则需熔化后进行成分调整。通过这样的再生处理，铜的物理和化学性质不受损害，使它得到完全的更新。再生的废杂铜应按两步法处理：第一步是进行干燥处理并烧掉机油、润滑脂等有机物；第二步才是熔炼金属，将金属杂质在熔渣中除去。

世界上废杂铜处理工艺及设备主要为炉火法精炼工艺加电解工艺。德国胡藤维克凯撒工厂是目前世界上最大最先进的废杂铜精炼厂，它采用一台倾动炉和一台反射炉处理废杂铜，采用电解工艺生产阴极铜。

我国与国外先进的再生处理工艺相比，对废杂铜的预处理及再生利用工艺及装备整体水平落后，废杂铜的预处理及再生利用两大环节脱钩，我国缺少从废杂铜拆解到阴极铜精炼的完整废杂铜工厂，目前废杂铜精炼工厂多规模小、工艺落后、装备差、环保问题严重。产品质量只能达到甚至低于国标标准中标准阴极铜的水平，相当数量的高品位废杂铜未经精炼即被直接生产铜线锭和铜“黑杆”。

④镁在各个行业的用量日益增多，废镁和废旧镁合金的回收与利用已经成为一个突出课题。镁合金的熔化潜热比铝合金低得多，比铝合金消耗的能量少，因而镁及其合金是易于回收的金属，目前使用的镁合金均可以回收。镁合金的密度每立方米只有1.7 g，是铝的2/3，钢的1/4，具有高的比强度，比刚度，减振性、可切削加工性和可回收性，用量每年以15%的速度保持快速增长，远远高于铝、铜、锌、镍和钢铁的增长速度。这在近代工程金属材料的应用中是前所未有的。

其回收途径：一方面是回收失效或报废的镁合金零部件；另一方面是回收镁在生产过程中的废料和切屑。

为了便于镁合金零件的回收利用，镁合金零件均在压铸模上的非主要大面上刻有“mg”标记，便于将镁合金与其他合金直观上进行区别，便于回收利用的筛选。可以将该产品与传统的材质铝合金区分开来。

为了回收与利用废镁，促进镁合金资源开采、加工成型、应用、直至失效报废和余料切屑回收形成一个完整的体系。根据镁合金产业的高速发展，我国各地镁合金生产厂家均在当地建立废镁回收系统，像重庆镁业股份有限公司为了开发镁资源专门成立了万盛镁厂，它的一个很重要的职能就是对压铸生产过程中的废件及毛边料和失效报废镁合金零部件进行回炉提炼，生产出合格的再生锭，其成本和质量远远优于镁矿产品。

参考文献

[1] 周廷美. 包装及包装废弃物管理与环境经济 [M]. 北京: 化学工业出版社, 2007.

[2] 杨福馨, 侯林青, 杨连登. 包装材料的回收利用与城市环境 [M]. 北京: 化学工业出版社, 2002.

[3] 梁刚. 废旧塑料的回收及利用 [M]. 广州: 广东科技出版社, 1997.

[4] 陈占勋. 废旧高分子材料资源及综合利用 [M]. 北京: 化学工业出版社, 2007.

[5] 戴宏民, 李安平. 包装管理 [M]. 北京: 印刷工业出版社, 2005.

[6] Thomas Andersson. 生态、经济、体制和政策: 环境与贸易 [M]. 黄晶, 译. 北京: 清华大学出版社, 1998.

[7] 徐自芬, 郑百哲. 中国包装工程手册 [M]. 北京: 机械工业出版社, 1996.

[8] 史捍民. 企业清洁生产实施指南 [M]. 北京: 化学工业出版社, 1997.

[9] 王忠厚. 制浆造纸工业 [M]. 北京: 中国轻工业出版社, 1995.

[10] 唐志祥, 王强. 包装材料与使用包装技术 [M]. 北京: 化学工业出版社, 1996.

[11] 王余良, 孙蓉芳. 包装辅助材料 [M]. 长沙: 湖南大学出版社, 1988.

[12] 张开. 粘合与密封材料 [M]. 北京: 化学工业出版社, 2001.

[13] 任天飞, 张广华. 包装词典 [M]. 长沙: 湖南出版社, 1991.

[14] 金银河. 包装印刷 [M]. 北京: 印刷工业出版社, 2006.

[15] 李晓刚, 刘乘. 绿色包装的发展趋势 [J]. 中国包装, 2005 (1): 33 - 34.

[16] 邱秋. 加强法律调控　实现绿色包装 [J]. 商业研究, 2003 (17): 123 - 126.

[17] 孙自强. 日中废塑料贸易述评 [J]. 资源再生, 2010 (1): 16 - 17.

[18] 占群. 从低碳经济谈包装业如何实现绿色经济 [J]. 印刷质量与标准化, 2010 (1): 16 - 18.

[19] 赵娜. 当下绿色包装形式研究 [D]. 上海: 华东师范大学, 2009.

[20] 翁端, 余晓军. 环境材料的研究进展 [N]. 科技日报, 2000 - 08 - 14 (4).

[21] 程博闻. 环境友好型阻燃纤维素纤维的研究 [D]. 天津: 天津工业大学, 2003.

[22] 郭英玲. 绿色制造技术的分析及评价方法研究 [D]. 机械科学研究总院, 2009.

[23] 王虹. 绿色壁垒下出口制造型企业绿色生产运作系统研究 [D]. 天津: 天津财经大学, 2008.

[24] 任宪姝, 霍李江. 瓦楞纸箱生产工艺生命周期评价案例研究 [J]. 包装工程, 2010 (5): 54 - 57.

[25] 骆光林, 闫志强. 纸、塑包装材料的绿色化分析 [J]. 中国包装工业, 2004 (12): 31 - 33.

[26] 戴宏民. 包装与环境 [M]. 北京: 印刷工业出版社, 2007.

[27] 戴宏民，戴佩华，周均．碳减排与绿色包装 [J]．包装学报，2010 (2)：1－6.
[28] 刘小静，江建国，王云景，等．基于包装废弃物调查的绿色包装建议 [J]．包装工程，2007 (6)：145－148.
[29] 向贤伟．加强包装环境科学技术教育，发展绿色包装 [J]．包装工程，2003 (1)：165－166.
[30] 詹艳．绿色包装：各国法制新进展及对我国立法的思考 [J]．包装学报，2010 (2)：52－55.
[31] 张利丽．和谐社会构建思想下的绿色包装实现 [J]．包装工程，2009 (1)：209－211.
[32] 薛荣久．如何跨越绿色贸易壁垒 [J]．国际贸易问题，2002 (12)：20－23.
[33] 张燕文．国际绿色包装法制化对我国包装业的影响 [J]．中国包装工业，2005 (10)：36－38.
[34] 李丽．绿色贸易壁垒对中国外贸的影响及对策 [J]．科学与管理，2006 (2)：38－40.
[35] 刘无畏．发展包装保护环境 [J]．中国包装，2000 (1)：35－38.
[36] 周仲凡．包装废弃物的污染控制 [J]．中国包装，2000 (1)：10－13.
[37] 周树高．试论包装污染与环境保护 [J]．株洲工学院学报，1992 (2)：11－12.